中国科学院研究生教育基金会资助出版

国科大 文丛

丛书主编/任定成

工程哲学和工程研究之路

李伯聪 ⊙ 著

科学出版社

北京

图书在版编目(CIP)数据

工程哲学和工程研究之路/李伯聪著 . —北京：科学出版社，2013.3
（国科大文丛）
ISBN 978-7-03-037038-9

Ⅰ. ①工… Ⅱ. ①李… Ⅲ. ①技术哲学-文集 Ⅳ. ①N02-53

中国版本图书馆 CIP 数据核字（2013）第 046123 号

丛书策划：胡升华　　侯俊琳

责任编辑：石　卉/责任校对：钟　洋

责任印制：徐晓晨 / 封面设计：黄华斌

编辑部电话：010-64035853

E-mail：houjunlin@mail.sciencep.com

科学出版社 出版
北京东黄城根北街 16 号
邮政编码：100717
http://www.sciencep.com
北京凌奇印刷有限责任公司 印刷
科学出版社发行　　各地新华书店经销

*

2013 年 4 月第　一　版　　开本：B5（720×1000）
2019 年 1 月第六次印刷　　印张：21 1/2
字数：412 000

定价：86.00 元
（如有印装质量问题，我社负责调换）

丛书弁言

　　"国科大文丛"是在中国科学院大学和中国科学院研究生教育基金会的支持下，由中国科学院大学人文学院策划和编辑的一套关于科学、人文与社会的丛书。

　　半个多世纪以来，中国科学院大学人文学院及其前身的学者和他们在院内外指导的学生完成了大量研究工作，出版了数百种学术著作和译著，完成了数百篇研究报告，发表了数以千计的学术论文和译文。

　　首辑"国科大文丛"所包含的十余种文集，是从上述文章中选取的，以个人专辑和研究领域专辑两种形式分册出版。收入文集的文章，有原始研究论文，有社会思潮评论和学术趋势分析，也有专业性的实务思考和体会。这些文章，有的对国家发展战略和社会生活产生过重要影响，有的对学术发展和知识传承起过积极作用，有的只是对某个学术问题或社会问题的一孔之见。文章的作者，有已蜚声学界的前辈学者，有正在前沿探索的学术中坚，也有崭露头角的后起新锐。文章或成文于半个世纪之前，或刚刚面世不久。首辑"国科大文丛"从一个侧面反映了中国科学院大学人文学院的历史和现状。

中国科学院大学人文学院的历史可以追溯至 1956 年于光远先生倡导成立的中国科学院哲学研究所自然辩证法研究组。1962 年，研究组联合北京大学哲学系开始招收和培养研究生。1977 年，于光远先生领衔在中国科学技术大学研究生院（北京）建立了自然辩证法教研室，次年开始招收和培养研究生。

1984 年，自然辩证法教研室更名为自然辩证法教学部。1991 年，自然辩证法教学部更名为人文与社会科学教学部。2001 年，中国科学技术大学研究生院（北京）更名为中国科学院研究生院，教学部随之更名为社会科学系，并与外语系和自然辩证法通讯杂志社一起，组成人文与社会科学学院。

2002 年，人文与社会科学学院更名为人文学院，之后逐步形成了包括科学哲学与科学社会学系、科技史与科技考古系、新闻与科学传播系、法律与知识产权系、公共管理与科技政策系、体育教研室和自然辩证法通讯杂志社在内的五系一室一刊的建制。

2012 年 6 月，中国科学院研究生院更名为中国科学院大学。现在，中国科学院大学已经建立了哲学和科学技术史两个学科的博士后流动站，拥有科学技术哲学和科学技术史两个学科专业的博士学位授予权，以及哲学、科学技术史、新闻传播学、法学、公共管理五个学科的硕士学位授予权。

从自然辩证法研究组到人文学院的历史变迁，大致能够在首辑"国科大文丛"的主题分布上得到体现。

首辑"国科大文丛"涉及最多的主题是自然科学哲学问题、马克思主义科技观、科技发展战略与政策、科学思想史。这四个主题是中国学术界最初在"自然辩证法"的名称下开展研究的领域，也是自然辩证法研究组成立至今，我院师生持续关注、学术积累最多的领域。我院学术前辈在这些领域曾经执全国学界之牛耳。

科学哲学、科学社会学、科学技术与社会、经济学是改革开放之初开始在我国复兴并引起广泛关注的领域，首辑"国科大文丛"中涉及的这四个主题反映了自然辩证法教研室自成立以来所投入的精力。我院前辈学者和现在仍活跃在前沿的学术带头人，曾经与兄弟院校的同道一起，为推进这四个领域在我国的发展做出了积极的努力。

人文学院成立以来，郑必坚院长在国家发展战略方面提出了"中国和平崛起"的命题，我院学者倡导开辟工程哲学和跨学科工程研究领域并构造了对象框架，我院师生在科技考古和传统科技文化研究中解决了一些学术难题。这四个主题的研究也反映在首辑"国科大文丛"之中。

近些年来，我们在"科学技术与社会"领域的工作基础上，组建团队逐步在科技新闻传播、科技法学、公共管理与科技政策三个领域开展工作，有关研究结果在首辑"国科大文丛"中均有反映。学校体育研究方面，我们也有一些工作发表在国内学术刊物和国际学术会议上，我们期待着这方面的工作成果能够反映在后续"国科大文丛"之中。

从首辑"国科大文丛"选题可以看出，目前中国科学院大学人文学院实际上是一个发展中的人文与社会科学学院。我们的科学哲学、科学技术史、科技新闻、科技考古，是与传统文史哲领域相关的人文学。我们的科技传播、科技法学、公共管理与科技政策，是属于传播学、法学和管理学范畴的社会科学。我们的人文社会科学在若干个亚学科和交叉学科领域已经形成了自己的优势。

健全的大学应当有功底厚实、队伍精干的文学、史学、哲学等基础人文学科，以及社会学、政治学、经济学和法学等基础社会科学。适度的基础人文社会科学群的存在，不仅可以使已有人文社会科学亚学科和交叉学科的优势更加持久，而且可以把人文社会科学素养教育自然而然地融入理工科大学的人文氛围建设之中。从学理上持续探索人类价值、不懈追求社会公平，并在这样的探索和追求中传承学术、培养人才、传播理念、引领社会，是大学为当下社会和人类未来所要担当的责任。

首辑"国科大文丛"的出版，是人文学院成立 10 周年、自然辩证法教研室建立 35 周年、自然辩证法组成立 56 周年的一次学术总结，是人文学院在这个特殊的时刻奉献给学术界、教育界和读书界的心智，也是我院师生沿着学术研究之路继续前行的起点。

随着学术新人的成长和学科构架的完善，"国科大文丛"还将收入我院师生的个人专著和译著，选题范围还将涉及更多领域，尤其是基础人文学和社会科学领域。我们也将以开放的态度，欢迎我院更多师生和校友提供书稿，欢迎国内外同行的批评和建议，欢迎相关基金对这套丛书的后续支持。

　　我们也借首辑"国科大文丛"出版的机会，向中国科学院大学领导、中国科学院研究生教育基金会、我院前辈学者、"国科大文丛"编者和作者、科学出版社的编辑，表示衷心的感谢。

任定成

2012 年 12 月 30 日

序

今年是中国科学院大学人文学院更名十周年。作为庆祝活动的重要内容之一，学院决定为"曾经在我院担任过导师、现已离休或退休、年龄在70周岁以上的学者"编辑出版"个人文集"。由于我也年过70，于是要求我也编一本个人文集。这使我感到惶恐，因为其他出版个人文集的都是我的老师。唐代大诗人杜甫说"人生七十古来稀"，但对于21世纪的中国人来说，70岁已经是很普通、很平凡的事情了，因为中国人的平均预期寿命已经超过70岁。可是，站在我的老师们面前，我只是一个后生晚辈——这是一个永远也不能改变的事实，并且我也为能够成为这些老师的学生而感到骄傲。

1978年，我国在改革开放后首次招收研究生。我报考了中国科学院自然辩证法专业的研究生，招生导师是于光远、龚育之、何祚庥、李宝恒和罗劲柏。那一年报考自然辩证法专业的研究生在录取前比其他考生多了一个复试环节。参加复试的考生有40人，他们也同时参加了当年夏天举行的全国自然辩证法夏季讲习会。这个夏季讲习会规模盛大，内容丰富，解放思想，令人神旺。通过复试，自然辩证法专业最后录取了 14 人，我也是其中之一。这 14 个同学中，有的很年轻，有的年龄很大，我属于年龄大的（毕业后到中办研究室工作的余永龙和后来任中国自然辩证法研究会秘书长的王国政也是"大龄学生"）。我真想不到，在当了十几年中学老师后我竟然在 37 岁的时候又成了一名学生。

中国科学院在 1978 年成立研究生院时，校址设在双清路的原林学院，正式校名是中国科技大学研究生院。作为改革开放后的第一届研究生，大家充满了学习和研究的热情。那时的物质条件虽差，但精神充实，真是一段令人终生难忘的时光。

入学后，自然辩证法专业研究生的教学安排和培养工作主要由赵中立老师具体负责。我最初选定的硕士论文主题是研究"中医学方法论"问题，关键环节是分析运用电子计算机研究中医的可能性和方法论问题。经过艰苦努力，我确实也取得了一定的成果。在着手撰写论文时，我感到必须先研究"中医方法论史"问题，这就进入了中医史领域。结果，我意外地发现中医史上年代最早和在战国秦汉时期影响最大的学派竟然是扁鹊学派，而黄帝学派反而是后起的学派。于是，我就放弃和改变了原先的论文主题，直接围绕这个新观点撰写硕士论文。通过赵中立老师的联系和安排，全国中医学会副会长任应秋教授在审阅了我的论文后，同意做我的指导教师，后来又请中国科学院自然科学史研究所副所长严敦杰主持我的硕士论文答辩。趁热打铁，我很快又在硕士论文的基础上扩展而撰写了《扁鹊和扁鹊学派研究》一书。由于遇到学术著作出版难的问题，这本书迟至 1990 年才正式出版。

1981 年研究生毕业后，我留在研究生院工作。由于担任自然辩证法的教学任务，我在 20 世纪 80 年代和 90 年代主要研究科学哲学领域的问题，也发表了若干论文。在 90 年代中期，我完成了《选择与建构》一书。有个出版社答应出版此书，但后来又说征订数太少，不能出版了。直到 2008 年，在郭贵春教授和成素梅教授支持下，在适当增加一些内容后，《选择与建构》才得以出版。

与以上两本"难产"的书不同，《人工论提纲》、《高科技时代的符号世界》和《透视知识》的出版是比较顺利的。

2001 年，我完成了《工程哲学引论——我造物故我在》的写作。在"前言"中，我回顾了自己研究工程哲学的过程。由于估计到走"普通途径"必定很难出版此书，我就找到了时任大象出版社社长的周常林（全国出版界韬奋奖获得者）。由于我们是患难之交，我就直接对他说，这本书你必须给我出版。依靠这个"特殊条件和关系"，这本书在 2002 年得以出版。中国科学院路甬祥院长为这本书撰写了序言，有力地支持了工程哲学的发展。

进入 21 世纪后，工程哲学在国内外基本同步地迅速发展。中国工程院前院长徐匡迪院士、中国工程院管理学部殷瑞钰院士都大力倡导和推进工程哲学的研究和发展。作为中国工程院有关课题的结项成果，《工程哲学》（殷瑞钰、汪应洛、李伯聪等著）和《工程演化论》（殷瑞钰、李伯聪、汪应洛等著）先后于 2007 年和 2011 年出版，使我国的工程哲学研究达到了新水平和进入了新阶段。

以前我没有出版过个人文集。在当前的这本个人文集中，主要收录了我撰写的有关工程哲学和工程研究（engineering studies）的文章，并且由此而确定了本书的书名。书中文章分为四组，分别集中于四个主题：工程哲学、工程伦理、工程社会学、工程创新和工程演化。

在有关"工程哲学"主题的文章中，《规律、规则和规则遵循》和《关于操作和程序的几个问题》这两篇文章是在《工程哲学引论》出版前，根据该书中有关内容改写后作为单篇文章发表的。还有四篇文章涉及工程合理性、社会实在、工程智慧和社会工程哲学问题，这些都是重要问题，目前仅仅开了个头，我希望今后能够有机会进一步研究这些方面的问题。

"工程伦理"和"工程社会学"收录的是两组"系列文章"。最初的设想是根据一个提纲性计划各撰写 10 篇文章分别讨论工程伦理和工程社会学领域的问题，结果是两个系列仅各写了 5 篇文章。由于我和其他学者于 2010 年出版了《工程社会学导论》，我原先关于撰写 10 篇工程社会学系列文章的计划也就中止了。另外，关于工程伦理的系列文章大概也不会继续撰写了。

最后一组文章的主题是"工程创新与工程演化"。多年来，工程创新、工程演化、工程史一直是我关注的重要主题，本书选入了 4 篇文章。在这个研究领域的工作中，我参与了《工程演化论》和《工程创新：突破壁垒与躲避陷阱》的写作，而中国科学院规划战略局课题"中国近现代工程史研究"

则正在进行之中。

　　本书中，除 1995 年发表的《努力向工程哲学和经济哲学领域开拓》一文外，都是 2001 年之后发表的文章，于是，本书成为了我在"中国科学院大学人文学院更名十年"中的文集。本文集的文章中有 3 篇是我和我指导的博士生合作撰写的文章，另外还有一篇是成素梅教授对我的访谈录，特此说明。王楠承担了本文集的编辑任务，做了大量工作，特表谢意。

　　在目前仍然在人文学院承担教学任务的教师中，我和刘二中教授都经历了从自然辩证法教研室到人文学院发展的全过程。回顾这个发展壮大过程，我感触很深，由衷高兴，祝愿人文学院今后有更辉煌的发展和前景。

李伯聪

2012 年教师节

目录

第四部
工程创新与工程演化

第一部

工程哲学

努力向工程哲学和经济哲学领域开拓 *
——兼论 21 世纪的哲学转向

在中国，哲学工作者都很熟悉马克思的这句名言："任何真正的哲学都是自己时代精神的精华"。[①]

在邓小平南方谈话之后，在建设中国社会主义市场经济的奋斗过程中，我们都强烈地感受到了一种新的时代精神的冲击。

自然辩证法研究和教学工作者都在严肃、认真地思考：自然辩证法教学和研究工作应怎样回答时代的呼唤，怎样开拓新领域、再登新"台阶"。

十一届三中全会后自然辩证法工作者大胆解放思想、开拓进取，以自然辩证法教学任务促进自然辩证法理论研究和学科建设，又以理论研究和学科建设的新成果丰富和充实自然辩证法的教学，在理论研究和马克思理论课教学方面都取得了突出的成绩。目前，在时代精神潮流的新冲击下，我们是应该进入一个新循环的理论研究与教学工作的互动过程了。

目前，我们正处在世纪交替之际。在回首 20 世纪西方哲学历程时，人们会惊讶地发现这里出现了一条颇具"戏剧性"的轨迹：20 世纪的西方哲学以要求进行"伟大转变"的呼唤开始，在进行了历史性的"哲学转向"（语言学转向）的自信中前进，最后却在"危机"声中走向了 20 世纪末叶。

---

* 本文原载《自然辩证法研究》，1995 年第 11 卷第 2 期，第 1～6、22 页。
[①] 《马克思恩格斯全集》第 1 卷，人民出版社，1972 年，第 121 页。

也有人从另外的视角对 20 世纪的西方哲学进行了考察，认为整个 20 世纪的西方哲学都是在危机中度过和为摆脱危机而进行努力的。赵敦华在《二十世纪西方哲学的危机和出路》中指出："本世纪西方最著名的哲学家大多对哲学前途抱有危机感"。"从历史性观点看问题，二十世纪西方哲学经历着继希腊自然哲学危机、罗马伦理化哲学危机和经院哲学危机之后的第四次哲学危机。现代的哲学出版物的数量以及号称'哲学家'的人数超过了以往任何一个历史时期。然而，与哲学史上的创造、发展时期相比，本世纪西方哲学并没有产生综合各种文化形态的体系，没有一个独领风骚的派别。一个个哲学流派的兴衰枯荣，一批批哲学家熙来攘往，构成一幅幅扑朔迷离的场景；斑驳陆离的学说透露出内容的贫乏与重复，新颖时髦的语言掩盖不住模仿的陈旧痕迹，以致罗蒂借用一句好莱坞的行话描述哲学场景：'我们每一个人都是五分钟的明星'"。①

与西方古代那种包罗万象、作为知识总汇的哲学相比，西方现代哲学在专业化方面大大前进了一步。在近现代历史上，一门门经验自然科学从哲学中分化出去了，甚至心理学也终于"自立门户"。在这种形势下，不需要也不可能有一门作为知识总汇的哲学了。近现代西方哲学家为新时代中哲学的"自我定位"绞尽脑汁，使哲学在专业化方面迈出了一大步，取得了空前的成功。专业化的一个"形式"标志是"外行人"，听不懂他们在说什么话了。应该承认这是一个进步。但同样无可讳言的是：哲学的路愈走愈窄了。当许多西方哲学家在为"当今的法国国王是秃头的"之类的问题而争鸣不休时，"局外人"和部分"局内人"也许会认为这实际上是走上了一条"新烦琐哲学"或曰"新经院哲学"之路。

在西方学术界，引人注目和耐人深思的一件事的是：与哲学的路愈走愈窄形成鲜明对比，经济学的路正在愈走愈宽广。

某些西方经济学家正在把经济学方法推广到全部与社会活动和社会关系相关的研究中去。加利·贝克尔在 1977 年曾经说："经济学已经进入第三阶段。在第一阶段人们认为经济学仅限于研究物质资料的生产和消费结构，仅此而已（即传统市场学）。第二阶段，经济理论的范围扩大到全面研究商品

① 赵敦华：《二十世纪西方哲学的危机和出路》，《北京大学学报》，1993 年第 1 期，第 53 页。

现象，即研究货币交换关系。今天，经济研究的领域扩大到研究人类的全部行为及与之有关的全部决策，经济学的特征在于它要研究的是问题的本质而不是该问题是否具有商业性或物质性。"① 此公于 1992 年获得了诺贝尔经济学奖金。瑞典皇家科学院的新闻公报说："加利·贝克尔的研究贡献主要在于将经济理论的领域扩大到以前属于其他社会科学学科，如社会学、人口学和犯罪研究的人类行为方面。在这样做的时候他鼓励经济学家们分析新问题。加利·贝克尔的研究计划建筑在一种思想上，即一个人在一些不同领域中的行为遵循同样的基本原理"。而加利·贝克尔在其获奖讲演中，用以开头的第一句话就声言："我的研究是利用经济方法分析超出通常经济学家考虑范围之外的社会问题"。

为了说明经济学研究中这种大肆扩张研究范围的现象，图洛克甚至"发明"了一个新术语：经济学帝国主义。

更值得注意的是：面对着局外人看来蓬勃非凡的经济学发展形势，经济学界内部却时时发出不满的呼声。在 1983 年这一年中就出版了三本反映这种不满足的著作。如果说，拉尔的《发展经济学的贫困》一书之矛头所指还只限于发展经济学这个具体经济学分支学科，那么，威尔伯和詹姆森的《经济学的贫困》一书矛头所指的范围就广泛得多了。而艾克纳主编的一本书更直接以"经济学为什么还不是一门科学"作为书名。从这种不满的声音中，我们可以清楚地感受到：经济学家的野心和胃口（在这里用"野心"和"胃口"二语丝毫不带贬义）是愈来愈大了。

对于这种对经济学"贫困"的不满和"经济学还不是一门科学"的批判声，我们未尝不可将它"解释"为经济学也面临着"危机"。于是，从表面现象来看，似乎经济学真成了与哲学同样面对"危机"的难兄难弟。但是，如果我们深入"内部"和考察"危机"的趋向，图景就截然不同了。哲学的"危机"是收缩和退却带来的"危机"，是"退却"到极点已经后退无路的"危机"；而经济学的"危机"是扩张和发展带来的"危机"，是理论研究跟不上扩张步伐造成的"危机"。

在将西方经济学的"帝国主义"扩张倾向同西方哲学中的"纯粹主义"

---

① 勒帕日：《美国新自由主义经济学》，北京大学出版社，1985 年，第 6、7 页。

（或名曰"学院主义"）收缩倾向相对比的时候，中国的哲学工作者可以和应该受到什么启发，得出什么结论呢？

大约在一个半世纪之前，马克思在《哲学的贫困》一书中已尖锐指出："现代社会内部分工的特点，在于它产生了特长和专业，同时也产生职业的痴呆。"①

在20世纪的哲学界我们确实看到了不少这种患有"职业痴呆症"的哲学论著。可以说20世纪的西方哲学陷于哲学危机、发出哲学终结呼声的状况正是对这种"职业痴呆症"的一种恶果的反映。以爱智自称、自命和自豪的哲学，在现代却患上了"职业痴呆症"，这不能不说是一个最辛辣的讽刺。

当然，分工和专业化并不是必然要伴随着职业痴呆的。

歌德说：理论是灰色的，生活之树常青。② 如果是脱离现实生活的学院式的专业化，它是难免患有某种职业痴呆的；反之，如果是同现实生活密切联系的专业化，它将是生机蓬勃的。前述加利·贝克尔的经济学专业研究就是一个鲜明的例子。

作为知识总汇的哲学已成历史的陈迹，它再也不可能"复活"了。

在近现代历史进程中，许多具体科学学科从哲学中分化出去，哲学经历了一个"纯粹化"、"专业化"和缩小阵地的过程。现在，哲学的"收缩"已到极点。物极必反。哲学现在应该大举"收复失地"了。但这种"收复失地"不是也不可能是再现"知识总汇"的"辉煌"，而只能是和应该是以哲学专业的方法，面对、参与和研究其他学科中的哲学问题，特别是面对、参与和研究现实生活提出的哲学问题，哲学在"收复失地"的进军中，经济学的"帝国主义"倾向与"扩张"步伐是一个可资借鉴的榜样。

笛卡尔所提出的"我思故我在"这一口号是众所公认的西方哲学从中世纪经院哲学转向认识论哲学的标志。马克思说："哲学家们只是用不同的方式解释世界，而问题在于改变世界"③。在哲学迈向21世纪的时候，我们应该提出"我造物故在"和"我用物故我在"（或"合并"为"我造物和用物，

---

① 《马克思恩格斯选集》第1卷，人民出版社，1972年，第135页。
② 在歌德的《浮士德》中这是魔鬼靡非斯陀说出的话，但它代表了歌德的思想，所以人们常把它直接当成歌德的话加以引用。
③ 《马克思恩格斯选集》第1卷，人民出版社，1972年，第19页。

故我在"）这个响亮的口号，实现哲学从以认识论为重心的哲学向以人工论（或曰创造论）哲学为重心的哲学的历史性转向。

作为智慧学的哲学研究的第一主题应是对造物智慧和用物智慧的研究。可是东西方的哲学在历史上都迷失了这个主题。

在新世纪的哲学研究中，开拓对"造物"和"用物"主题的研究将是带有转向意义的工作。这项工作我们也可以称之为对工程哲学的研究。由于对于这个主题我已在《人工论提纲》① 一书和《我造物故我在——简论工程实在论》② 一文中有所论述，本文以下将主要涉及有关经济哲学的几个问题。

对于经济学的研究对象，经济学家议论纷纭。马歇尔在《经济学原理》中说："经济学是一门研究财富的学问，同时也是一门研究人的学问"。马歇尔在这本书中提出要用经济学这个名称取代政治经济学这个名称，特别是在方法论上反映经济学专业化趋势。但也正是在这本书中马歇尔同时提出应该鼓励经济学家研究实际问题，"虽然这些问题不是完全属于经济学的范围"，"经济学家主要是研究人的生活的一个方面，但是这种生活是一个真实的人的生活，而不是一个虚构的人的生活"③。可以说，正是这种既追求专业化，同时又不画地为牢、重视实际问题的传统使得经济学始终保持着旺盛的生命力。更值得注意的是，这种把经济学定义为"研究人的学问"和对于研究"真实的人的生活"的要求已使经济学的研究范围和对象同哲学互相"重叠"了。

许多哲学家都很重视研究人的生活。20 世纪，分别代表欧陆哲学和英美分析哲学的两位哲学大师海德格尔和维特根斯坦最后竟不约而同地走到了对生活形式的研究和得出了语言是人的"家园"的结论。海德格尔说："所有存在者的存在都栖息于词语之中"，"语言是存在的家"。④ 这确实是哲学的语言和哲学家的思想。但对于"普通人"来说，在首要的意义上，"他"栖息于"经济关系的家"中，而不是"语言的家"中。我们不难发现，正像可以

① 李伯聪：《人工论提纲》，陕西科学技术出版社，1988 年。
② 李伯聪：《我造物故我在——简论工程实在论》，《自然辩证法研究》，1993 年第 12 期。
③ 马歇尔：《经济学原理》，商务印书馆，1991 年，第 23、60、46 页。这是一本自 1890 年起曾在西方经济学界占据支配地位达数十年之久的权威性著作。
④ 尚志英：《寻找家园》，人民出版社，1992 年，第 270 页。

指责经济学家的"经济人"是一种虚构的人一样，某些哲学家笔下的"道德人"和"语言人"也是虚构的人，而不是真实的人。哲学家在研究人的时候如果不研究人的经济生活，他的研究就不可能是对"真实的人"的研究。

这就是说，对经济的研究必然步入哲学，而研究真实的人的哲学又不可能脱离研究人的经济生活。于是经济哲学的研究就不只是一般的有意义，而简直是有头等重要意义和不可避免的了。

经济哲学研究是跨学科性质的研究，它是经济学与哲学的对话与互动。必须是熟悉经济学的哲学家和熟悉哲学的经济学家才有可能在这个领域作出真正的贡献。如果仅仅是把经济学"材料"简单、生硬地塞到现有哲学的"框架"里，或者给现有的哲学"理论"找几条经济学"例证"，那不能被认为是真正的经济哲学研究。

一旦我们跨入经济哲学这一领域，我们便会发现接踵而至的富于挑战性的问题。

而问题正是理论发展的起点。经济哲学的研究甚至会对"整个"哲学的研究起到有力的推动作用。

在这篇短文中，我们只能举几个窥豹一斑性的例子。

例一：有限性的哲学地位和意义问题。

在哲学传统中，哲学家一向是强调"超越"、强调永恒、强调无限的。在深邃的"无限"面前，"有限"常常显得"浅薄"。可是，经济学却注定了是一门研究有限性的学科。萨缪尔森和诺德豪斯在《经济学》中为经济学下了这样一个定义："经济学是研究人和社会如何进行选择，来使用可以有其他用途的稀缺的资源以便生产各种商品，并在现在或将来把商品分配给社会的各个成员或集团以供消费之用"。[①] 稀缺问题是经济学的中心问题，我们甚至可以说如无稀缺问题，经济学就既无存在的必要也无存在的可能了。而稀缺正是有限性范畴在经济学中的具体表现形式。面对稀缺问题，哲学家是不能以鄙夷不屑的态度把它抛在一边的。人类智力也是一种稀缺资源，从经济学角度来看，是应该有更多的哲学家来关心和研究稀缺与有限性的哲学问

---

① 萨缪尔森、诺德豪斯：《经济学》（第12版），中国发展出版社，1992年，第4页。

题了。^①

例二：理性问题。

理性在哲学中是最重要和意见最纷纭的范畴之一；同时它也是经济学中最重要的范畴之一。乍看起来有点令人奇怪的是：哲学界中竟然几乎无人注意和重视经济学家对理性这一概念是怎样理解和应用的。田国强、张帆说："经济学的一个最基本的假设是：人是理性的。什么是理性？理性意味着：每个人、每个企业都会在给定的约束条件下争取自身的最大利益。人是自利的（或曰人是理性的）这一人类行为假设，不仅是市场经济学的假设，也是整个现代经济学的一个基本假设。从某种意义上可以说，如果人不是自利的，就根本不存在经济学。如果把利他性当做前提来解决社会经济问题，如生产的组织问题，其后果可能是灾难性的"。"极而言之，在资源有限的情况下，即使在 100 个人中有 99 个人舍己为人，只要 1 个人自私自利且物欲无限，如果社会不给定约束条件，这一自利者就会合法地拿光社会的财富，其他 99 个舍己为人者就会自愿地饿死"。^②

在理性研究中另一值得重视的成果是 1978 年诺贝尔经济学奖获得者西蒙提出的"有限理性论"。我的意见当然不是说哲学家可以把经济学家关于理性的观点原封不动的搬到哲学中来。事实上，经济学家中的观点也并不是完全一致的。已有经济学家指出：经济学家自身的行为方式就不符合经济学中关于"经济人"（或曰"经济理性人"）的假设。^③ 我在这里想强调的一点是：从经济哲学的观点来看，完全无视"经济人"假说的对理性的解释，不同经济人假说兼容的对理性的解释将不能被认为是完整的和不能被认为是可以接受的。怎样把经济学和哲学中各种现有的对理性的解释统一起来，这实在是一个十分艰巨的任务。

例三：经济学基本术语和基本命题的语言分析和经济学"本文"的解释问题。

20 世纪西方哲学的一个重要成就和进展是在哲学方法方面的进展。其

---

① 在此值得一提的是：对于马赫的"思维经济"原则我们实在也有一种给予重新评价的必要。

② 田国强、张帆：《大众市场经济学》，上海人民出版社、智慧出版有限公司，1993 年，第 10 页。

③ Greedy J. Foundations of Economic Thought. Basil Blackwell Ltd，1990.

中，最引人注目的是"锻炼"出了初显魅力的语言分析方法和发展了解释学（Hermeneutics，又译为释义学）方法。中国古代战国时期曾有所谓名家（或曰辩者）对于"卵有毛"、"火不热"、"白狗黑"等命题饶有兴味地相与论辩、"相与乐之"。当代西方则有一些哲学家热衷于讨论"拍伽索斯是一匹飞马"和"目前的（注意：这是 20 世纪的"目前"）法国国王"等词语的意义和指称问题，津津有味，乐此不倦。我们自然不能也不应一概否定这些研究工作的意义（实际上，也是否定不了的）。但我们必须指出这些研究所设定的讨论和研究对象太造作，同时也过于"简单"了。在经济哲学的研究中，我们必须重视运用 20 世纪西方哲学家锻炼出的语言分析方法和释义学方法。在经济哲学的研究中，学者将面对"市场"、"资本"、"价值"、"制度"、"发展"、"民主"等术语的命名、指称和意义的问题，这些问题将比西方哲学家传统上讨论的命名问题不知要复杂多少倍。同经济哲学提出的这些语言分析问题相比，西方哲学在"传统上"讨论的许多同类问题简直只是"杯中波澜"，而经济哲学所提出的新问题才是真正的"海阔天空"。在经济哲学的研究中，20 世纪哲学家锻炼出的语言分析方法和释义方法是大有用武之地的。这方面的工作是富于挑战性的。

对于一些具有哲学背景而决心从事经济哲学研究的人来说，从经济思想史和学派对比研究入手可能是一条比较便捷、有效和可行的入门途径。

就我个人的具体感受而言，我更感兴趣的不是西方的主流派经济学而是制度主义经济学和进化经济学流派。

"制度主义者关心的是经济的演进与演进的观念，即它们是怎样形成的、怎样变化的，而不是只关心经济增长"。[①] 科斯获得 1991 年诺贝尔经济学奖说明制度主义经济学正在世界范围内受到更大的重视。他在获奖演讲中说："我所做的事是说明可称为生产的制度结构的东西对经济系统的运转的重要性"。他在 1937 年发表的论文《论企业的性质》在受到了几乎半个世纪的忽视之后，终于被公认为是经济学中的经典性著作。

经济哲学研究的核心主题不是学院式或文献式的研究，它的核心主题应是研究现实生活所提出的经济哲学问题，这才是经济哲学根本生命力的来

---

① 格林沃尔德：《经济学百科全书》，中国社会科学出版社，1992 年，第 504 页。

源。党的十四届三中全会的决定，不但明确了我国市场经济新体制的基本框架，全面突出了制度创新问题，而且明确了在本世纪末初步建立社会主义市场经济体制的时间要求。面对这种形势，我国当前的经济哲学研究自然应该把对制度创新问题的研究放在第一位。

目前，经济哲学的研究无论是在国内还是国外，都正在引起愈来愈多的学者的兴趣和重视，已经出现了一些很有参考价值的经济哲学方面的研究著作，如《经济学和解释学》。[1] 我们应该注意吸取和借鉴国外学者在这方面的研究成果并加强这方面的国内外学术交流。

在经济哲学的研究中，我们应该坚持并发展马克思主义的传统。

在这里值得注意的是制度主义学派的经济学家大都对马克思十分推崇。1974 年诺贝尔经济学奖的获得者米尔达尔甚至把马克思看作制度经济学的开创者之一。[2] 在《现代制度主义经济学宣言》一书中，霍奇逊说："凯恩斯和马克思对本人的影响要胜过凡勃仑"。"制度经济学尽管有其优点，但它过去并没有卡尔·马克思或约翰·梅纳德·凯恩斯那种提供理论体系的能力。制度主义在新的发展中，可以有效地把马克思在例如经济制度的性质和生产理论方面的一些思想和凯恩斯与后凯恩斯主义在例如不确定性和货币理论的成果吸纳进来"。[3]

我当然不是说可以把马克思主义同制度主义混为一谈。但马克思主义在本质上是一个开放的体系，当代马克思主义可以而且必须批判地吸取包括制度主义在内的经济科学成就来丰富和发展自身。

自然辩证法工作者在以往曾把学习科学与技术知识、研究科学技术哲学问题放在特别重要的地位。在这方面我们当然还有许多工作要作，但现在我们看到了还有一个在以往受到了不应有的忽视的方面。在当前，我们中的许多人应该把学习工程与经济学知识，研究工程哲学和经济哲学放在特别重要的地位，这是自然辩证法学科建设与发展的内在逻辑提出的要求，也是时代提出的要求。目前，我们的自然辩证法教科书基本上是自然观、科学技术

---

① Lavoie D. Economics and Hermeneutics. London：Routledge，1990.
② 米尔达尔：《反潮流经济学批判论文集》，商务印书馆，1992 年，第 284 页。
③ 霍奇逊：《现代制度主义经济学宣言》，北京大学出版社，1993 年，第 24 页。

观、科学技术方法论这样"三大块"的结构，也许我们可以展望一下，未来的教科书可以逐步"过渡"为自然哲学、科学技术哲学、工程经济哲学这样"新三大块"的结构。

21世纪正在向我们招手。

在新的世纪中，中国的哲学工作者应该有信心和雄心作出领先世界哲学潮流的贡献。我们应该走在21世纪哲学转向的最前列。

"我思故我在"与"我造物故我在"*
——认识论与工程哲学刍议

古希腊神话传说中有一个斯芬克斯之谜。斯芬克斯之谜也就是人之谜。

哲学不是神话，但哲学家继续了对人之谜的探索，使人成为了哲学的首要主题。

笛卡尔说："我思故我在"。这个哲学箴言肯定了人是认识和思维的主体，欧洲哲学也以此为重要标志从以本体论为重心的古代时期进入了以认识论为重心的近代时期。

我们必须承认"我思故我在"，但正如马克思主义哲学奠基人所指出的那样："人们首先必须吃、喝、住、穿，然后才能从事政治、科学、艺术、宗教等等"①。这确实是一个关于人生和社会的最简单、最基本的事实。由于人类的造物活动即物质生产活动是人类生存和发展的最重要、最基本的前提和基础，所以我们不但必须说"我思故我在"，而且更应该说"我造物故我在"。

基督教把上帝说成是唯一的造物主。其实，上帝是虚幻的，只有人才是真正的造物主。

由此来看，造物主题似乎是理所当然地应该成为哲学的"第一主题"

---

* 本文原载《哲学研究》，2001年第1期，第21～24页。
① 恩格斯：《在马克思墓前的讲话》。

第一部 工程哲学 |013·

的，然而哲学史的事实却是哲学家们在 2000 多年的时间中都迷失了这个主题。

古希腊的亚里士多德提出了著名的四因说，认为自然界的一切事物都有四因：质料因、形式因、动力因和目的因。他所举的一个典型例子就是房屋，然而房屋是"人工物"，是人的有目的的设计和有目的的劳动的产物，而不是自然物。不难看出，四因说的提出是以人的造物活动和人工物品为现实基础和背景的。换言之，四因说本来应该是一种关于造物活动和人造物品的理论，然而亚里士多德却硬把四因说当成了一种说明一般的、普遍的自然物的理论，从而迷失了哲学中的造物主题。亚里士多德之所以"制造"这个理论上的错位是有着深刻的历史原因和阶级原因的。在奴隶社会中，造物活动是卑贱的奴隶的工作，阶级的局限性使亚里士多德不可能把造物活动"名正言顺"地当成哲学的"第一主题"。

康德是德国古典哲学的开山人物，他写了著名的三大批判：《纯粹理性批判》、《实践理性批判》和《判断力批判》。许多哲学史家都说，康德哲学在哲学史上起着一种蓄水池的作用，康德之前的哲学思想都流向康德，而其后的哲学思想都由康德哲学中流出。康德哲学是一个完整的哲学理论系统，然而康德哲学的理论系统也是有重大缺陷的。虽然康德本人毫不含糊地承认实践理性对于理论理性的优先地位，但康德心目中的实践却是被囿于人的道德实践的藩篱之内的，可以说康德完全忽视了对人的造物活动和生产实践问题的哲学研究。一百多年后的德索尔以技术哲学的慧眼发现并指出了康德哲学在这方面的根本性缺陷。德索尔是工程的技术哲学（engineering philosophy of technology）传统的重要代表人物，他提出技术哲学的任务就是要弥补康德哲学体系的这个缺陷，写出"技术制造批判"这个"第四批判"。

波普尔是 20 世纪最重要的哲学家之一，他提出了影响很大的关于三个世界的理论。他把外部的物理世界称为世界一，把人的精神活动的世界称为世界二，把人的精神活动的产物的世界称为世界三。波普尔的这个关于三个世界的理论是有严重缺陷的。波普尔只看到了人是思维的主体而完全忽视了人同时还是造物的主体。波普尔的哲学像亚里士多德的哲学和康德的哲学一样迷失了造物这个首要的哲学主题。波普尔的哲学理论的重点是强调作为人的精神活动产物的世界三的重要作用和重要意义，在这方面他是有许多创见的。波普尔的哲学理论的一个根本缺陷是他只看到了人的精神创造活动而完全忽视了人的物质创造活动。显而易见，如果我们必须承认人的精神活动的产物组成了一个世界三的话，那么我们也必须承认人的造物活动即物质生产活动的产物也组成了一个世界四。现代人的衣、食、住、行所依靠的主要的就是这个世界四，离开了这个世界四现代社会就要灭亡。如果说一二百万年前的原始人所生活的世界还是那个作为"天生"自然界的世界一的话，那么现代人主要已是生活在这个作为人工世界的世界四——而不是那个"天然的"世界一——之中了。现代社会中的现代哲学家不但应该和必须像波普尔那样研究和发展关于世界三的哲学理论，而且必须研究和发展关于世界四的理论。

世界三是人的认识过程的产物，世界四是人的造物过程——或者说是生产过程、工程过程——的产物。

造物过程和认识过程是两个不同的过程，虽然二者是有密切联系的，但这绝不能成为把二者混为一谈的理由。

认识过程是一个认识主体对输入的信息进行信息加工的过程，认识过程的结果是得到了概念、理论等知识或其他形式的符号产品（或者信息产品）；而造物过程是一个造物主体根据设计方案用物质工具对原材料进行物质性操作加工的过程，造物过程的直接结果是得到了物质性的人工物品。

认识活动和认识过程是以"外物"的存在为前提的，认识过程从感觉对象和感觉开始、从感性认识开始，借助于逻辑和直觉等思维方法，经过复杂的思维过程，最后达到理性认识的阶段和水平，以获得理论性的知识而告终。认识活动是真理定向的，在一定的意义上——特别是在与造物活动进行对比的时候——我们可以说认识活动除了获得真理之外没有其他的目的。评价认识活动的标准是真理标准。

而造物活动或工程过程却是以人的目的或目标的存在为前提的，工程过程是从目的、计划和决策开始的，在工程活动中劳动者按照一定的程序使用物质工具对原材料进行一系列的操作和加工，制造出合格的物质产品，这个过程最后是以在消费和用物的过程中、在生活中实现人的目的告终的。工程活动是价值（当然是指广义的价值而不单纯限于经济价值）定向的，在工程活动中的人-物关系主要是价值关系。评价工程活动的标准是价值标准。

由于认识活动和工程活动是性质完全不同的两种活动，这种研究对象上的不同也就成为了形成两个不同的哲学分支——一个以研究认识过程为"己任"的哲学分支和一个以研究造物过程为"己任"的哲学分支——的内在要求。

研究认识过程的哲学分支早已形成，这个哲学分支就是认识论，而研究造物过程的哲学分支至今还没有形成。

研究造物过程的哲学分支应该是什么呢？

在人类历史上和人类社会中，造物活动的具体形式是多种多样的：既有个体的、手工业式的造物活动，也有现代化的、工程化的造物活动。由于现代社会中的工程化的造物活动是人类造物活动的最发达和最典型的形态，所以我们也就有理由把研究造物活动的哲学分支称为工程哲学了。

两个不同的哲学分支各有属于自己的特有的哲学问题和哲学范畴。

认识论研究的基本问题是人能否认识世界和怎样认识世界的问题，它要回答世界"是什么"的问题，认识论的主要范畴是感知、经验、理性、感性认识、理性认识、先天（先验或验前）、后天（后验或验后）、归纳、演绎、思维方法（"思维工具"）、概念、判断、规律、真理、认识阶段、真理标准、世界三等。

工程哲学的基本问题是人能否改变自然界（世界）和应该怎样改变自然界（世界）的问题，它要回答"人应该怎样做"的问题，工程哲学的主要范畴是目的、计划、边界条件、时机、决策、合理性、原材料、组织、制度、规则、（物质）工具、机器、操作、程序、控制、半自在之物（半为人之物）、人工物品、作为废品和污染的自在之物、意志、价值、用物、异化、生活、自由、世界四、四个世界的相互作用、天地人合一等。

在工程哲学的研究中，人应该确立什么样的目的、人应该怎样行动、世界在改变之后的后果如何（是否出现了异化现象与怎样对待异化现象）以及人的自由的问题具有核心性的地位。

在哲学历史上，实在论是一种源远流长的传统。传统的实在论（包括科学实在论在内）研究的主要是"实在"是什么的问题，是"已然"的实在的问题；而工程哲学则把"应然"的实在的问题，更具体地说也就是如何创造"实在"的问题放在了首要的地位。如果为了强调工程哲学同实在论的关系，我们有理由把工程哲学称为一种工程实在论的理论。

工程哲学绝不仅仅是研究人工物品的哲学，它更是研究人的本性的哲学。马克思说："工业的历史和工业的已经产生的对象性的存在，是一本打开了的关于人的本质力量的书，是感性地摆在我们面前的人的心理学"①；马克思又说："如果心理学还没有打开这本书即历史的这个恰恰最容易感知的、最容易理解的部分，那么这种心理学就不能成为内容确实丰富的和真正的科学。"② 这就是说，人如果不从事造物活动那么人的本质力量是无从展开的，哲学家如果不去研究"工业的历史和工业的已经产生的对象性的存在"（也就是本文所说的造物过程和那个世界四），那么他们是不可能真正认识人的本性和人的真正本质的。

我们知道，哲学一向是以爱智慧自命和自居的。

什么是智慧？我们可以把智慧大体划分为两种类型：一种智慧是理论活动的智慧，另一种智慧是工程活动的智慧。前一种智慧是理论家的智慧，后一种智慧是企业家、策略家、工程师和工人的工程实践的智慧，是运筹设计、发明创新、计划决策、程序操作、制度运作、消解异化和自由生活的智慧。如果我们把哲学定义为对智慧的研究，那么我们看到传统的哲学在对智慧的研究中只研究了理论活动的智慧而忽视了或者说迷失了工程活动的智慧，这就使传统哲学在迷失了造物活动这个主题的同时还迷失了智慧研究中的造物的智慧这个主题，从而使传统的哲学研究中出现了造物主题和造物智慧主题的双重迷失。

马克思说："哲学家们只是用不同的方式解释世界，而问题在于改变世界。"③ 工程哲学是研究人的改变物质世界的活动的哲学，它是研究关于人的造物和用物、生产和生活的哲学问题的哲学分支。在整个哲学学科体系中，认识论早已成为了一个独立的哲学分支，1877 年卡普的《技术哲学纲要》标志着现代的技术哲学的开端，20 世纪的逻辑实证主义流派掀起了现代的科学哲学研究的浪潮，当前正是世纪之交，回顾历史展望未来，我们深刻地感受到了必须大力开展工程哲学研究的迫切的时代要求。

---

① 《马克思恩格斯全集》注释说：费尔巴哈把自己的认识论叫做心理学，看来这里也是在这个意义上使用这个术语的。
② 《马克思恩格斯全集》第 42 卷，人民出版社，1972 年，第 127 页。
③ 《马克思恩格斯选集》第 1 卷，人民出版社，1972 年，第 19 页。

略谈科学技术工程三元论[*]

新文化运动和"五四"运动以来，科学和民主在中国成为一个响彻云霄的口号和一种声势浩大的潮流。这个与"民主"并列的"科学"指的是广义的科学，它的实际含义和所指不但包括了狭义的科学而且还包括了技术和工程①；可是，科学还有一个狭义的定义，这个"狭义的科学"是不能与技术和工程混为一谈的。本文中此后在使用科学这个术语时指的就是这个"狭义的科学"。

虽然科学、技术、工程实际上是三种不同的社会活动，可是我们又看到，在日常生活和日常语言中许多人常常未加深思地、习惯性地把科学与技术混为一谈，而在另外的一些情况下，许多人又常常未加深思地、习惯性地把技术与工程混为一谈。这种把科学与技术混为一谈和把技术与工程混为一谈的习惯说法或习惯看法在理论上是经不起推敲的，在实践上是容易引发思想上、观念上、政策上的误导和不良影响的。

应该强调指出，承认科学、技术、工程是三种不同的社会活动绝不意味着否认它们之间存在密切的联系。相反，从逻辑上看，只有在承认它们是三

---

* 本文原载《工程研究——跨学科视野中的工程（第 1 卷）》，北京理工大学出版社，2004 年，第42～53页。

① 在本文中，工程一词是指通常意义的以自然物为对象的工程，本文暂不涉及"社会工程"问题。

种不同的社会活动的前提下，才可能出现并突出它们之间的联系和转化关系。因为，如果科学、技术和工程三者不是三个不同的对象而是一个对象的话，那么，从理论和逻辑上看，它们之间也就不可能存在什么联系或转化关系了。也就是说，如果我们在理论上承认了这种"合三为一"的观点，那么，从科学到技术的转化和从技术到工程的转化关系和过程反而要被取消，无法存在了。

我们可以把"承认科学、技术、工程是三个不同对象"的观点称为关于科学、技术、工程的"三元论"观点。根据科学、技术、工程"三元论"的理论框架，我们不但应该重视研究科学、技术和工程三者各自的本性、特点、社会作用和运行机制等问题，而且应该重视研究它们之间的联系、渗透、转化和互动关系。很显然，对这些问题的研究、分析和探讨，不但具有重要的理论意义，而且具有重要的现实意义。

为了分析和论述的方便，让我们先从科学和技术的相互关系问题谈起。

一、关于科学和技术的"一元论"和"二元论"观点

对于科学和技术的相互关系，在国内外都存在着两种不同的观点："一元论"观点（认为科学和技术是一个对象）和"二元论"观点（认为科学和技术是两个不同的对象）。

在关于科学技术的一元论观点中，又有三个亚型，更具体地说就是存在着三种不同的具体表现形式。

第一种表现形式是主张"以科学为基础"的科学技术一元论观点，持这种观点的学者认为，"科学和技术统统都是科学"。虽然我们应该承认这种观点的许多分析和论述是有道理的，其中的许多见解也是值得重视的，但这种观点有一个根本性的缺陷，那就是严重地轻视或忽视技术的独立地位和特点。在这种观点中，技术被简单化地看做是科学的应用，实际上是主张用科学"吃掉"技术，认为技术不过是科学的附庸而已。我们认为，强调科学的

基础地位和作用，当然是正确的，但如果因此而否认技术的"独立地位"①，那就不对了。

第二种表现形式是主张以"技术为基础"的科学技术一元论观点，持这种观点的学者认为，"科学和技术统统都是技术"，在这种观点中，科学被简单化为不过是"理论形态的技术"，实际上是主张用技术"吃掉"科学，把科学看成是技术的附庸。很显然，这种观点也有一个根本性的缺陷，那就是严重地轻视或忽视了科学的独立地位和特点。这种观点强调技术的重要地位和作用，无疑是正确的，但如果因此而否认科学的"独立地位"，那显然也是错误的。

第三种表现形式是主张"现代科学与现代技术合二而一"的科学技术一元论观点，如前苏联和东欧社会主义国家的某些学者所主张的"科学技术革命论（научно-техническая революция）"就是这种类型的观点。在 20 世纪六七十年代，苏联和东欧社会主义国家的学者曾经出版了许多这方面的论著。持这种观点的学者认为：虽然古代的科学和古代的技术存在很大的区别，但在现代社会中，科学和技术已经不可分割地融为一体了。苏联的学者甚至还创造了一个新的俄文"合成词"научно-технический（"科学—技术的"）以表示"科学"（наука）和"技术"（техника）已经不是两个对象和两个名词而是一个统一的新对象和一个"统一的新词"了。他们还断言这种把科学和技术融为一体的"科学技术革命"只有在社会主义国家中才能发生。虽然这种苏联东欧版的"科学技术革命论"现在已经成为历史陈迹了，可是，那个认为"现代科学与现代技术已经合二为一"的科学技术一元论观点却还是可以不时见到。我们认为：这种强调在现代社会中科学与技术的关系与古代社会已经完全不同的观点是完全正确的；可是，这绝不意味着可以由此而在理论上合理地得出结论说现代科学和现代技术二者已经"一元化"了。相反，"现代科学与现代技术存在密切联系"与"现代科学与现代技术仍然是两个独立的对象"这两个论断是并行不悖的，而不是互相排斥的。

---

① 无疑，技术仅仅有"相对的"而不是"绝对的"独立地位，但我们应该注意，任何独立性都只是相对的独立性，而不是绝对的独立性，从而，"相对"二字也就是可有可无的了。同时我还想指出，在承认"独立性"有相对性的同时，我们也必须注意，任何"联系"也都是有条件的，而不是无条件的，从而只存在有条件的联系，而不存在什么"绝对"的"联系"。

美国哲学家阿伽西首先撰文反对科学与技术一元论，主张"科学技术二元论"。

1966 年，加拿大科学哲学家邦格发表了《作为应用科学的技术》一文[①]，这是一篇显得有些奇怪的论文。该文在英文中首先使用了"技术哲学"这个术语（在德文和俄文中早就有了"技术哲学"这个术语，但英文中在此之前却一直没有人使用"技术哲学"这个术语），从而使该文成为了技术哲学历史上的一篇重要文献；可是，这篇文章的基本观点却是大力主张"技术是应用科学"，而这个观点明显地带有某种否定技术独立性的色彩和意味。

应该强调指出：邦格的这个观点绝不仅仅是他个人独有的，而是一个带有很大普遍性和代表性的观点。邦格的观点立即受到了阿伽西的批评。阿伽西写了《一般科学哲学对科学和技术的混淆》一文，批评"科学哲学的文献……常常混淆纯粹科学与应用科学以及这两者与技术的区别"，他认为科学与技术是不能混淆的，该文批评了"所有科学哲学家都把它们[②]等同看待"[③]。

邦格和阿伽西的争论实际上就是关于科学和技术的"一元论"观点和"二元论"观点的争论。应该怎样评价这场争论及其在后来的社会影响呢？

我认为：如果单纯从理论上看问题的话，可以认为在科学哲学与技术哲学的学科范围中，阿伽西所代表的二元论观点明显地占了上风，成为了主流观点，其标志就是：在美国很快地就建立了技术哲学的"学会"，陆续出版了许许多多属于技术哲学领域的论文、著作，后来还有了专门杂志；可是，如果我们从其他方面——特别是从"一般舆论"的范围中——来看问题的话，则情况就是另外的样子了，因为在"群众"中，甚至是在技术哲学领域外的其他领域的"学者群体"的范围中，那种"常常混淆纯粹科学与应用科学以及这两者与技术的区别"的现象不但仍然是屡见不鲜的，而且甚至可以说是影响更大、流传更加广泛的。这两个方面的表现看似矛盾，但却是社会

---

① 邦格：《作为应用科学的技术》，见拉普，《技术科学的思维结构》，吉林人民出版社，1988年，第 28～50 页。

② 引者按：指科学和技术。

③ 阿伽西：《一般科学哲学对科学和技术的混淆》，见拉普，《技术科学的思维结构》，吉林人民出版社，1988 年，第 51、52 页。

生活中实际存在的现实状况。

以上所说的两个方面的状况不但存在于发达国家，而且也存在于中国。

在我国，陈昌曙先生首先明确提出和主张不能把科学与技术混为一谈，大声疾呼地主张必须注意研究二者的区别。1982年，陈昌曙在《光明日报》上发表了《科学与技术的统一和差异》一文，指出科学和技术是"两类范畴"、"两种价值"、"两个革命"、"两路创新"、"两层管理"①。这篇文章是我国公认的中国技术哲学研究的开拓和"发端"之作。陈昌曙先生在当时就明确指出：如果忽视或低估了科学与技术的差别，"就不仅不利于说明科学与技术的关系，而且有碍于制定和执行正确的科技政策。"陈昌曙先生对科学和技术的区别的研究，虽然在时间上晚于阿伽西，但他对这个问题的分析和认识在深度上却明显超过了阿伽西。还应该指出，陈昌曙是从自己的进路上得出这些观点和结论的。

虽然陈昌曙的观点在我国的技术哲学界成为了主流和主导的观点，可是，由于技术哲学界是一个非常小的范围，如果"出"了那个范围而从我国"一般舆论界"或"一般学术界"范围来看问题的话，我们又需要承认陈昌曙提出的观点并未成为在"一般舆论界"或"一般学术界"范围中占主流和主导地位的观点，应该承认在"一般舆论界"中，混淆科学与技术的观点一直是相当普遍或流行的。

以上所述是理论形态的"科学技术一元论"或"二元论"观点。在此应该强调指出的是，对于许多并非从事理论工作和理论研究的人来说，他们往往是不会明确地、自觉地从理论上思考什么"科学技术一元论"或"二元论"之类的问题的，但他们在使用日常语言的时候却往往习焉不察地把科学与技术混为一谈，从而不自觉地采用了关于科学技术的一元论观点。这种情况的一个典型而集中的反映就是汉语中对"科学技术"（简称为"科技"）这个"合成词"的使用。吴大猷先生说，在中国台湾地区，"一般人士，往往将科学和技术笼统并而为一"②。在中国内地，人们在使用"科学技术"这个说法或"科技"这个简称时，许多人在思想上常常也是没有想到需要把科学

① 陈昌曙：《陈昌曙技术哲学文集》，东北大学出版社，2002年，第9~14页。
② 吴大猷：《吴大猷科学哲学文集》，社会科学文献出版社，1996年，第278页。

和技术加以区分的。在此，值得顺便一提的是，在日本也存在着"把科学和技术看做是同质的东西，在各种各样的场合把'科学技术'归拢在一起使用"[①] 的情况。

正是针对我国在"一般舆论界"中"科学技术一元论"观点至今仍有很大影响的现实状况，我国的一些学者在 20 世纪末和 21 世纪初仍继续感到有必要撰文强调和分析科学与技术的区别，感到仍然有必要大声疾呼地主张不能把科学和技术混为一谈，因为"技术与科学被混淆，对两者都有负面影响"[②]。

二、技术和工程的区别和联系

应该注意，除了关于科学与技术是否存在本质区别的问题外，还有一个关于应该如何认识技术和工程的相互关系的问题。在这个问题上，与科学和技术的关系相类似，也存在着许多人把技术和工程混为一谈的情况。

把技术和工程混为一谈的情况无论是在中国还是在外国都是很常见的。例如，德国的波塞尔教授就认为技术和工程是等同的[③]。他说："工程与技术、工程科学或技术科学、技术哲学或工程哲学，相互之间没有必要区分，也很难区分开来。工程哲学与技术哲学是等同的，工程与技术也没有必要分得那么细。"[④] 我国学者王续琨教授表示赞成波塞尔的观点，在同波塞尔对话时说："在中国，我理解工程是改造世界的过程，技术是改造世界的方法和手段，二者是同一个问题的两个方面。工程与技术是不可分的，没有技术，工程干不了；而离开了工程，技术就没有依托了。"李兆友教授和刘则渊教授也同意波塞尔教授的观点，认为："工程哲学就等于技术哲学"，"没有必

---

① 李醒民：《关于科学论的几个问题》，《中国社会科学》，2002 年第 1 期，第 21 页。

② 参见近几年发表的这方面的文章，例如，李伯聪：《科学与技术的区别与联系》；郭传杰：《科技创新与民族振兴》，学习出版社，2000 年，第128～132页；金吾伦：《必须划清科学与技术的界限》，《科技日报》2000 年 12 月 15 日；张华夏、张志林：《从科学与技术的划界看技术哲学的研究纲领》，《自然辩证法研究》，2001 年第 2 期；李醒民：《关于科学论的几个问题》，《中国社会科学》，2002 年第 1 期；关士续等：《再论创新视野中技术与科学的关系》，见刘则渊，王续琨，《工程·技术·哲学》，大连理工大学出版社，2002 年。

③ Poser H. On structural differences between science and engineering. Techne 4：3（1998 winter），DLA Ejournal Home.

④ 波塞尔、刘则渊、李文潮：《中德学者关于技术与哲学的对话》，见刘则渊、王续琨，《工程·技术·哲学》，大连理工大学出版社，2002 年，第 195 页。

要也确实很难对工程哲学和技术哲学做出区分。"他们不赞成"科学、技术、工程三元论",认为:"不能理解为技术与工程之间是并列的关系。"①

陈昌曙教授在《技术哲学引论》一书中曾经谈到了"技术与工程"的关系问题,但书中没有把这个问题谈得很清楚。2002 年,陈昌曙教授发表《重视工程、工程技术与工程家》一文,明确肯定工程是一个不能混同于技术的对象,该文在列举了工程的 10 个特点后,总结说:"工程既与技术密切相关,又与技术有不小的区别,工程有它的相对独立性和特殊性,对工程问题需要做专门的探讨。"②

最近几年,我进一步思考了工程与技术的关系问题,对于这个问题,我认为有以下几个观点是值得特别加以强调的。

第一,没有无技术的工程,从而工程与技术存在着密切的联系。

第二,没有"纯技术"的工程,从而绝不可以把技术与工程混为一谈。在工程活动中不但有技术(请注意:作为工程活动的要素的技术不是"一般形态"的技术,更不是"实验室形态"的技术,而是应该特别命名为"工程技术"的"技术形态")要素,而且有管理要素、经济要素、制度要素、社会要素(包括政治和法律等内容在内)、伦理要素等其他方面的要素。正因为工程活动绝不是一种"纯技术"的活动,于是在组织和进行工程活动时,就不但需要有总工程师,而且需要有总指挥(或总经理)、总设计师、总会计师,需要有实施工程的技师和工人。在工程活动中,技术要素和成分毫无疑问是重要的,可是其他成分和要素——尤其是经济因素和管理要素——的重要性常常绝不在技术的重要性之"下"。在陈昌曙教授所阐述的工程活动的 10 个特点中,大多数的特点都是由工程活动中的"非技术要素"或"非技术成分"所带来或所导致的。应该强调指出,在工程活动中,工程中的"非技术因素"绝不是次要的或非本质性的内容或成分,相反在许多情况下,"非技术性"的内容和成分(如经济因素或政治因素)往往反倒成为了对于该项工程来说本质性、决定性的内容和成分。因此,那种认为工程和技术

① 李兆友,刘则渊:《波塞尔技术哲学思想述评》,见刘则渊、王续琨,《工程·技术·哲学》,大连理工大学出版社,2002 年,第 247 页。
② 陈昌曙:《重视工程、工程技术与工程家》,见刘则渊、王续琨,《工程·技术·哲学》,大连理工大学出版社,2002 年,第 27~34 页。

"不可分"、否认工程有独立性的观点是不恰当的。

第三，技术可以"应用"到工程中。这个"应用"的过程是一个转化的过程。正因为"应用"过程是一个转化的过程，而转化过程之后必然有新质的出现，所以，承认工程是技术的"应用"不但不应该是一个把技术和工程混为一谈的理由，反而应该是一个肯定技术与工程有本质区别的理由和根据。需要注意，这个转化过程是复杂的、有条件的，那种把这个转化过程和转化关系简单化的想法和认识是错误的。

第四，工程要选择技术、集成技术。在工程活动的计划和设计阶段，工程活动的主体是需要根据工程活动的目标而对已有的各种技术进行选择和集成的。从这个选择和集成关系中，我们也可以清楚地看出：技术和工程绝不是一回事或一个对象。在 20 世纪 70 年代，舒马赫曾经写了一本名噪一时的书《小的是美好的》。对于舒马赫的具体观点，本文不作评论，我想说的是：从工程哲学的观点来看，舒马赫这本书的重要意义之一就是它突出了技术是"被选择"、"被集成"的对象，突出了在产业活动、工程活动中必须根据不同的社会环境和条件对已有的各种技术进行"选择"和"集成"，从而批评和否定了那种"纯技术"的思路、标准和理念。在以上所说的应用、选择、集成关系中，既反映了技术和工程的联系，同时也体现了技术和工程的区别（在此，我想再次重复和强调："互相联系"、"互相渗透"、"互相作用"都是以"区别关系"为前提和基础的）。

第五，正因为工程和技术是有本质区别的社会活动，所以，技术活动和工程活动就需要有而且必须有不同的评价标准（大概没有什么人会认为技术活动与工程活动可以采用同样的评价标准）。反过来看，如果必须承认技术和工程有不同的评价标准，那么，作为一个"反证法"的思路，关于应该承认"技术和工程是两种不同的社会活动"也就成为势所必然的事情了。

以上分别谈了科学与技术的关系和技术与工程的关系，以下再集中地把科学、技术、工程这三个不同的对象放在一起进行一些对比分析。

三、科学、技术、工程三元论

陈昌曙教授批评了那种把科学、技术、工程混为一谈的现象，他说："类似于人们常常把科学与技术不分，工程与技术往往被认为是一回事，似乎工程就是技术，技术就是工程。本来，科学与技术有原则的不同，工程与技术也有不可忽视的区别，但科学、技术、工程的差异并不是轻易能被认同的。"①

正因为如同陈昌曙教授所说的那样，要使一些人赞同科学、技术、工程三者存在本质区别的观点不是一件容易的事情，所以，我们才有必要深入地思考和研究这方面的问题，需要大声疾呼地阐述科学、技术、工程"三元论"的观点。

所谓科学、技术、工程"三元论"，其基本观点就是承认和主张科学、技术和工程是三个不同的对象、三种不同的社会活动，它们有本质的区别，同时也有密切的联系。

我认为可以从以下几个方面的分析和对比中来认识和把握科学、技术和工程的不同本性或特性。

1）从活动的内容和性质来看，科学活动、技术活动和工程活动是三种不同的社会活动：科学活动是以发现为核心的活动，技术活动是以发明为核心的活动，工程活动是以建造为核心的活动。

2）从"成果"的性质和类型来看，科学"成果"、技术"成果"和工程"成果"是三种不同性质和类型的成果。科学活动成果的主要形式是科学概念、科学定律、科学理论，是论文和著作，它是全人类的共同财富，是"公有的知识"而不是任何人可据为"私有"的知识。技术活动成果的主要形式是发明、专利、技术诀窍，是专利文献、图纸、配方、诀窍（当然也可能是技术文献和论文），它往往在一定时间内是"私有的知识"，是有"产权"的知识（当然，我们也承认技术"成果"也有可能表现为物质形态的样品或样

---

① 陈昌曙：《重视工程、工程技术与工程家》，见刘则渊、王续琨，《工程·技术·哲学》，大连理工大学出版社，2002年，第27～34页。

机）。而工程活动"成果"的主要形式是物质产品、物质设施，一般来说，它就是直接的物质财富本身。除了公共工程的情况外，一般来说，作为工程活动的"成果"的"人工物品"不是"公有"的而是"属于"某个特定的"主体"的。

3）从"活动主体"、"社会角色"和"共同体构成"方面来看，科学活动、技术活动和工程活动的"活动主体"和"活动主角"是不同的："科学活动的主角"（社会学意义的"角色"）是科学家，"技术活动的主角"是发明家，"工程活动的主角"是企业家、工程师和工人。在科学哲学中，库恩因对"科学共同体"的研究而闻名于世，科学共同体问题已经成为一个重要的研究主题。相形之下，对于"技术共同体"和"工程共同体"的研究目前可以说基本上还处于起步前的阶段。很显然，研究"技术共同体"和"工程共同体"的意义是绝不在"科学共同体"之"下"的。陈昌曙教授提出，我们不但应该重视对科学家和发明家的研究，而且应该重视对"工程家"的研究[①]，我完全赞成他的这个观点。

4）从对象的特性和思维方式的特性来看，科学、技术、工程也是不可混同的。科学的对象是带有一定普遍性和可重复性的"规律"，技术的对象是带有一定普遍性和可重复性的"方法"。任何科学规律和技术方法都必须是带有一定的"可重复性"的，必须是"普遍"有效的，不可能存在什么"一次性"有效的科学规律或技术方法；可是在工程活动中，情况就完全不同了，任何工程项目（请注意，这里说的是"工程项目"，而不是"工程科学"和"工程技术"）都是一次性、个体性的项目。正如陈昌曙教授所指出的那样：工程项目"是'唯一对象'或'一次性'的，如青藏铁路工程、南京长江大桥建设工程"[①]。

5）从制度方面来看，科学制度、技术制度和工程制度是三种不同的社会"制度"（institutions），它们有不同的制度安排、制度环境、制度运行方式和活动规范，有不同的评价标准和演化路径，有不同的管理原则、发展模式和目标取向。

---

① 陈昌曙：《重视工程、工程技术与工程家》，见刘则渊、王续琨，《工程·技术·哲学》，大连理工大学出版社，2002年，第27～34页。

6）由于科学、技术和工程是三类不同的社会活动，它们在社会生活中有不同的地位和作用，于是，从政策和战略的制定和研究方面来看，国家和政府就需要"分别"制定出内容和作用都有所不同的科学政策、技术政策和工程政策。在这三种政策中，任何一种都是不可缺少的，是不能被其他政策所代替的。

7）从文化学和传播学的角度来看，科学文化、技术文化和工程文化也各有不同的内涵和特点。"公众理解科学"、"公众理解技术"和"公众理解工程"也是不能互相"替代"的，三者各有自己特殊的内容、意义和社会作用。

8）强调科学、技术、工程有本质的区别，绝不意味着否认它们之间有密切的联系。相反，正由于三者各有独特的本性，各有特殊的、不能被其他活动所取代的社会地位和作用，于是它们的"定位"、"地位"和"联系"的问题，从科学向技术的转化和从技术向工程的转化的问题，也便都从理论上、实践上和政策上被突出出来了。

在此我还想顺便对三个问题作一些说明。一是关于"工程技术"这个术语的含义问题。如果说"科学技术"一语的含义常常是指"科学和技术"，那么，应该注意，"工程技术"一语的含义一般来说却不是指"工程与技术"，而是指"工程形态的技术"或"在工程中使用的技术"。二是工程与企业的相互关系的问题。虽然也存在着工程由非企业形式的主体来承担的情况，但工程的承担者常常是企业。工程活动的单位是项目，大的工程项目常常又被划分为许多"子项目"。一个工程项目既可能由一个企业单独承担，也可能由几个企业合作承担，当然，也存在着一个企业同时承担若干个工程项目的情况。三是工程与产业（或行业）的关系。工程是"个体"概念，产业是"集合"或"整体"概念，产业是许多同类工程活动的总称。

四、作为一个哲学分支的"工程哲学"和作为一个跨学科、多学科研究领域的"工程研究"

如果可以承认科学、技术和工程是三个不同的对象，那么，从理论和逻辑上说，关于可以存在三个不同的哲学分支学科——科学哲学、技术哲学和工程哲学——的理论前提或基础的问题也就解决了一大半。同样的，从研究领域上说，可能有三个不同的跨学科和多学科的研究领域——science studies，technology studies，engineering studies——的理论前提或基础的问题也就解决了一大半。

从学科发展的历史来看，现代科学哲学和现代技术哲学都已经有很长一段发展历史了，而工程哲学还只是一个襁褓中的婴儿。

在 20 世纪，科学哲学已经发展成为了一个成果丰硕、影响巨大的哲学分支学科。在某些人看来，科学哲学甚至"成熟"得有些过头了，以至费耶阿本德惊呼科学哲学成为了"有一个伟大过去的学科"[①]。费耶阿本德此言表现了他一贯的语言风格，虽然此言不是空穴来风，但我和许多人一样仍然相信科学哲学的未来是光明的。

技术哲学也走过了一段漫长的路程并取得了堪称丰硕的成果。虽然现代技术哲学公认的发端可以追溯到 1877 年卡普的《技术哲学纲要》出版，而且这个年代比"维也纳小组"的成立差不多要早半个世纪，但应该承认，现代技术哲学在迄今为止的一个多世纪中历程坎坷，其学术成果和影响与现代科学哲学相比亦未免相形见绌。目前，欧美的一些学者正在推动技术哲学的"经验转向"，我相信技术哲学的未来发展前景也是光明的。

与科学哲学和技术哲学相比，工程哲学目前还只是一个襁褓中的婴儿，但工程哲学所开拓的理论空间和现实空间是无比广阔的，我相信其前景是不可限量的。

现代科学哲学和现代技术哲学都是外国学者创建起来的。可是，在创建工程哲学的时候，欧美学者却没有走在中国学者的前面：2003 年，美国的布西阿勒里（Bucciarelli）的《工程哲学》[②] 一书在欧洲出版，而我国学者李伯聪的《人工论提纲》在 1988 年出版[③]，《工程哲学引论》在 2002 年出版[④]，徐长福的《理论思维与工程思维》在 2002 年出版[⑤]。以上几本书的出版也许

---

① 费耶阿本德：《科学哲学——有一个伟大过去的学科》，《哲学译丛》，1989 年第 1 期。
② Bucciarelli L L. Engineering Philosophy，Delft：Delft University Press. 2003.
③ 李伯聪：《人工论提纲》，陕西科学技术出版社，1988 年。
④ 李伯聪：《工程哲学引论》，大象出版社，2002 年。
⑤ 徐长福：《理论思维与工程思维》，上海人民出版社，2002 年。

可以看作工程哲学的创建已经在中国和欧美"发动"的信号和标志。前中国科学院院长路甬祥和我国技术哲学家陈昌曙认为《工程哲学引论》一书是具有开创性、原创性的著作[1][2]。我国著名哲学家高清海在为《理论思维与工程思维》一书所写的序言中认为：该书所提出的问题"是具有普遍性，甚至可以说是世界性、历史性的意义的。"目前，工程哲学在中国的发展"势头"要比在西方强劲许多。本文不拟分析工程哲学建设为何在西方哲学界迟迟未能起步以及发展"势头"有所不足的原因，本文在此只想指出西方学者在创建科学哲学和技术哲学时"捷足先登"，而在创建工程哲学时却"眼光迷离"未能及早起步这个事实。

工程哲学不是象牙塔中的游戏，它的灵魂是理论联系实际。我国之所以在工程哲学的开拓上能够走在欧美学者的前面，是有其深刻的社会基础和社会原因的。目前我国工程哲学进展很快，希望我们今后在此领域中能有更多、更丰硕的成果产出。

对于工程和工程活动，我们不但需要把它当做哲学分析和研究的对象，而且应该把它当做跨学科、多学科研究的对象。这就是说，我们不但需要建立工程哲学这个新学科，而且需要确立"工程研究"（engineering studies）这个跨学科、多学科的研究领域。

自20世纪60年代末起，在美国出现了STS这个跨学科、多学科的研究领域。

STS可以是science, technology, and society（译为"科学、技术与社会"）的缩写，也可以是science and technology studies（可"硬译"为"科学和技术研究"[3]）的缩写，后一个英文术语也常缩写为S&TS，其主要内容——无论是从其"名"来看还是从其"实"来看——正是对科学和技术的跨学科、多学科研究。在英文中，也常常有人把后者"一分为二"，于是就又出现了science studies（有人建议译为科学论）和technology studies（有

---

① 参见路甬祥为《工程哲学引论》一书所写"序言"。

② 陈昌曙、北辰甫：《开创哲学研究的新边疆——评〈工程哲学引论〉》，哲学研究，2002年第10期。

③ 由北京理工大学出版社出版的、著名的 Handbook of Science and Technology Studies 一书的中译本中，盛晓明等人将书名译为《科学技术论手册》。

人建议译为技术论）这样两个领域。

目前，在西方，science studies 和 technology studies 不但已经是常用的术语，而且有了"专门"的杂志——The Journal of Technology Studies，这是一份在美国出版的杂志，而 The Journal of Science Studies 则是由芬兰科学院资助出版的杂志。30 多年来，西方学者在对科学和技术进行跨学科、多学科研究（STS 或 S&TS）方面已经取得了很大成绩，STS 研究在中国也已经有了较大影响，并取得了一定的成绩。可是，据我们所知，西方还没有以"engineering studies（工程研究）"为"主题"的杂志。

虽然目前在西方也有人（如唐尼和卢塞那）认为需要把 engineering studies（工程研究）和 technology studies（技术论）区别开来，但如果我们考虑到唐尼和卢塞那所写的"engineering studies（工程研究）"仅仅是《科学技术论（science and technology studies）手册》一书中的一节，而且该文所在的"章"名也被定名为"科学和技术文化"①，这就使唐尼和卢塞那关于应该把"engineering studies（工程研究）"与 technology studies（技术论）区别开来的"声音""孤掌难鸣"，成为"淹没"在强大的科学技术论（science and technology studies）的"大合唱"中的一个"离谱"的"音符"。

总之，大概是由于许多西方学者没有明确区别工程和技术的缘故，似乎我们还是可以根据"科学社会学"的"标准"认定西方学者目前还没有把工程研究（technology studies）确立为一个"独立"的跨学科、多学科研究领域。

可是，应该把"工程研究"（engineering studies）确立为一个"独立"的跨学科、多学科研究领域却是"科学、技术、工程三元论"的一个"逻辑推论"，尤其是我国工程建设的现实生活正在向我们大声疾呼：不但必须对科学活动和技术活动进行跨学科、多学科研究，不但需要有 science studies 和 technology studies 这两个跨学科、多学科研究领域，而且必须对工程进行跨学科、多学科研究，把"工程研究"（engineering studies）也确立为一个"独立"的跨学科、多学科研究领域。

---

① Downey G I, Lucena J C. Engineering studies. In ：Sasanoff S，et al. Handbook of Science and Technology Studies. London：Sage Pulications. 1995：167~188.

现在，中国科学院研究生院工程与社会研究中心开始连续出版《工程研究——跨学科视野中的工程》，我们希望此举能够有助于把"工程研究"确立为一个跨学科、多学科的研究领域。

工程哲学和"工程研究"是互相促进、互相渗透的。著名科学哲学家拉卡托斯说："没有科学史的科学哲学是空洞的；没有科学哲学的科学史是盲目的。"① 拉卡托斯的这个仿效康德的观点不但适合于我们认识科学哲学和科学史的关系，而且它对于我们认识工程哲学和作为一个跨学科、多学科研究领域的"工程研究"的关系也是适合的。

目前，我国人民正在努力全面建设小康社会。我们已经进行了史无前例的工程建设，今后我们还要进行更大规模和树立新评价标准的工程建设，在这样的社会条件和社会环境中，把工程哲学确立为一门新的哲学分支学科，把工程研究确立为一个跨学科、多学科的研究领域，毫无疑问既具有重要理论意义，又具有重要现实意义。

---

① 拉卡托斯：《科学研究纲领方法论》，上海译文出版社，1986 年，第 141 页。

工程的三个"层次"：微观、中观和宏观[*]

在研究工程时，必须高度关注对"工程层次"问题的研究。虽然这个问题在现实世界中"普遍皆在"，但在理论研究领域它们却处于"若有若无"、"似有似无"的状态，成为了一个"被忽视"的角落，这种状况是必须改变的。在工程哲学和工程演化论领域，必须高度关注工程"层次"或"水平"方面的问题，加强对工程"层次"或"水平"问题的研究。

所谓"工程"的"层次"或"水平"问题，主要就是关于工程的"微观"（micro）、"中观"（meso）和"宏观"（macro）的问题。这个问题也可以说成是关于工程的范围或尺度问题。如果从理论研究或观察者角度谈问题，也可以称之为"视角"或"研究框架"问题。本文将着重从工程哲学和工程演化论角度对工程层次和"微观—中观—宏观"研究框架问题进行一些初步分析。

一、如何划分工程的三个层次

所谓"微观"与"宏观"之分，起初来自物理学。虽然一般地说，许多人往往仅在相对尺度大小的意义上区分"微观"与"宏观"，如把只能

---

　*　本文原载《自然辩证法通讯》，2011 年第 33 卷第 3 期，第 25～31 页。

在显微镜下看见的东西看做是"微观对象";但也有学者在更特殊的意义上区分"微观"与"宏观",把"基本粒子"世界称为"微观世界"。在"微观世界"中,量子力学规律发挥作用;在"宏观世界"中,牛顿物理学发挥作用。

后来,经济学家从物理学中借用了微观和宏观这两个术语。可是,经济学家仅借用了这两个名词的字面含义,而没有同时"引进"物理学中划分"微观"与"宏观"的尺度标准。更具体地说,经济学中的"微观"和物理学中的"微观"所依据的是完全不同的标准,经济学中的"微观"和物理学中的"微观"的具体含义是完全不同的——经济学中的"微观对象"在物理学中统统都属于"宏观对象"。

我国著名经济学家张培刚说:"宏观经济学的'宏观',微观经济学的'微观',原是自然科学、特别是物理学所用的概念,本意是'宏大'和'微小'。其移用于经济学,最早是在本世纪[①] 30 年代初,但当时也只限于个别场合。到第二次世界大战结束后,特别是 60 年代到 70 年代,'宏'、'微'之学始大为流行。"[②] 有一本"经济学百科全书"说:"'微观'一词的意思是小,微观经济学的意思是小范围内的经济学。诸如家庭、企业这一类个体单位的优化行为是微观经济学的基础。"与"微观"这个术语相"对待","'macro'一词是指广博,宏观经济学意指大规模的经济学。宏观经济学家关心的是诸如总生产、总就业量和总失业量、价格变化的总水平和速度、经济增长率等这样一些全盘性的问题。"[③] 在经济学领域和经济学分析方法中,由于个人和家庭是消费活动的"微观主体"而企业是生产活动的"微观主体",于是,在经济学领域中,人们就把微观经济学的研究对象界定为对个人、家庭和企业的经济活动的研究;而所谓宏观经济学则被界定为对"国家尺度"甚至是"世界尺度"的经济活动的研究。后来,经济学家又提出了"中观"这个概念,用来指称介于"微观"和"宏观"之间的行业、产业或"区域"范围的经济现象和经济理论。

---

① 指 20 世纪。
② 张培刚:《微观经济学的产生和发展》,湖南人民出版社,1997 年,第 1 页。
③ 格林沃尔德:《经济学百科全书》,中国社会科学出版社,1992 年,第 764、287 页。

在经济伦理学（business ethics）① 中，也有学者关注了这个所谓"微观"、"中观"与"宏观"的问题。值得注意的是，伦理学家对所谓"微观"、"中观"与"宏观"这三个层次的划分和界定与经济学家颇有不同。例如，恩德勒说："为了尽可能具体地确认责任的主体，人们提出了三种性质上不同的行动层次：微观的、中观的和宏观的层次，每一层次都包含着怀有各自的目标、兴趣和动机的行动者。在微观层次上，研究的对象是个人为了把握和履行他或她的道德责任，他或她作为雇员或雇主、同事或经理、消费者、供应商或投资者做了什么，能够做什么，应当做什么。""在中观层次上，研究的对象是经济组织的决策和行动——主要是厂商，也包括工会、消费者组织、行业协会等的决策和行动。最后，宏观层次的研究对象包括经济制度本身以及工商活动的全部经济条件的塑造：经济秩序与它的多种制度、经济政策、金融政策和社会政策等等。"② 对比恩德勒和经济学家对"微观"、"中观"、"宏观"的界定，可以发现其间的差别颇多。其最主要的差别有三点，一是恩德勒仅承认个人为微观的伦理主体，二是经济学中被划在微观经济学范围的"厂商"在经济伦理学中却被界定为"中观"层次的对象，三是恩德勒对宏观层次的解释与经济学中的理解也颇不同。之所以出现这些差别，绝不是因为经济伦理学家不了解经济学的有关概念，相反，经济伦理学家是清楚地意识到了其间差别的。例如，恩德勒在其著作中就明确地承认了经济伦理学所采取的这种"三层次"的"定义"与经济学中对微观与宏观的"定义"颇有不同。他还指出："这种三层次概念的要点是要尽可能具体地把握决策、行动和责任之间的联系，并且为陈述目标、兴趣和动机之间的差别和冲突提供特殊的'概念空间'"②。可以看出，由于经济学和伦理学的学科性质和学科关注点有所不同，所以，它们在划分"微观"、"中观"与"宏观"这三个"层次"时也难以避免地出现了某些差别。

尽管作为经济伦理学家的恩德勒的观点是有道理的，但出于其他方面的原因和考虑，本文在界定微观、中观、宏观这三个不同"层次"的尺度、范

---

① business ethics，被我国有关学者翻译为"经济伦理学"。需要注意，在这个"翻译"中，与汉语术语"经济伦理学"中的"经济"相对应的英文词并不是"economy"（"经济"）而是"business"。

② 恩德勒：《面向行动的经济伦理学》，上海社会科学院出版社，2002年，第31、32页。

围和具体内容时，主要采取经济学家的有关界定，也就是说，把"个人"和"企业"界定为工程活动的"微观"层次主体，把对"行业"、"产业"、"区域"和"产业集群"范围的工程研究界定为对工程活动的"中观"研究，把对"国家"和"全球"范围的工程研究界定为工程活动的"宏观"研究。

二、工程活动的"微观主体"及其演化

由于任何工程活动都是"以人为主体"的"集体"活动，并且在现代社会中，企业是从事工程活动的常见主体形式①；于是，本文在分析和讨论工程活动的微观主体问题时，就把这个问题"落实"为对工程活动中的"个体"和"企业"及其演化问题的分析和讨论。

1. 工程活动中个体的角色分工、角色功能与角色结构及其演化

工程活动是分工②而又合作的集体性活动。在谈到分工时，许多人都会情不自禁地想到亚当·斯密在《国富论》中对手工工场中分工情况的描述和评论。作为一位经济学家，亚当·斯密主要是从经济学角度分析分工的作用和意义的。而从工程哲学的角度研究分工问题，分工的重要性首先表现为它是进行工程活动的前提和基础——如果没有分工就不可能进行工程活动，其次才表现为分工可以提高效率。

马克思说："一个民族的生产力发展的水平，最明显地表现在该民族分工的发展程度上。任何新的生产力，只要它不仅仅是现有生产力的量的扩大（如开垦新的土地），都会引起分工的进一步发展。"③

工程的基本特征是工程共同体中的许多个体以既分工又合作的方式进行工程活动。分工与合作，是密不可分的。

---

① 在现代社会中，工程活动主体的具体形式是多种多样的，本文不能对之进行更具体分析和阐述，而只能以企业为其"代表"了。
② 分工有两大类型：组织内分工和社会分工。进行微观分析时，将只涉及与"组织内分工"有关的问题，而进行中观和宏观分析时，才涉及"社会分工"方面的问题。
③ 《马克思恩格斯选集》（第1卷），人民出版社，1972年，第25页。

分工合作的重要性可以从两个方面进行分析。从"正面"看问题，参加工程活动的诸多个人必须有一定的分工，同时他们之间又必然要进行一定的协调和合作，这才可能进行一定的工程活动，换言之，分工和合作是从事工程活动的必需前提和基础；从"另一面"看问题，如果缺少必要的分工和相应的合作，就不可能有工程活动。

由于分工是工程活动的内在要求、前提条件和基础条件，它也必然要成为工程演化的典型表现和基本内容，于是，分工的演化史也就成为了工程演化史的主要内容之一。

在考察人类的个体演化历程时，以下事实是必须引起高度关注的。

在历史上，自人猿"分化"以来，人类已经经历了至少二三百万年的演化历程。在这二三百万年的漫长演化进程中，人体的生理结构和功能（如脑容量的大小、人手具体解剖结构的细节等）都有了很大变化。可是，如果把考察的范围限定在大约一万年以来的历史时段——特别是有文字记载的几千年的时段，那么，一个显而易见的事实就是，在这段时间内，人体的生理结构和功能并没有发生什么大的变化，甚至可以说，基本上没有发生变化。可是，这个短短的时期又是人类演化进程中工程、经济、社会变化最急剧、最深刻的时期。

关键之点在于：在这段时间中，虽然作为个体的人的"体质特征"、"生理特征"没有发生大的变化，但个体的"分工状况"、"角色能力"与"角色结构"却发生了极其巨大的变化。

历史生动地告诉我们：分工演化史乃是整个工程演化史中最重要的内容之一。我国 2000 多年前的古代经典《考工记》中，具体地记载了周代官营手工业的三十多个工种："攻木之工七，攻金之工六，攻皮之工五，设色之工五，刮摩之工五，搏埴之工二。"[①] 生活在 200 多年前的亚当·斯密在其名著《国富论》中用了三章的篇幅具体、深入、细致地分析和研究了分工问题。他对当时扣针制造业中"分工"情况的叙述已经成为后人经常引用的反映当时手工业分工情况和效果的典型事例。亚当·斯密说："劳动生产力上最大的增进，以及运用劳动时所表现的更大的熟练、技巧和判断力，似乎都

---

① 闻人军：《考工记导读》，巴蜀书社，1996 年，第 216 页。

是分工的结果。"[1] 马克思在《资本论》中也曾具体、细致地谈到了钟表制造业中的分工情况:"钟表从纽伦堡手工业者的个人制品,变成了无数局部工人的社会产品。这些局部工人是:毛坯工、发条工、字盘工、游丝工、钻石工、棘轮掣子工、指针工、表壳工、螺丝工、镀金工,此外还有许多小类,如制轮工(又分黄铜轮工和钢轮工)、龉轮工……(引者按:共罗列了26个小类的工种)"[2] 应该强调指出的是,这些事例不但可以成为经济学家研究经济学问题的典型事例,同时它们也是研究工程活动中的技术分工问题的典型事例。从类似的许多事例中,人们不难得出一个结论:在工程活动和制造业的发展历程中,"分工"的变化、分化、发展和演化是反映和表现个人在工程活动中的作用和功能演化情况的最重要、最突出的表现形式之一。

究竟应该如何认识分工的原因、性质和作用,不但是经济学问题,而且是工程学、社会学、政治学和哲学问题。

在分工的条件下,诸多个体由于"分工"的结果和"岗位"的不同而成为了"共同体"中的不同"成员"(member)、不同"角色"(role)。

工程共同体是由不同的"岗位"或"角色"构成的。不同的岗位、不同的角色有不同的职责。只有当一个人具有与"该岗位"的"要求"相适应的知识和能力时,"这个人"才能够"担任"相应的"角色"。

在认识和分析"人性"问题时,许多理论家都强调从理论逻辑上看,应该把人类中不同的个体视为"同质"的、"无差别"的个体,可是,当"这些""同质的""诸多个体"联合起来进行工程活动时,这些"同质的""诸多个体"就势所必然地要通过"分工"而转化为"共同体"中发挥不同功能的"异质"的"角色"了。

在工程活动中,个体是以"角色"或"成员"的身份出现的。本来"同质"的个人在工程共同体中由此成为"异质"的不同角色。

那么,岗位或角色的差异是否是由于人的本质特征方面存在某些差异而形成的?答案是否定的。亚当·斯密说:"人们天赋才能的差异,实际上并不像我们所感觉的那么大。人们壮年时在职业上表现出来的极不相同的才

---

① 亚当·斯密:《国民财富的性质和原因的研究》(上卷),商务印书馆,1994年,第5、15页。

② 马克思:《资本论》第1卷,人民出版社,1972年,第380页。

能，在多数场合，与其说是分工的原因，倒不如说是分工的结果。"① 亚当·斯密和许多学者都明确指出：作为分工的结果，专门从事某一分工领域工作的人，可以使自己的"有关能力"空前发展起来。

在观察人类工程活动中分工演化历程的总体演化趋势或整体演化特征时，最值得注意的是：在手工业和"福特制"时期，总体上一直沿着分工"愈来愈细"的方向发展，可是，当进入所谓"后福特制"时期时，分工却又向一个工人需要和能够承担多个岗位的"多面手"方向发展了，也就是说，出现了一定意义上要求个体"全面发展"的趋势。

从哲学、历史和社会学角度看，不但个体和集体的关系是一个重要而复杂的问题，而且与这个问题密切联系在一起的个体的"分工和岗位能力发展"和"个人的全面发展"的关系也是非常重要而复杂的问题。有理由预期，在未来的发展演化过程中，在个体"分工"继续发生分化的同时，个人的"全面发展"必将会受到更大的重视并且有新的进展。

2. 工程活动中"微观生产主体"的"组织形式"及其演化

人类历史自从进入农业社会和手工业分化出来之后，在很长一段时期中，人类在农业活动之外的"造物活动"主要是以手工业作坊的组织方式进行的②。在那个时期的社会环境中，手工业作坊成为了"造物活动微观主体"的主要组织方式。可是，这种状况在资本主义形成的过程中发生了深刻的变化。首先是出现了以简单协作和分工协作为基础的"手工工场"。"以分工协作为基础的手工工场是通过两种形式逐步发展起来的：一是通过把不同种行业的手工业者联合在同一个工场内部，将这些手工业分解和简化，直至它们在同一商品的生产中成为互相补充的局部操作。另一种方式是将很多同种手工业者集中在同一工场内部，逐渐地将同种手工业分成各种不同的操作，并使其孤立到每一种操作都成为局部劳动者的专门技能。""作为典型形态的以分工为基础的手工工场，开始主要集中在纺织、采矿、冶金、造船等需要很

---

① 亚当·斯密：《国民财富的性质和原因的研究》（上卷），商务印书馆，1994年，第5、15页。
② 为使问题简化，本文不讨论古代时期由"国家"和"统治者"组织的类似金字塔和万里长城那样的工程活动。

多人协作方能进行的行业。"① 其后来扩大到更多的行业。

无论从理论分析的角度看还是从历史演化的角度看，工业生产活动在微观主体发展演化过程中最具有革命性的事件就是"工厂"的出现。对于近代工厂的形成过程，马克思在《资本论》一书中和保尔·芒图在《十八世纪产业革命》一书中，都有许多精辟的分析和阐述，这里不再复述。

从古代时期的手工作坊到近现代时期的工厂，其间所发生了许多深刻的变化，特别是以下三个方面的变化：一是在技术和生产工具方面用机器生产代替了用手工工具进行生产，二是在经济关系方面由于实行雇佣劳动而形成了新的阶级关系和社会关系，三是在组织管理方面随着工厂的规模愈来愈大和管理工作愈来愈复杂，管理的作用和管理阶层的作用开始空前突出出来，在新的形势和条件下，管理方面也要发生革命性变化也就必然发生、势不可当了。概括地说，可以认为，工厂的出现就是意味着同时出现了机器革命、社会关系革命、管理革命。

对于工程活动微观主体的组织形式的演化来说，工厂的出现绝不意味着演化的结束，相反，在现代经济、社会、工程条件下，工程活动"微观主体"的具体形式不可避免地要以更快的"速度"、更复杂多变的"形态"、更深刻的"内涵"进行演化。

由于在现代社会中，企业成为了从事工程活动的主要微观主体，企业也就成为了经济学、管理学等学科的重要研究对象，甚至还因此而形成了一个专门的研究领域——"企业理论"，出现了形形色色的解释和分析企业的理论观点或学派——完全契约框架的企业理论、交易费用经济学的企业理论、新产权学派的企业理论、企业能力理论等。值得特别注意的是，目前还频频出现专题研究企业演化问题的论著，如《企业成长理论》②、《企业发展的演化理论》③、《经济组织演化研究》④、《分工、技术与生产组织变迁》⑤ 等，这个现象充分反映了企业演化问题的重要性，可是，在另一方面，目前在企业

① 谢富胜：《分工、技术与生产组织变迁》，经济科学出版社，2005 年，第 152、153 页。
② 彭罗斯：《企业成长理论》，上海三联书店、上海人民出版社，2007 年。
③ 吴光飚：《企业发展的演化理论》，上海财经大学出版社，2004 年。
④ 高政利：《经济组织演化研究》，上海财经大学出版社，2009 年。
⑤ 谢富胜：《分工、技术与生产组织变迁》，经济科学出版社，2005 年。

演化理论方面又呈现出百花齐放的局面，没有比较一致认可的理论范式，这又反映了企业演化研究的复杂性和当前研究水平的"初期性"。

由于企业演化问题是一个既重要复杂而又处于"研究初级阶段"的课题，这里也就满足于仅仅指出其重要性，而不再进行更多的介绍、分析和讨论了。

三、工程的中观层次及其演化

工程演化不但表现在微观层次，而且表现在中观层次。上文已经谈到，中观层次所指乃是"行业"、"产业"、"区域"和"产业集群"。如果说，不同行业和不同产业主要是依据产品类型、技术工艺性质等为"分类标准"而形成的"中观类型"，那么，"区域"（如硅谷、意大利北部的"第三意大利"等）就主要是依据空间和地理概念而形成的"中观类型"了。近来，产业集群这个概念脱颖而出，其含义与所指显然也是属于这里所说的"中观"范畴或类型的。

虽然"中观"这个名词或术语无论在学术论著中或日常语言中都不多见，但这并不意味着经济学家完全忽视了对中观层次的分析和研究，因为具体体现中观层次的行业、产业和区域都已经成为了许多学者研究的对象。特别值得注意的是，在最近几年中，不但"一般性"的产业问题，而且"产业演化"问题也成了许多学者关注的对象，这实在是耐人寻味的事情。在最近几年中，直接研究产业"演化"的著作可以说正在以令人惊讶的雨后春笋之势增长。直接以产业演化为基本主题甚至作为书名的著作，在短短的三五年中大概已经达到几十种，如《产业演变与企业战略》、《产业组织演化：理论与实证》、《产业集群演化与区域经济发展研究》、《产业演进、协同创新与民营企业持续成长》等。

在工程发展演化过程中，不但存在微观层次的发展和演化，而且微观企业的发展变化必然"超层次"地影响到"中观"的发展和演化，反过来，中观演化进程也必然要对微观演化发生深刻影响。

在工程演化进程中，必须注意分析微观演化和中观演化的复杂关系。

例如，在第一次产业革命时期，新出现了使用水力和新纺织机器进行生产的"工厂",对于这些工厂的出现,我们必须承认它们在工程活动的微观层次上实现了"革命性变革"(从"作坊制"到"工厂制"),可是,由于它们的产品仍然属于纺织品,所以不能认为它们开创了一个新的"行业"——它们只是在一个古老的行业中实现了微观层次的革命性发展。然而,对于博尔顿和瓦特的制造蒸汽机的工厂而言,他们就是开创了一个"新行业"了。

在马克思主义政治经济学中,分工被划分为两类:组织内分工和社会分工。上文已经谈到了组织内分工,亚当·斯密所关注的主要也只是组织内的分工。可是,人类社会的分工,不但发生在微观层次,而且发生在更高的层次和更大的范围。如果出现行业、产业和区域层次的分工,这就是所谓"社会分工"了。

一部工程演化史,不但表现为微观层次的企业演化史,而且表现为中观层次的行业、产业、区域、产业集群的演化史。在工程演化史的中观层次上,人们看到了一个个"新兴行业"蓬勃兴起和逐渐发展甚至急剧发展的历程,同时也看到了"过时行业"一个个地衰落甚至衰亡的过程,其间自然也包括一些行业从作为"新兴行业"兴起后来又作为"过时行业"而退出历史舞台的戏剧性演化过程。

应该强调指出的是,这个行业、产业、区域"兴衰演化"的戏剧不但在历史上连续"演出",而且在当今的世界上也还在继续不断地"演出"。例如在 20 世纪,人类就目睹了航天、飞机制造、核电、计算机、网络等新兴行业的崛起;在中国,我们目睹了"珠三角"、"长三角"、"浙江慈溪家电业"、"海宁皮革业"等区域性崛起的众多事例。在工程的中观演化(行业演化和产业集群演化等)中,蕴藏和包含着许多经验、教训、规律、影响,令人感慨,令人感动,令人惋惜,令人叹息,发人深思,发人深省。

目前我国对行业、产业演化问题的研究,还刚刚起步,但发展势头很猛,研究形势方兴未艾,但在理论研究方面尚未有重大突破。可以期望,在未来的工程发展和学术发展中,人们一定会在对工程中观演化问题的认识上不断取得新的进展和新的深化。

四、工程的宏观层次及其演化

在分析和研究工程时，没有人能否认宏观层次——国家、国际和全球——的重要性。由于一个国家的不同行业、不同区域的"工程活动"必然要形成一个整体，所以，在分析和研究工程问题时，必然还存在中观层次之上的"国家"这个宏观层次或"尺度"。

中国古人喜欢使用"天下"这个术语，可是，古代中国所谓的"天下"实际上仅仅包括"中国"及其"近邻"地域。所以，中国明末的士大夫通过西方传教士而第一次看到"全球地图"时，其惊讶是可想而知的。

有理由把哥伦布"发现美洲"的航行看做是"全球化"的开端。马克思和恩格斯在《共产党宣言》中说："美洲的发现、绕过非洲的航行，给新兴的资产阶级开辟了新的活动场所。""大工业建立了由美洲的发现所准备好的世界市场。世界市场使商业、航海业和陆路交通得到了巨大的发展。这种发展又反过来促进了工业的扩展，同时，工业、商业、航海业和铁路愈是扩展，资产阶级也在同一程度上得到发展"。①

人类之所以能够生存在"全球化"的环境中，一定的技术手段及其"工程化实现"是一个基本前提和基础。以上文提到的哥伦布航行为例，如果没有一定程度的造船技术和在茫茫大洋中确定航向的技术，哥伦布航行就是不可能的。如果人类社会仍然停留在"自给自足"的生产力水平上，如果劳动生产率很低，没有"足够的剩余产品"提供给"其他大洲的他人"和没有得到"远方产品"的"需求"，则全球化既是"不可能"的又是"不需要"的。

实际上，正是在现代技术、现代工程、现代经济条件下，如越洋通信电缆的铺设、喷气式客机的运行、互联网的实现、跨国公司的涌现等，这才使原来看来似乎"无边无际"的地球"变成"了"地球村"。

著名社会学家吉登斯说："近年来，全球化已经成为一个热门的讨论主题。大多数人都承认我们的周围发生了重大变化，但对这种变化在何种程度上可由'全球化'来解释则有争议。"有人把对于全球化的不同观点归纳为

---

① 《马克思恩格斯选集》第1卷，人民出版社，1972年，第252页。

三个流派：怀疑论者、超级全球化者和转型论者。① 本文无意于具体分析和评论这些不同观点，这里仅需要指出：这些不同流派在肯定全球化现象的"存在"这一点上是没有分歧的，这些不同流派实际上仅仅是在"全球化程度"以及"全球化"和"低层次社会现象"怎样发生相互影响等问题上存在分歧和争论。

在工程演化问题上，究竟应该如何认识宏观层次——国家、国际和全球化层次——的演化及其与其他两个层次演化的相互关系，目前的研究成果还不多，可是，这却又是非常重要并且其重要性还在日益增加和深化的问题。

在此需要加以强调的是：所谓微观、中观和宏观三个层次的划分，乃是虽然确有必要区分，但又非常粗略、不可绝对化的划分。因为，在这三个层次的划分和"定义"中，除个人这个微观层次和全球这个宏观层次没有"歧解"和"歧义"外，作为"企业"的"微观"层次和作为"国际"的"宏观"层次都可以有不同解释（现代社会中，一个企业的"边界"和"含义"往往是并不明确和可以给予不同解释的，而国际关系更可有许多"双边"或"多边"的解释），至于所谓"中观"的"定义"或"范围"就更加变化多端了。但无论如何，这个"三层次"的框架和划分毕竟还是有其重要理论意义和现实意义的，是可以帮助我们认识和分析许多工程活动问题和工程演化问题的。

五、微观、中观和宏观层次的互动关系和演化

虽然上文已经不可避免地涉及了不同层次的相互关系问题，但在此还是需要对这个问题单独进行一些分析和阐述。

无论从现实角度看还是从理论方面看，工程的微观、中观和宏观这三个层次都是相互渗透、相互影响、相互作用的。"微观"不可能离开"中观"和"宏观"，"中观"和"宏观"也不可能脱离"微观"。更具体地说，在分析和研究微观层次的企业演化问题时，如果不能把它置于产业和国家发展的大背景中，换言之，如果不能在中观和宏观的"大环境"分析、考察和研究

---

① 吉登斯：《社会学》，北京大学出版社，2003年，第72页。

微观的企业问题，则那种"纯微观"的研究几乎是不可能不"误入歧途"的。另一方面，在分析和研究"中观"和"宏观"问题时，如果离开了"微观数据"和"微观基础"，则那些鸿篇大论的所谓"中观"和"宏观"研究必然沦落为"空中楼阁"或"海市蜃楼"的研究，甚至根本无法进行研究。所以，必须在"三层次"的相互关系、相互影响、相互作用中进行分析和研究就成为了一个必然的要求。

工程的微观、中观和宏观层次的互动关系是极其错综复杂的关系，在分析这些关系问题时，也许可以认为最关键之处是需要研究以下几个方面的关系问题。

1. "跨层次"的"嵌入"和"超越"关系问题

"嵌入"（embeddedness）这个术语是从经济社会学中借用或"移植"过来的。1985年，格兰诺维特发表了《经济行为与社会结构：关于嵌入性问题》，格兰诺维特发挥和深化了博兰尼提出的"嵌入"这个术语，使其成为了经济社会学的基本范畴。"这篇文章的发表意味着新经济社会学的诞生"，"对许多读者来讲，非常主要的是格兰诺维特的文章开启了全新的研究世界。"[①] 很显然，"嵌入"不但可以作为经济社会学的基本概念，同时也可以成为分析和研究工程和工程演化问题的基本概念。

"嵌入"概念的实质是反对"孤立"研究问题，反对"原子化"的研究方法，要求把研究对象"嵌入"一个"更广大的环境"中进行研究。对于本章所讨论的问题来说，就是要求把"微观主体"或"中观对象""嵌入"到更高层次中进行分析和研究。另一方面，又必须看到，"微观主体"或"中观对象"在对本层次中的其他主体产生相互作用的同时，还会产生"超越本层次"的影响和作用。于是，具体分析和研究究竟怎样既"嵌入"又"超越"的复杂关系就成为了一个重要问题。

2. 不同层次间的"上行"作用或"下行"作用的机制问题

如果说，在分析和研究"既嵌入""又超越"的相互关系时，其着眼点

---

① 斯威德伯格：《经济社会学原理》，中国人民大学出版社，2005年，第26页。

或分析重点是立足于某个"特定微观主体"或某个"特定中观对象"而进行的跨层次研究，那么，这里所谓的"上行"作用或"下行"作用机制问题就是要求"一般性"地分析和研究微观、中观和宏观这三个不同层次之间的"跨层次"互动关系。

已经被企业家和学者关注到的许多问题，如产业集群、产业集聚、区域产业创新、产业协同和分化、产业上游和下游、产业的地方化和全球化等问题，实际上都是和这个微观、中观和宏观的上行作用和下行作用密切相关的问题。

3. 微观、中观和宏观的"立体""网络结构"和复杂关系问题

如果说，刚才谈到的还只是要求分析和研究三个不同层次之间的"跨层次"互动关系，那么这第三点就是要求更加全面、更加"综合"地进行分析和研究了，不但要分析"同层次的诸多主体网络"，而且还要同时分析和研究"多层次的立体网络"关系，在其间所包括许多复杂关系中，值得特别注意的是多种"路线"的各种正反馈和负反馈关系。

在分析和研究工程活动的微观、中观和宏观层次的互动关系时，不但需要分析和研究其各种结构和功能问题，而且必须分析和研究其动态、发展问题，换言之，分析和研究其演化问题。在分析和认识工程问题时，如果不能把工程问题放在"微观、中观、宏观互动和演化"的分析框架和研究视野中，那么，出现这样那样的缺陷甚至错误就难以避免了。

规律、规则和规则遵循 *

规则和规律是两个既有密切联系又有根本区别的哲学范畴，我国哲学界一向重视对规律问题的研究，但对规则问题的研究却显得不够。因此，这里把关于规律的哲学问题和关于规则的哲学问题联系在一起进行研究。

顺便指出，规则的具体类型是多种多样的：有成文的规则，也有不成文的规则；有强制性较强的规则，也有强制性较弱的规则。各种法律、规章、习俗等都是规则的具体表现。在本文中，一般将不再区分规则的具体类型，而统称其为规则。

一、规则和规律的区别

规律①与规则是两个不同的范畴，其区别主要表现在以下几个方面。

第一，规律具有客观"自在性"，而规则具有"人为性"，这就是规律和规则在其基本性质上的不同。第二，规律是被人发现出来的，客观规律在它们未被人发现的时候也是存在的；而规则是由人制定出来的，规则在它们未

---

* 本文原载《哲学研究》，2001 年第 12 期，第 30～35 页。
① 本文对规律问题的分析从原则上说是既适用于自然规律又适用于社会规律的，可是，由于社会规律的问题过于复杂，尤其是社会规律还有一些特殊的问题，所以本文对规律问题的分析将是以对自然规律问题（虽然有时也会涉及社会规律的问题）为主的分析。

被制定出来的时候是不存在的。第三，规律可分为自然规律和社会规律两大类，自然规律是对自然界而言的，是不令自行的，是无需借助于人力就可以自然而然地发挥作用的；而规则是对人而言的，是要求人们遵守的，是只有在它被制定出来之后并且在有人执行它的时候它才发挥作用的。第四，从语言学和逻辑学的角度看，规律是关于存在的普遍性的陈述和判断，规则是对于行动者在所指定的环境条件下应该如何行动的"规范"或"指令"；规律是用陈述句表达的，规则是用祈使句表达的；规律回答的是关于外部世界的"所是"或"是什么"的问题，而规则回答的则是关于人在某种条件下应该怎样行动和要怎样行动的问题。于是，规律和规则的关系的问题"映射"在语言学"领域"中就成为了"是"和"应该"的关系的问题。第五，科学理论是一个规律系统，科学家以发现和研究规律为己任；工程、技术、社会和经济活动都是规则系统，管理者、工程师、工人和职员以制定、改进和执行规则为己任。第六，只有对于规则才有遵守它还是违反它的问题，由于规律具有"不可违反性"，所以，严格地说，对于规律是不存在遵守它还是违反它的问题的。第七，从认识论和价值论的角度来看，对规律认识上的不同观点和意见分歧是"真理论"方面的问题，是真或假的问题，而对于制定和遵循规则方面的不同观点和意见分歧是"功利论"或"功效论"方面的问题。这是两类不同性质的问题。但由于日常语言使用上的灵活性和多义性，人们也会说"某个规律是假的"或"某个规则是假的"这样的句子。但这两类句子在其语义上却是迥然有别的：前一类句子就内容而言是一种认识论的判断，它们的确切语义相当于肯定有某些人对某个规律的认识是"错误的"；而后一类句子是一种伦理学性质的判断，它们的确切语义往往是断定有人在说"存在"某个规则时说了谎话。

自然界是一个只有规律而没有规则的世界。任何人都只能对人制定规则而不能对自然界制定规则。规律是客观自在的，规律的存在与否是不以人的认识和意志为转移的。人只能发现规律而不能制定规律。自然规律在人没有发现它的时候它就已经存在了。规则不是客观自在的，它是人有目的、有意识地制定出来的，而非发现出来的。规则在没有被制定出来的时候是不存在的。虽然有时人们也会说"没有制定出来的规则"这样的话，但"没有制定出来的规则"同"没有被发现的规律"在语义上是有着根本区别的。前者在没有制定出来的时候它是不存在、不起作用的；而后者在没有被发现的时候不但是存在的而且是已经在发挥它的作用了。

由此可见，规律这个术语是有两个不同的指称和两个不同的含义的。规律的第一个指称和含义是指"自在"地存在于外部世界的"客观规律"，它们是不依赖于人的认识而存在的，人类的成功的行为和活动都是顺应和"符合"这个指称和含义的规律的①。规律的第二个指称和含义是指人在认识第一个指称和含义的规律——即外部世界的"客观规律"——的过程中作为认识结果而出现和存在的"规律"。由于这第二个指称和含义的"规律"是作为认识结果而出现和存在的"规律"，所以它们也就不可避免地成为了在不同程度上印有人的主观烙印的"规律"。这第二个指称和含义的规律——即作为认识结果而出现的规律——虽然可以在不同程度上说是接近于"绝对真理"的，但一般说来视具体情况的不同，它们又是包含着程度不同的错误的成分在内的，甚至有可能根本不是什么客观规律，反而是非常错误的东西。

二、对"按客观规律办事"的若干语义分析

在此我想对人们常说的"按客观规律办事"这句话进行一些语义分析和理论辨析。尽管目前许多人都把"按客观规律办事"当成了一个毋庸置疑的哲学"律令"，但实际上，这种表达在学理上的正确性、严谨性和实用性是大有疑问的。

首先，容易品味出，当人们说"按××办事"的时候，其前提是他必须知道"××"是什么，然后他才可能去"按××办事"。然而上文已经指出，我们必须承认有许多客观存在的规律是还没有被人们发现的；如果有人在这种情况下说他要"按客观规律办事"，那么，在这种语境中的"按客观规律办事"这句话的具体含义就成为了他说要"按他还不知道的客观规律办事"，这显然是不可能的事情。这就是说，要使"按客观规律办事"这句话成为一句有合理语义的话语，这句话中的"客观规律"一语就只能被解释为那个"作为认识结果"的含义的"规律"。

---

① 应该注意，对于这个指称和含义的规律来说，人类所知道的只是其中的一小部分而已。

有些人大概会说，在排除了上面所说的情况之后，"按客观规律办事"这种提法应该没有什么问题了吧。我认为问题仍然并不如有些人所想的那样简单。"规律"是一种关于"存在"的判断，它只回答了关于"是什么"的问题，它并没有回答实践者、行动者所关心的关于"应该做什么"和"应该怎么办"的问题。因为从直接的和实用的意义上来说，从"工作者"的角度来看，"规律"并没有回答而且它也并不直接回答关于人们应该做什么和应该怎么办的问题，所以人们实际上也是无法直接地去"按规律办事"的。这就是说，即使是在规律已被正确认识到的情况下，所谓"按客观规律办事"这种说法也是语义不明确和不确切的。对规则则不然，由于规则才内含着工作者"应该做什么"和"应该怎么办"的问题，所以在直接的意义上，人们是按照规则办事的；人们只能在把对客观规律的认识转化为正确的实践规则之后，才能在按照规则办事时"间接地"按照客观规律办事。

　　在此，还应指出的是，有时我们还可以听到所谓"因为违反了客观规律所以受到了客观规律的惩罚"这样的说法。对于这样的话语，一方面我们应该承认由于它使用了隐喻的修辞方法，其具体语义和语用往往是可以带有某种积极意义的，另一方面，由于它实际上肯定了规律是可以被违反的，所以它又存在学理上的悖谬。

　　我们已经指出，规律这个词有两个不同的含义。当我们说一个规律是客观规律的时候，其含义不但是说它在人类还没有认识到它的存在的时候它也是存在的，而且更是说这个客观规律是不可能被违反（或曰违背）的。

　　然而我们自然承认和必须注意规律这个术语还有第二种含义和用法。当人们说某一个普遍判断是一个规律的时候，往往是在第二个意义上使用"规律"这个术语的。由于人的认识在任何时候都是有某种局限性的，所以，这种作为人类认识结果而表述出来的规律往往是有可能——在某种意义上甚至可以说是必然地——带有某种错误的成分的。当物理学家在 20 世纪 50 年代说宇称守恒定律是一条物理规律的时候，实际上就是在第二种含义上使用规律这个词的。由于这第二种含义的规律中是包含着一定的错误的成分的，所以科学家是有可能（甚至可以说是"最终必将"）发现其中的错误，做出一个"推翻"原先陈述的"规律"的科学实验的。李政道和杨振宁在理论上"推翻"了宇称守恒定律，后来吴健雄根据李政道和杨振宁的理论作出了一个漂亮的实验，以实验"违反"了宇称守恒定律。应该强调指出的是，这个典型事例不是"推翻"了而是"支持"了关于"客观规律不可违反"的论断。

应该指出，在日常语言中当人们说"因为违反了客观规律所以受到了客观规律的惩罚"这句话时，其具体含义往往是模糊不清的。如果从严格的理论分析和学理的角度来看，这种语言表达至少存在着两个严重缺陷。首先，客观规律具有不可违反性，所以这句话中的关于人"违反了客观规律"的说法在表达上是不恰当的；其次，人在行动中有所违反的对象严格地说不是规律而是规则；与规律具有不可违反性相反，由于规则是人制定出来的，所以人也就既可以遵守它也可以违反它。

三、规则的制定、执行和督察

由此可见，规则的制定的问题显然是一个与规律的发现完全不同的问题，而关于所谓"执行"和"督察"的问题更显然是只能对规则"提问"而不能对规律"提问"的问题。

在古代，规则主要是根据经验制定出来的。而在现代社会中，在许多情况下，制定规则的主要根据已经不再是经验而是那些已经被人们所认识的客观规律了。特别是对于现代的高科技企业来说，如果没有对现代科学规律的认识作基础，其生产规程①的制定简直可以说是无从谈起的。

制定规则的过程无论就其性质而言还是就其"程序"而言，都是一个与发现规律的过程迥然不同的过程。发现规律的过程是真理定向的过程。科学家在进行科学研究、试图发现规律时，他尽可能地避免把自己的主观性的成分掺入进去，在表述所发现的规律时努力把他自己的"个人好恶"的因素和成分"剔除"出去。

制定规则的过程是价值导向的过程。管理者和工程师在制定规则时，他不但不可能避免自己的"主观目的"起作用，而且他必然是为了达到一定的目的或目标而去制定规则的。规则都是为了功利或效用的目的而制定出来

---

① 生产规程正是一种具体的规则形式。

的。正像在规律领域中没有"有目的的规律"一样，在规则领域中没有"无目的的规则"。

人们常常改变规则、制订新规则。改变规则的目的一般来说应该是为了取得更大的价值[①]；但在社会生活中也可能出现为了相反的目的而改变规则的情况。此外，往往也有因为环境条件改变而不得不随之改变规则以适应新的环境条件的情况。

如何制定规则的问题是一个十分复杂、十分重要的问题。一方面，我们必须看到随着历史的进步，人类在制定规则的时候必然愈来愈多地依靠人类对规律的认识；另一方面，由于人们对规律的认识永远不可能是完全和完备的，所以人类在制定规则的时候也就必然地还要在一定程度上依靠经验性的知识。

上文已经指出：规律具有不可违反性，它是不令自行的；而规则却是既可能被遵循也可能被违反的，规则是只有在它们被遵循的条件下才能够发挥作用的。规则的本性决定了任何规则都必定同时是可执行性与可违反性的统一，那些不同时具有可执行性与可违反性的事情或行为都是不应成为规则的内容的。任何规则都应该是可执行的规则，否则，即使把它写在纸面上也无异于一纸空文；另一方面，任何规则实际上也都是有可能被违反的规则，即规则规定的行动又都是执行者可能不去执行而加以违反的事情，如果不是执行者能够违反的事情，规则制定者也就不必把它们作为规则制定出来了。

有许多规则是禁止性的规则，但制定一条禁止性的规则绝对不意味着执行者不可能办到被禁止的事情。有禁不止的情况是经常发生的。有许多规则是命令性、鼓励性的规则，但制定出命令性、鼓励性的规则也绝不意味着执行者在实际行动中一定就会按规则办事，有令不行的情况也是时常可见的。于是，就出现了规则的执行和督察的问题，出现了关于循规（遵循规则）和违规（违反规则）的问题以及对于循规和违规行为的监察和奖惩的问题。

规律是自然而然地发挥作用的，所以对于规律是不存在其"执行"情况的问题的，在一条规律被发现之后，科学家也是不会去讨论怎样"执行"这条规律的问题的；另一方面，规则是必须被执行才能发挥其作用的，一条规

---

① 包括生态价值等非经济性价值在内的广义的价值。

则在被制定出来之后接踵而来的问题就是关于它的执行方面的问题，也就是循规或违规的问题。由于规则从其本性上说是既可能被遵守又可能被违反的，于是在现实生活和生产实践中，"实践家"就没有人不把循规和违规的问题当成一个头等重要问题来认识和对待了。可是，在我国的哲学界，却很少有人把循规和违规的问题当成一个重大的哲学问题来分析，好像在规则的执行方面没有什么重要的哲学问题似的，这实在是一个很大的误解。

四、关于人的遵循规则的行为的问题

规则问题是和人的行动或行为的问题密切联系在一起的。规则是为了指导人的行动而制定出来的。有了规则，人们也就要照章办事了。有一些学者认为人的基本行为模式就是遵循规则（rule-following）的行为，而另一些学者则认为理性选择（rational choice）才是人的基本行为模式。西方学者关于循规行为和理性选择行为的认识和分析是以关于人性的不同假设作为理论基础和分析的出发点的。前者的理论基础和分析前提是社会人（Homo sociologicus）假设，后者的理论基础和分析前提是经济人（Homo economicus）假设。

威尔说："经济人和社会人这两个术语指的是想象人的行动的两种方式，因而它们是说明社会、经济和政治行为的两种模型。经济人是工具理性的、算计的、寻求偏好满足的人。经济人在新古典经济学理论中表现为效用最大化者。"另一方面，正像社会学家所指出的那样，人的行为还是要受到与社会角色概念相联系的规范的约束的，于是又有了关于社会人的理论。按照布拉得雷的说法，人以"我的身份及其义务"为行为的座右铭。威尔说："社会人是按照规则、角色和关系而生活的。"[1]

经济人以使自己的行动能够获得最大的利益或效用为基本原则，为此他是要斤斤计较的。在理性选择模型中，经济人是不放过任何能获得更大利益的机会的人，于是经济人的行为就被解释成为进行追逐最大化的行为。而社

---

[1] Heap S H, et al. The Theory of Choice: A Critical Guide, Oxfrod Blackwell publishers. 1994：62、63.

会人却是把遵循规则作为自己的行为指导原则的人，即使他看到了某些改进和获利的机会，他也是要恪守规则而对这些机会弃置不顾的。

经济人假设和社会人假设的分歧和对立、理性选择的行为理论和规则遵循的行为理论的分歧和对立，在经济学中突出地表现在西方正统经济学和制度经济学之间的分歧和对立之中。前者以经济人假设作为其经济行为分析的人性论基础，后者却是以社会人假设作为其经济行为研究的人性论基础的。由此也就引致了在西方经济学领域中的正统经济学派和制度经济学派之间的相互抨击和相互批评。

正如卢瑟福所指出的那样，老制度经济学"长期以来把传统的理性最大化假定当做抨击的主题。从凡勃伦、米契尔以及康芒斯时代到现在，老制度主义者都坚持认为，习惯、规范以及制度在引导人类行为方面发挥着重要的作用。"[①] 霍奇逊也说："新古典主义理论认为，经济行为本质上是非习惯性的和非惯例化的，它是包括理性计算及朝向一个最优值的边际调整"，与这种观点形成鲜明对照，制度经济学认为"社会惯例的重要性及作用怎样估计也不过分"[②]，基本的经济行为是规则遵循行为。

制度经济学者批评理性选择论者把现实的人简单化、抽象化为"快乐与痛苦的快速计算器"，另一方面，理性选择论者批评"循规行为论"把人当成了对环境变化无动于衷、一点也不考虑增加功利的可能性问题的僵化的教条主义者。

关于遵循规则的问题不但是经济学、社会学和伦理学中的重大问题，而且也是一个重大的哲学问题。规则遵循问题不是一个孤立的问题，在哲学上它是一个与人性问题和合理性问题密不可分的问题。如果哲学家在研究人性问题、合理性问题和人的行为问题时，不把人的遵循规则的行为问题当做一个重要问题进行研究的话，那么，关于人性问题、合理性问题和人的行为问题的研究从整体上说难免要成为某种"站在海滨，只望陆地不见大海"式的研究。

---

① 卢瑟福：《经济学中的制度》，中国社会科学出版社，1999年，第67页。
② 霍奇逊：《现代制度主义经济学宣言》，北京大学出版社，1993年，第155页。

关于操作和程序的几个问题 *

工程活动是由一系列的操作构成的，在工程哲学中操作范畴是一个基本范畴。目前，工程学和管理学已经把操作问题作为一个基本问题进行研究，哲学和社会学也应该高度重视和认真研究这方面的问题才对。

人是心和身的统一体。尽管严格地说，思维和操作都是心身统一的活动；但心的活动和身的活动毕竟并不是一回事。许多人都说思维是人脑的功能，如果我们承认这种说法成立的话，那么与之类似，我们也有理由在"相对应"的意义上说操作是人身——特别是人手——的功能。

哲学家已经高度关注了研究思维和人脑的机能问题——这无疑是应该的；但在此"背景"之下我们发现关于操作和人手的机能的问题成为了一个被许多人忽视的问题——这就不应该了。我们认为，关于操作和程序的问题不但是具有重要实践意义的问题，而且它们还是具有重要理论意义的问题，在这方面存在着许多重要的哲学、社会学和经济学方面的问题需要我们去深入研究。

恩格斯曾深刻地论述和分析了人手的作用。恩格斯说："……我们看到，和人最相似的猿类的不发达的手，和经过几十万年的劳动而高度完善化的人手，两者之间有着多么巨大的差距。骨节和肌肉的数目和一般排列，在两者

---

*　本文原载《自然辩证法通讯》，2001 年 23 卷第 6 期，第 31～38 页。

那里是一致的，然而最低级的野蛮人的手，也能够做出几百种为任何猿手所模仿不了的操作。没有一只猿手曾经制造过一把哪怕是最粗笨的石刀。"恩格斯认为在从猿到人的转变过程中"手"从四肢中分化出来乃是"具有决定意义的一步"。恩格斯又说："手不仅是劳动的器官，它还是劳动的产物"，正是在世世代代的劳动中，在"愈来愈复杂的操作中，人手才达到这样高度的完善性，在这个基础上人手才能仿佛凭着魔力似的产生了拉斐尔的绘画、托尔瓦德森的雕刻以及帕格尼尼的音乐。"[①]

在工程活动中，一般地说，所谓操作就是操作人员使用工具或机器对相应的对象施加的动作。虽然在现代社会中也还存在着人"徒手"操作的情况，但在更一般的情况下却是劳动者或工作者使用工具或机器甚至是自动机器进行操作的情况了。陈毅曾写了一首很有风趣的诗："一切机械化，一切自动化，一切电钮化，还要按一下。"这首诗非常生动而又富于哲理地表现了在工程活动中人手和操作活动的极端重要性。

一、布里奇曼、皮亚杰和管理学中对操作问题的研究

在现代哲学史上，只有很少的哲学家注意到了应该把操作作为一个哲学范畴来进行研究。在这方面，布里奇曼（Percy Willams Bridgman）是一个值得特别注意的人物。

布里奇曼是一位实验物理学家，1946 年获得了诺贝尔物理学奖金。在哲学方面，布里奇曼因其提出的操作主义（operationalism）而名垂青史。对于操作主义的基本思想和基本观点，罗嘉昌曾有简明的介绍和评介。他说操作主义是"20 世纪初物理学革命背景下产生的一种主张以操作来定义科学概念的学说"，"操作主义认为，相对论和量子力学的提出，深化了人们对概念本性的认识，摒弃了那些以直观感觉来定义的概念（如牛顿的'真实时间'的概念），而对概念采取了操作的观点。任何一个概念，只不过意味着一组操作；概念与相应的那组操作是同义的。不能进行操作分析的概念是没有意义

---

① 恩格斯：《自然辩证法》，人民出版社，1984 年，第 296、297 页。

的，因而意义和操作又是同义的。这就是操作主义的基本观点。"①

操作主义是在现代西方哲学界产生了一定影响的哲学流派，我认为它的最大贡献就是把操作这个范畴明确而"正式"地引进到了哲学的范畴系统之中。对于操作主义的影响我认为是不能估计过高的，因为我们同时又看到，对于布里奇曼所引入的操作这个新范畴，许多哲学家是"不约而同"地采取了某种不闻不问、不理不睬的态度，以至于我们甚至还不能说哲学界忽视研究操作范畴的情况在布里奇曼之后有了多大的改变。

更加值得注意和必须强调指出的是，在布里奇曼的操作主义理论中，他所谓的操作主要是指科学家在实验室中的实验操作，而不是工程和生产活动中的操作。虽然对于作为物理学家的布里奇曼来说，他这样来限定操作的范围是可以理解的，但当我们需要从更广阔的"背景"上来研究和分析操作这个概念时，我们还是不得不指出布里奇曼这样来限定操作的范围是在把操作主义的研究方向引向了一条狭窄的小路而不是引向一条广阔的大路；至于操作主义哲学后来又承认精神操作是第二类操作那就更同它本来应该走上的那条广阔大路南辕北辙了。

在对操作问题的研究中，另一个值得注意的人物是皮亚杰。皮亚杰是一位心理学家，以其提出的发生认识论而闻名于世。皮亚杰研究的主要领域是儿童心理学，特别是儿童心理的发生和发展的过程。皮亚杰是一位心理学家，当他把自己的理论称为"发生认识论"时，可以看出他不但意识到了自己的心理学研究的哲学意义，而且他还在有意识地强调他的心理学研究的哲学意义。"皮亚杰把认识论问题与心理学、生物学联系起来进行研究，肯定逻辑不是一种语言分析功能而是一种内化了的动作。"皮亚杰认为："一切水平的认识都与动作有关。"② 既然皮亚杰认为"一切水平的认识都与动作有关"，而动作实际上又是由一系列操作组成的，于是，在皮亚杰的理论中，操作这个概念要占据一个中心位置也就是势所必然的事情了。

《发生认识论》③ 是皮亚杰的名著。在这本书中，皮亚杰把儿童思维的发

---

① 罗嘉昌：《操作主义》，见《自然辩证法百科全书》，中国大百科全书出版社，1995年，第21页。

② 皮亚杰：《生物学与认识》，尚新建等译，三联书店，1989年，第2、3页。

③ 皮亚杰：《发生认识论》，商务印书馆，1981年。

展过程分为四个阶段：①感知运动阶段（从出生到两岁左右）；②前操作①阶段，（两岁左右到六七岁左右）；③具体操作阶段（约从六七岁到十一二岁左右）；④形式操作阶段（十一二岁左右到十四五岁左右）。很显然，在皮亚杰的理论中，对操作问题的研究是占有核心位置的。

此外，工程技术学科和管理学科中对操作问题所进行的研究也是值得我们注意的。

在此我们暂且不谈工程技术领域中对操作问题的研究——因为那些研究过分具体了，仅就管理学中对操作问题的关注而言，我们至少可以追溯到泰罗提倡"科学管理"并使管理学真正成为一门科学的时候。我们知道泰罗在提倡"科学管理"和进行管理科学的研究时，泰罗所进行的一项最重要的研究就是对工人的操作过程所进行的研究②；我们甚至可以说，泰罗对工人操作过程所进行的科学分析和研究乃是使管理学成为一门科学的最关键的内容。在管理学初创时期，operation management 还没有单独成为一门课程，可是到了大约 20 世纪 70 年代，操作管理或运作管理就正式成为了一门"独立"的管理学课程了，目前它更普遍地成为了国内外 MBA 教育的一门核心课程。

在此需要顺便一提的是，被翻译为运筹学的英文原词是 operations research，直译就是"操作研究"；运筹学的诞生和发展也是管理学领域中研究兴趣"聚焦"于操作问题的一个直接反映和表现。

布里奇曼本是一位物理学家，但他却提出了操作主义的哲学理论；皮亚杰本是一位心理学家，他也提出自己的以操作概念为基础的发生认识论；泰罗是一位工程师，他以对工人操作活动的科学分析而开创了管理科学，成为了管理科学之父；可以认为，这都在向我们显示操作问题是一个具有非同一般的重要性和普遍性的问题，我们确实有必要对操作问题进行新的考察，努力对其进行更深入的分析和研究了。在哲学和社会学领域中忽视或轻视研究操作问题的状况是到了必须加以改变的时候了。

----

① 英文 operation 可译为操作或运作，亦可译为运算，《发生认识论》中译为"运演"，在此我们仍译为操作。

② 泰罗：《科学管理原理》，中国社会科学出版社，1984 年。

二、指令、操作和操作界面

从生理学的角度来看，操作乃是人体的动作；但并非人体的任何动作都是操作。

人体的无意识的动作不是操作，只有那些根据大脑的有意识的"专门指令"而进行的人体动作才是操作。

在哲学研究中，主体性问题是一个带根本性的问题，应该强调指出的是所谓主体不但是指认识和思维的主体，而且是指操作和行动的主体。

从生理学的角度来看，一个人认识外部世界的过程是从外部向大脑输入信息然后在大脑进行信息加工的过程，这个过程的启动环节是输入信息的感知过程；而一个人的动作过程却是一个由大脑发出指令然后由人体的相应器官执行指令、完成一定的操作的过程，这个过程的启动环节是输出信息的指令过程。

在神经生理学领域，科学家对外部信息的输入或曰感知过程进行了许多研究；相形之下，科学家对中枢信息的输出或曰指令过程的研究就十分不够、十分薄弱了。

在哲学领域中，哲学家对信息的输入和认识过程进行了很多哲学思考和研究；而对于信息输出的指令过程和操作过程就很少有人对之进行哲学思考和研究了。

对于操作活动而言，某一具体的指令和操作过程既可能是由一个人来完成的，也可能是由一个集体、一个"组织"或一个"团队（team）"来完成的。如果说，对于前一种情况人们还可以用生理学的方法对其进行研究的话，那么，对于后一种情况来说，生理学范围的过程就只是进行分析和研究的"前提条件"了。

哲学研究不是生理学研究，所以，本文在以下的分析和研究中也就不再涉及生理学层面的问题了。

指令和操作是相对而言的。如前所言，没有指令的动作不是真正意义上的操作[1]；另一方面，没有相应的操作者去执行的指令，也不是真正意义上的指令。

工程的实施过程，一般地说就是领导者或管理者根据行动实施方案发出一系列的指令然后由操作者实施一系列相应的操作的过程。

指令与操作是有密切联系的，但在工程实施过程中二者又是互相分离的，指令不等于就是操作，二者在性质上还是有根本区别的。

指令过程是发出信息、传送信息的过程，而生产的操作过程则是实际施行"物质性作用"的过程。

管理者是发出指令的人，操作者是接受指令并进行实际操作的人。

管理者和发出指令是重要的；操作者接受指令并进行实际操作也是重要的。

从直接的意义上说，工程和行动过程的最终结果是由操作者的操作所直接决定的。无论管理者的水平有多高，无论指令有多么完美，如果指令交给一群"蹩脚"的操作者去执行，其结果也只能是一塌糊涂。完美指令的错误操作和错误执行只能是错误的结果。在很多情况下，产品的质量问题不是由于在设计或指令环节上存在什么问题，而是由于操作环节上出现了问题而造成的。

我当然也不赞成把操作的重要性强调到不适当的程度。指令和操作各有自己的重要性，而二者的配合和相应的问题则更加重要。

由于在操作这个环节中实现的是操作者和操作对象（生产对象）的物质性相互作用，于是在这里就出现了一个操作界面的问题。

在操作者不使用工具或机器进行操作时，即操作者"徒手"操作时，他是直接面对操作对象的，这时只有一个操作界面；然而当操作者使用工具或机器进行操作的时候，操作者是通过工具或机器与操作对象发生作用的，这时就不是只有一个操作界面，而是有两个操作界面了。

---

[1] 对于自动化机器的自动化的"操作"，我们应从它的"启动指令"上去解释操作有待于指令的关系问题。虽然在复杂系统中，指令和操作的具体关系可能是多种多样的，但我们在这里所说的一般性的指令与操作的"对待"关系仍是可以成立和存在的。

当操作者使用工具或机器进行操作的时候，我们可以把操作者和机器之间的操作界面称为第一操作界面，把机器和劳动对象之间的操作界面称为第二操作界面。

在第一操作界面上实现的是人与作为物的机器之间的相互作用，这就对机器提出了它不但应该具有"必需的物性"而且它还应该具有"良好的人性"的要求，这第二方面的要求实际上也就是对机器提出了它应该适合"人的标准"和"人的尺度"的要求。

在第二操作界面上实现的是物与物之间的相互作用，人的生产目的"最终"是通过在这第二个操作界面上的机器和劳动对象之间的物与物之间的相互作用而实现的；所以，人在设计和制造机器的时候也就不得不使机器的设计和制造"符合""物的原理"或"物的尺度"。

由于在使用机器进行操作时有两个操作界面，而这两个操作界面在性质、作用和要求上又是不一样的、有矛盾的。矛盾的焦点落在了机器的"身上"，这就是对于机器的符合"物的尺度"的要求和符合"人的尺度"的要求的矛盾。

由于机器就其本性而言是处于两个操作界面的"夹击"之下的，由于人在设计和制造机器的时候不得不使机器的设计和制造"符合""物的原理"或"物的尺度"，而"物的原理"或"物的尺度"往往又是与"人的原理"或"人的尺度"有矛盾的，于是操作者往往就不得不同那些与"人的尺度"不能良好"匹配"的机器打交道了。事实上也确实有不少的机器正是这样的机器。从工程哲学的角度来看，可以说在这种机器的"身上"第二操作界面的要求"压倒"了第一界面的要求，于是这种机器就成为了只具有"强大的物性"而缺乏"良好的人性"的机器。当操作者在这样的第一操作界面中进行操作时，根据关于异化的哲学理论，我们就应该说操作者是在一种异化的环境中进行操作了。

随着社会的发展和进步，人类对操作活动和操作界面的认识和要求也在不断发生变化，在现代社会中，人在设计和制造机器的时候不但在努力使机器的设计和制造"符合""物的标准"或"物的尺度"，同时又在努力使它更好地适应"人的标准"或"人的尺度"，使机器在具有"强大的物性"的同时又打上"良好的人性"的"烙印"，努力为操作者创造一个更"良好的"、更"人性化的"人-机界面。目前已经出现的所谓人机工程学实际上就是一门从技术学科的角度来考虑和解决第一操作界面的"人性化"问题的学科。

我们看到，当两个操作界面被分别研究时，其主要的研究模式是二元关系的研究模式：对第一操作界面的研究成为了对"人-机器"关系的研究，而对第二操作界面的研究则成为了对"机器-加工材料"关系的研究。应该强调指出，机器在作为中介而发挥作用时是处于"人（操作者）-机器-生产对象"的三元关系中的。二元关系的研究模式和三元关系的研究模式是两种不同的研究模式，在研究操作界面问题时人们是不应把三元关系"简化"成为二元关系的[1]，人们应该把两个操作界面的问题结合在一起当成一个三元关系的问题进行研究才对。

从哲学的角度来看，这个"人（操作者）-机器-生产对象"的三元关系是具有深刻的哲学意义的。对此问题黑格尔和马克思已有深刻的分析，分别见于《逻辑学》[2] 和《资本论》[3]，本文在此就不转引了。

三、单元操作、操作程序和程序合理性

一般来说，生产过程不是一次操作就可以结束的，生产任务也不是一次操作就可以完成的。除极个别的情况外，一个生产过程是包括了多次操作和多种操作的，一项生产任务是必须通过多种操作和多次操作才可以完成的，于是这就出现了操作单元和操作程序的问题。

在对操作进行分析时，人们不但需要对其进行质的分析，而且需要进行量的分析。

上文已经指出，所谓操作乃是操作主体根据指令对操作对象施加的作用，操作不是某种实体，所以，所谓操作的"质"也就不是指某种实体性的"质"，而是指的（实体的）相互作用性的"质"。

所有的操作都是指的某种类型的相互作用，发明一种新的操作就是发明

---

① 拙文《赋义与释义》（《哲学研究》1997 年第 1 期）曾谈到过三元研究模式与二元研究模式的不同。

② 黑格尔：《逻辑学》下卷，商务印书馆，1976 年，第 437 页。

③ 马克思：《资本论》第 1 卷，人民出版社，1975 年，第 202 页。

一种新型的相互作用。

汉语是一种有量词的语言。汉语中，在分析和研究实体（如原子、房屋）时要使用"个"、"座"等量词；操作不是实体，所以在谈到操作的数量时不能使用量词"个"；操作是某种动作，在分析和研究操作的数量时需要使用"次"这个量词。

正像物质实体有其最小的单位一样，操作也有其最小的单位。我们可以把"最小"的操作单位称为单元操作。

从实用的观点来看，也许我们最好还是不要强调"最小"这个含义，而把"单元操作"解释为组成操作系统的一个一个的"基元性操作模块。"

一个工程的实施过程是由一系列的操作组成的，我们可以把这个操作的系统称为一个程序。对于工程问题来说，操作程序问题是具有头等重要性的问题。

程序问题的重要性不但表现在工程活动中而且表现在许多其他类型的活动和过程之中，如法学中的法律程序问题和计算机科学中的计算机程序问题就是两个典型的例子。

在现代学者中，社会学的泰斗韦伯对于程序问题的性质、作用和意义的问题进行了先驱性的研究工作。

我们知道，韦伯首先使用了合理性（rationality）这个范畴并建立起了他的关于合理性问题的理论。韦伯认为有两种合理性；形式合理性与实质合理性，或称工具合理性与价值合理性。"形式合理性主要被归结为手段和程序的可计算性，是一种客观的合理性；实质合理性则基本属于目的和后果的价值，是一种主观的合理性。"[①] 有的研究者认为韦伯关于形式合理性的理论是同西方法学关于法律程序的理论有直接联系的。

如果说在韦伯的合理性理论中对程序问题的重视还不够鲜明和突出的话，那天，西蒙（Robert A. Simon）就更进一步，明确而直接地提出了程序合理性（procedural rationality）这个概念。

西蒙是诺贝尔经济学奖获得者，他不但是经济学家同时还是管理学家和心理学家。在《从实质合理性到程序合理性》一文中，西蒙指出拉特西斯所

---

① 苏国勋：《理性化及其限制》，上海人民出版社，1988年，第227页。

命名的关于公司理论的两个相互竞争的研究纲领——"情景决定论"和"经济行为主义"——也可以从实质合理性和程序合理性的角度进行分析和解释。西蒙认为：古典经济学的分析是建立在效用最大化或利润最大化假设和实质合理性假设上面的，而心理学家在研究人的行为时所关心的却是人的认知加工的过程而不是其结果；古典经济学家关心的是实质合理性，而心理学家关心的则是程序合理性。西蒙认为经济学原来是不关心程序合理性问题的，可是，二次大战期间和战后的"操作研究"（operations research）① 及其应用给经济学带来了关心程序合理性的新风尚。② 虽然对于西蒙的这些具体分析和论述有些人也许会有不同的意见，但对于他所提出的关于程序合理性的重要性的观点大概多数人是不会有不同意见的。

还有学者认为，经济学家从只关心实质合理性转变到更关心程序合理性是有其深层的理论上的原因的，因为从理论的角度来看，古典经济学派关于最优化的理论即关于实质合理性的理论有着难以克服的内在矛盾。人们看到经济学中关于最优化的理论在面对无穷回归和自指（self-reference）的指责时显得有些手足无措、无计可施。

正如有的学者所指出的：古典经济学派的最优化理论中完全没有考虑为获得这种最优所必须花费的费用的问题。"一旦我们在试图把最优化思想具体化时考虑到其基础应该是要求为获得这个最优而付出相应的费用，我们就会导致无穷回归：由于做决策 A 是有花费的，于是就不得不做另一个关于决策 A 是否值得做的决策 B；但是，既然决策 B 也是要有花费的，这就必须做关于决策 B 是否有利的决策 C，如此等等。这种回归只能被独断地打断或成为一个恶性循环。对决策问题的最优的、实质理性的解决是不可能的。这个在个别决策者水平上的评论可以用作采用程序合理性概念的一个论证。"③

从以上的分析中可以看出，有些现代经济学家已经高度重视了程序合理性这个问题。

---

① 虽然英文的 operations research 目前在汉语中已经约定俗成地译为了运筹学，但在此为分析和论述的需要将它译为操作研究。

② Simon H A. From substantive to procedural retionality，In：Hahn F，Hollis H. Philosophy and Economic Theory，London：Oxford University Press. 1979.

③ Maki U. Economics with institutions. In：Maki U，Gustafsson B，Knudsen C. Rationality，Institutions and Economic Methodology，London：Routledge，1993：33.

我认为程序合理性概念的提出是理性和合理性问题研究中一个重要进展。这个进展会有力地促进现代哲学家把关注的重心从"纯粹思维"领域转向现实实践的领域。

程序合理性问题是工程的实施过程中的一个核心性问题。传统哲学所关心的主要是理论领域和纯粹理论理性方面的问题，它是不关心工程实践领域和工程实施方面的"程序理性"方面的问题的，而一旦我们转向分析现实问题和工程实践问题时，程序合理性的问题就不可避免地要"浮出水面"了，只要你是在真正地面对工程实践问题，你就躲不开关于操作程序和操作程序合理性的问题。

程序问题在不同的活动领域和不同的学科中有不同的具体表现，与法律实践相联系的是法律程序问题，与计算机应用相联系的是计算机程序问题，与工厂生产相联系的是工艺、作业和生产程序的问题。

程序问题的重要性在计算机科学技术中得到了最充分和最突出的表现。

我们知道电子计算机能进行的最基本的单元操作的项目是极其有限的，然而电子计算机在功能上却具有"无边法力"，而这个"无边法力"实际上就是来自于计算机程序的"无边法力"。

正如有的学者所指出的那样："同一台计算机（我们称它作'硬件'），只要给它配上不同的程序（我们称它作'软件'），它就能做诸如下棋、证明定理、诊断、翻译、控制生产过程、作曲、教学、绘图、编辑、数学计算等各种各样的工作，甚至可以同时从事这些工作。硬件只是提供了能实现种种'智能'的物质基础，真正起到智能作用的是软件，即程序。只要研制出新的软件，就可赋予计算机以新的功能。""当今的技术状况是，在计算机工业的发展以及计算机在各方面的应用中，软件都起着主导作用。"[①]

从理论分析的角度来看，程序问题的极端重要性在所谓"图灵机"中得到了最集中、最典型的表现。

所谓"图灵机"是图灵（Alan M. Turing）提出的一种理想计算机，它由一个控制装置、一条存贮带（可以无限延长）和一个读写头组成，存贮带划

---

① 中国科学院自然科学史研究所近现代科学史研究室：《二十世纪科学技术简史》，科学出版社，1985年，第280页。

分为一个个格子，机器可以处于 m 种内部状态的一种之中。机器可以完成以下几种操作：①在存贮带正对读写头的格子中打上 0；②在存贮带正对读写头的格子中打上 1；③抹去正对读写头的格子中的符号；④存贮带向右移动一格；⑤存贮带向左移动一格。

从单元操作的角度来看，图灵机是很简单的，甚至可以说简单到了匪夷所思的程度。然而，从理论上说，它却能完成任何一种大型计算机所能完成的工作。很显然，图灵机的威力在本质上就是程序的威力。

当然，我们绝不认为在其他类型的活动中其程序也可以像在图灵机中那样表现出同样大的威力。在不同类型和性质的工程和活动中，虽然程序问题都是非常重要的，但我们应该承认在不同的具体情况下，程序重要性的特点、意义和程度还是会有所不同的[①]。

操作是重要的，程序也是重要的，至于如何才能把单元操作和操作程序的相互关系处理好的问题，那就更加是一个重要的问题了。

在工程活动中，关于操作和程序的问题是非常复杂和涉及面很广的问题，与其有关的问题还有很多，如关于操作类型和操作分类的问题、程序模式和微观生产方式的问题等，由于篇幅的限制，对于这些问题就只好另文进行讨论了。

---

① 在此应该特别强调指出的是，"社会活动"中的程序问题与"物质技术工程"中的程序问题在性质上是有很大不同的，尤其是在"社会活动"中出现了程序的公正性的问题——在这方面法律程序的公正性问题就是一个典型例子，法学家对此已有许多研究，他们的许多研究和分析都是值得哲学家重视的。由于本文分析和论述的"对象"是物质生产领域的问题，所以就不涉及这方面的问题了。

略论理性的对象和解释中的转变*

——兼论工程合理性应成为合理性研究的新重点

在西方哲学中，理性（合理性）是一个基本的哲学概念。一般来说，对基本的哲学概念，不同历史时期——甚至同一历史时期——的不同哲学家常常有不同理解和多种解释，理性（合理性）这个概念也不例外。

从逻辑学的观点看，概念的语法表现形式是名词（或词组），可是，不同的名词有可能表达同一个概念，而同一个名词又常常有不同的含义，表达不同的概念，于是，这就不但造成了"研究上的困难"，而且造成了"表达上的困难"。特别是当我们不但涉及"共时性的不同解释"，而且又涉及"历时性的变化发展"时，问题就变得更加复杂和困难了。

本文使用"参考多家，断以己意"和"直面实事本身，得意忘言"的方法，希望能与诸位"同道"或"有兴趣者"进行"直面对象，得意忘言"的交流和切磋。

一、理性观念溯源和理性观念的两次"转向"

虽然在古希腊时期还没有出现"理性"这个名词（术语），但现代学者在追溯理性或合理性这个概念（或观念）的历史时，都不可避免地要追溯到

---

* 本文原载《山西大学学报（哲学社会科学版）》，2008 年 31 卷第 2 期，第 1～6 页。

第一部　工程哲学 | 067

古希腊时期——甚至追溯到更古老的年代。

胡辉华说："在希腊哲学里虽然没有出现理性（Reason）这一概念，但是有与理性概念相当的罗各斯（Logos）一词，后来又出现了努斯（Nous）这一概念。"虽然，"至迟在亚里士多德的时代，Logos 获得'理性的能力'即人区别动物的本性这一含义"；但正如伽达默尔所指出的那样，对于古希腊人来说，罗各斯"首先和最重要的不是人类自我意识的属性而是存在本身的属性。"①

古代的理性观念在近现代时期发生了两次重大转向。

理性观念的第一次转向是由笛卡尔开始的。胡辉华说："在古代，主体与客体的关系还处于平等的地位，因而，理性主要表现为客观理性，人的理性能力即主观理性是'分有'客观理性的结果，即使出现了客观理性的主观化，但由于客体是独立的存在，理性的客观性尚有独立的地位。从笛卡尔开始，客体的独立性荡然无存，一切均需由主体性才能获得确证，才能够获得确定性。是主体而不是客体才是理性的唯一来源。"② 胡辉华的这段叙述实际上是在指出：与近代哲学的"认识论转向"相"平行"，出现了在"理性观念上"的一个重大"转向"。虽然胡辉华的这段话中也有某些可商榷之处，但我认为，他的基本论断还是可以成立的。

在理性的观念史上，韦伯是继笛卡尔之后的另一个"转向人物"。如果说，笛卡尔开始了一个把客观的理性转变成思维者主观理性的转向，那么，韦伯所开始的就是从思维者的主观理性向"行动者的行动合理性"的转向了。

韦伯是最先把合理性（德文 rationalität，英文 rationality）作为一个基本理论术语使用的学者，他把合理性概念作为了他的理论体系的基本概念或基础概念。在韦伯之后，由于韦伯的影响和其他学者对合理性概念的"青睐"，在哲学、经济学、社会学、法学等学科的词汇中，合理性（rationality）这个"新词"在不太长的时间中就成为一个普遍流行的基本术语。胡辉华说："以往的词典或百科全书甚至根本没有专门列出合理性这一词条，只是二十几年

---

① 胡辉华：《合理性问题》，广东人民出版社，2000 年，第 47～49 页。
② 胡辉华：《合理性问题》，广东人民出版社，2000 年，第 54、55 页。

来合理性成为哲学、社会学、人类学等人文、社会科学关注的中心，合理性才在词典上占有一席之地。"① 其实，如果说 rationality "在词典上" 还仅仅是 "占有一席之地"，那么，在英文的 "学术文献世界" 中，触目皆是的已经是 rationality（常译为合理性）而不再是 reason（常译为理性）了。我们实在可以说：在当今的英文学术话语中，reason 这个传统上的 "哲学名词" 在很大程度上已经被 rationality "取而代之" 了。

韦伯是著名的社会学家，他不但提出了一个崭新的合理性理论而且提出了一个崭新的现代化理论，并且把二者结合了起来。他运用合理性概念来解读和分析 "现代化" 的过程和 "现代社会" 的性质。他把合理性划分为价值合理性与工具合理性或实质合理性与形式合理性这两种类型，并且把合理性看作区分传统社会与现代社会的关键概念。他认为现代化过程就是一个合理化的过程。

有人说："韦伯把一面受到绝对信赖一面遭到绝对否定的危机之中的理性转移到社会科学的层次，并将其反映在合理性概念里，想要以合理性概念为中心说明并分析近代社会。可以说，这意味着哲学的 '理性' 范式（paradigm）转换到社会科学的 '合理性' 范式。因此，作为人的思考能力的理性拓展到人的行动或历史、社会的具体现实领域，成为人的行动或社会所具有的特性，或者是成为能说明这种现实的根据。"②

如果说，在韦伯之前，理性主要只是一个 "一般哲学" ——特别是认识论——中的范畴，那么，在韦伯把理性这个术语 "转换" 为合理性这个术语之后，合理性就不再仅仅是哲学家所关注的观念，它成为被许多社会科学学科——包括现代经济学、社会学、法学、历史学等——所共同关注的概念，成为一个分析和研究人的决策和行动的基本概念。

reason 和 rationality 的关系如何，应该怎样翻译 reason 和 rationality 呢？

有人说，理性和合理性二者 "既有区别又有联系"③。有的人强调二者相区别的方面，也有人强调密切联系的方面。如果说在以往已经存在着 "理

---

① 胡辉华：《合理性问题》，广东人民出版社，2000 年，第 82 页。
② 金钟珉：《关于韦伯与哈贝马斯的合理性概念的比较》，《复旦学报（社会科学版）》，1999 年第 4 期，第 67～72 页。
③ 苏国勋：《理性化及其限制——韦伯思想引论》，上海人民出版社，1988 年，第 217 页。

性"这个术语的多义性问题，那么现在就不但又出现了"合理性"的多义性问题而且还出现了关于 reason 和 rationality 的关系以及二者的中文翻译的问题。

胡辉华说："合理性（rationality）与理性（reason）共同来源于拉丁文 ratio（计算；账目；理由），reason 和 rationality 都可译为理性，这两个词的细微差别在于，reason 作为名词意即理由、根据等；rationality 则除了理由和根据的含义外还有'理由的可接受性'。但这种细微的差别由于其他的原因，如它们还有'计算'的共同意义而被大多数人所忽略不计，在通常的情况下，reason 与 rationality 其实是互相等同的，'理性主义'在英文里就是 rationalism，而不是 reasonism，'理性的'是 rational 而不是 reasonal；在现代的许多文献中，也可以看出理性与合理性的等同，如 instrumental rationality 与 instrumental reason 常互相换用。"[①] 虽然对于这个复杂问题，胡辉华的看法还不能说已是"定论"，但对于本文来说，出于多种考虑，除了在特殊情况下对理性（reason）与合理性（rationality）进行必要的区分外，在一般情况下，就不对二者进行严格区分了。

二、对经济学中合理性问题研究的若干评论

如果说在 20 世纪之前，"理性"作为一个理论问题主要是哲学家关注和研究的对象，因而，作为一个理论术语的"理性"仅仅是哲学领域的一个"关键词"；那么，在 20 世纪的学术王国中，理性（合理性）就不再仅仅是哲学的"关键词"，而是许多学科共同关注的研究对象和共同的"关键词"了。

20 世纪的西方经济学家对合理性问题进行了深入的、多角度的、多维度的、百家争鸣的研究，使"经济合理性"研究与"科学合理性"研究"并驾齐驱"，"双峰并峙"，成为 20 世纪"合理性研究"这个"舞台"上的两个"明亮灯光区"。

我们看到，现代经济学家在对合理性、理性行为、理性选择、理性人等

---

① 胡辉华：《合理性问题》，广东人民出版社，2000 年，第 83 页。

问题的研究上下了很大工夫，取得了丰硕成果，经济学家的"合理性研究"已经成为了现代"合理性研究领域"中内容最丰富、成果最丰硕、观点最歧异的部分之一。他们的研究成绩不但是一笔经济学理论财富而且也是一笔哲学理论财富。

虽然合理性原本是一个哲学概念，可是，经济学家却没有"门户之见"地把合理性当作了一个经济学基本问题，对其进行了深入的研究，他们在合理性研究上竟然取得了在"总体"上可以与哲学家的合理性研究相"抗衡"、相辉映的"成绩"，这是意味深长的。这个"学术实事"向"专业哲学家"提出了应该对经济学中的相关研究成果、研究路径、"事件"启示进行认真的哲学分析和哲学反思的任务。

我们知道，从历史角度看，哲学是许多学科的"母体"，直到今日，许多人仍然认为哲学在所有学科（或学术）中占有特殊地位，同时，也有许多数学家认为数学是科学王冠上的宝石，可是，在现代社会科学中，我们看到的"最新"景象却是"经济学帝国主义"。

本文无意于评价"经济学帝国主义"这个学术新现象，本文作者既无意于从褒义上也无意于在贬义上使用"经济学帝国主义"这个术语，本文只是"承认"这个"现象"而已。

"经济学帝国主义"这个说法出现较晚，但回首往事，我们看到经济学的"帝国主义扩张"其实是早就露出"端倪"了。

虽然许多人会首先把韦伯看做一位社会学家，但他实在也是一位经济学家，因为不但他的博士论文《中世纪贸易商社史》是属于经济学的，而且他还是一位经济学教授，所以，我们实在应该把他同时看作经济学家和社会学家。

上文已经谈到，从"理性"概念到"合理性"概念的转变是一个"范式性"的转变，而实现这个转变的关键人物韦伯却不是一位哲学家而是一位经济学家兼社会学家——这实在是一个意味深长的事情，也许我们可以直接地把这件事看做是"经济学帝国主义"的"滥觞"，看做是"经济学帝国主义"的一个"早期信号"。

一百年来，经济学家和哲学家都在对合理性问题进行研究，必须承认二者各有优势、各擅胜场，绝不可草率地分什么"高低"。由于本文的重点是从哲学工作者的角度进行哲学反思，所以在此就只谈经济学家的几个"擅场"之处。

首先，在时间维度上，如上文所述，在实现那个从理性概念到合理性概念的术语转变方面，现代经济学家走在了现代哲学家的前面。

其次，在学术论著的数量方面，由于现代社会中经济学家的人数大大超过了哲学家，所以，似乎可以推测，经济学领域中研究合理性问题的论著在数量上很可能并不少于哲学领域。

第三，从研究成果的深度、丰富性和独创性等方面来看，虽然我们绝对没有理由贬低哲学家在研究合理性问题上所取得的成就，但我们似乎有理由肯定一百年来经济学家在研究合理性问题时所取得的"理论成果"的"水平"和"丰硕程度"也不在哲学之下。

在一个哲学问题——更具体地说就是对合理性问题——的研究上，一门其他学科——更具体地说就是经济学——竟然能够取得可以和哲学"旗鼓相当"、"相媲美"的"成就"，这实在是一件罕见的、耐人寻味的事情。

西方经济学家是"立足于经济学"（而不是"一般哲学"）和"着眼于经济行为"来研究合理性问题的。

西方经济学家认为人的经济行为是理性行为，合理性概念"在正统的理论中处于头等重要的地位"，"是主流经济学的（研究纲领的）硬核的组成部分"①。

西方主流经济学家一方面"直接"采取了西方哲学家关于"人是理性的动物"的传统观点，也就是说，他们承认了人是"理性人"的传统观点，可是，作为经济学家，他们又对"理性人"进行了新的解释，把"理性人"解释为在行动决策时追求自身利益最大化的"经济人"。这样，"理性的""经济人"和"经济学解释"的"理性人"就"二位一体"了。阿马蒂亚·森（Amartya Sen）说，把理性解释为自利最大化"一直是主流经济学的核心特征"，"理性行为假设的确是经济学中标准假设，而且这种观点不乏支持者。"②

---

① 霍奇逊：《现代制度主义经济学宣言》，北京大学出版社，1993 年，第 88 页。
② 阿马蒂亚·森：《伦理学与经济学》，商务印书馆，2000 年，第 20～22 页。

杨春学说："经济学家常常以经济学有自己独特的理性界定而自豪，把经济人的理性视为一种实现个人利益最大化的最有效途径或手段，以至于把理性等同于严格的精密计算。"[1] 勒帕日说："研究微观经济学的全部著作构成了对'经济人'范例（引者按：当为'范式'）进行经验验证的宏伟建筑，'经济人'这种简化了的个人模式……是进行一切经济分析的基础。"[2]

以自利最大化来解释"理性"是西方经济学的一个"基本观点"或"基本理论"，经济学家的这个观点或理论是怎样"得到"的呢？

我认为，从方法论方面看，这里的一个重要原因是许多经济学家采取了"截断众流，直面对象"的研究路数和研究方法。

经济学家一般是不重视、甚至不使用"词源分析"方法的（需要申明，本文作者绝无否认语义分析、词源分析方法重要性之意），他们常常"截断众流，直面对象"，应该承认这确实是一种比较"明快"和有许多优点的研究方法。

虽然西方"新古典经济学"立足于把经济理性解释为自利最大化的观点在学术上取得了许多成功和成就，可是，他们的这个观点也暴露出了许多缺点和问题，受到了多方面的批评。

在对自由主义经济学的理性行为或理性选择理论的多种批评中，制度主义经济学家西蒙和阿马蒂亚·森的批评是值得特别注意的。

阿马蒂亚·森是 1998 年诺贝尔经济学奖获得者，1933 年出生于印度，现仍保留印度国籍。饶有趣味的是，"阿马蒂亚"这个名字乃是大名鼎鼎的泰戈尔所起的，而泰戈尔又是印度及亚洲的第一位诺贝尔奖获得者。阿马蒂亚·森的外祖父是泰戈尔的秘书，当他请泰戈尔为自己的外孙取名时，泰戈尔起了 Amartya（意为 other-worldly 即"另一个世界的"）这个名字，并且说："这是一个大好的名字，我可以看出这孩子将长成一个杰出的人。"现在我们看到，泰戈尔的预言已经变成了现实。

阿马蒂亚·森是一位经济学家，但他同时也非常关心伦理学和哲学问题，1987～1998 年期间曾在哈佛大学任经济学和哲学教授。瑞典皇家科学院

① 杨春学：《经济人与社会秩序分析》，上海三联书店、上海人民出版社，1998 年，第 236 页。
② 勒帕日：《美国新自由主义经济学》，北京大学出版社，1985 年，第 24 页。

在授予阿马蒂亚·森诺贝尔经济学奖的公告中说："他结合经济学和哲学的工具，在重大经济学问题的讨论中重建了伦理层面"。

阿马蒂亚·森对西方主流经济学对合理性概念的解释持批评态度。作为一位经济学家兼伦理学家，他提出了自己的对合理性概念的新解释。

阿马蒂亚·森认为把合理性解释为自利最大化是片面的，他说："要想使'实际行为必定是自利最大化行为'这一命题得以成立，用理性概念作为媒介在方法论上是极不恰当的。""把所有人都自私看成是现实的可能是一个错误；但把所有人都自私看成是理性的要求则非常愚蠢。"① 他还写过一篇深刻且饶有趣味的批评主流经济学家理性观的文章《理性的傻瓜：经济理论的行为基础的批判》②。

西方主流经济学认为理性行为就是依据自己的偏好排序而行动，而阿马蒂亚·森在这篇文章中指出，一个人不可能无论做什么事情都完全依照偏好排序，人在某些情况下也需要按照承诺来行动。阿马蒂亚·森提出：人们还需要和应该对于偏好排序进行排序，为此他提出了"元排序"（meta-rankings）的方法和概念。他指出，如果有人不知道在不同情况下运用不同的行动原则和行为排序，那么，"他一定是有点傻。""而'纯粹'的'经济人'就确实近似于一个社会方面的低能儿（a social moron）。（西方主流经济学的）经济理论在很大程度上一直是全神贯注于这种一切目的都有一个偏好排序的理性的傻瓜（rational fool）的理论。"阿马蒂亚·森认为，除了如同新古典经济学所主张的按照个人偏好排序而行动之外，人也会根据承诺而行动。②

如果说阿马蒂亚·森主要是立足于伦理学来批评西方主流经济学的缺陷或缺点，那么，获得1978年诺贝尔经济学奖的西蒙就主要是立足于心理学而批评西方主流经济学的缺陷或缺点了。

西蒙认为，在经济学领域中发展起来的合理性概念是"实质合理性（substantive rationality）"，而在心理学领域中发展起来的合理性概念是"程

① 阿马蒂亚·森：《伦理学与经济学》，商务印书馆，2000年，第21页。
② Sen A K. Rational fools：a critique of the behavioural foundations of economic theory. In：Hahn F，Hollis M. Philosophy and Economic Theory. Oxford：Oxford University Press，1979：102～108.

序合理性（procedural rationality）"。虽然这两种观点原来是互不相干的，可是，自二次世界大战以来，从运筹学、不完全竞争理论、预期和不确定性研究中可以察觉出经济学中也出现了关心程序合理性的趋势。西蒙说："一旦经济学更关心程序合理性，它就必然地不得不去借鉴心理学，不得不为自己建立起比以往的经济学更加完善的关于人的认知过程的理论。"[①] 西蒙所提出的关于程序合理性和有限合理性的理论在学术界产生了很大的影响。

如果说阿马蒂亚·森和西蒙对主流经济学的批评相对而言还是比较温和的，那么，许多制度主义经济学家对主流经济学的批评就十分尖锐了。

制度主义经济学强调和突出制度、规则、习惯的重要性，批评西方主流经济学是"没有制度"的经济学。制度经济学家拒绝主流经济学把人的理性行为解释为逐利最大化的观点，制度经济学的创始人凡勃伦尖锐地批评那种把人当做"快乐与痛苦的快速计算器"的观点，制度经济学家认为人的行为是遵循规则的行为，他们认为人是"规则遵循者"[②]。虽然规则问题是一个重大的理论问题和现实问题，可是，与对规律、理性问题之备受青睐相反，哲学领域中很少有人认真研究规则（rule）和规则遵循（rule-following）问题，在中国哲学界更是如此[③]。制度经济学家把对制度、规则和合理性问题的研究结合起来，他们的许多观点都是值得我们重视的。

应该注意，西蒙等人对西方主流经济学合理性观点的批评，从精神实质上看绝不是对合理性这个概念本身的否定，而仅仅是对西方主流经济学的"特定的对合理性概念的解释"的批评，我们可以在一定意义上把他们的批评看作是对主流经济学的合理性概念解释的"重要补充"和"加倍完善"。

经济学家在认识和解释合理性概念时产生了许多分歧意见，这是合理性现象和合理性问题本身的复杂性的反映。虽然有许多分歧意见，但他们在合理性是否重要这个问题上是没有分歧意见的，他们的分歧仅仅是关于应该如何解释合理性的分歧。以制度主义经济学家为例，他们强调了规则遵循行为与理性最大化行为的区别和矛盾，但他们并没有否定规则遵循行为在另外的

① Simon H A. From substantive to procedural rationality. In：Hahn F，Hollis M. Philosophy and Economic Theory. Oxford：Oxford University Press，1979：81.
② 卢瑟福：《经济学中的制度》，中国社会科学出版社，1999 年，第 62～96 页。
③ 李伯聪：《工程哲学引论》，大象出版社，2002 年，第 230～249 页。

解释中也是理性行为，他们承认可以把规则遵循行为看做是"适应性理性"行为。

很显然，要想把当前经济学中对合理性解释的分歧观点统一起来不是容易的事情，可是，这又是一个必须努力解决的重大学术课题。

没有经济学家认为经济学对合理性的研究就是对合理性问题的"全面研究"，可是，哲学就其"本性"而言却要不言而喻地承担起对合理性问题进行"全面"研究的任务。而在这里出现的一个新问题是：如果不认真研究和分析经济学中研究合理性问题的"学科性成果"，如果没有经济学等学科对合理性问题的"学科性研究"为基础，哲学对合理性问题的研究就有可能成为空中楼阁式的研究。

三、工程合理性是合理性理论研究的新课题和新领域

本文最后想转向工程合理性问题，限于篇幅，这里只简单地谈一个重要性问题和一个方法论问题。

工程合理性问题的重要性"来源于""工程对象本身"的重要性。

工程活动塑造了现代社会的物质面貌，工程活动是现代社会存在和发展的基础，是现代社会生活的一项基本"内容"，在人的"交往关系"中，其最基本的一项内容就是工程活动中的交往关系。马克思说："工业的历史和工业的已经产生的对象性存在，是一本打开了关于人的本质力量的书，是感性的摆在我们面前的人的心理学"[①]。如果哲学家不研究工程，不去认真"研读"工业（产业或行业是同类工程的"集合"和"总称"）和工程这本"大书"，不去努力解读工程这个"文本"，他们是不可能真正认识和把握人的本质力量的，他们在认识人的本质力量时就难以避免犯南辕北辙或空中楼阁的错误，他们关于人的本质力量的"研究成果"就不可避免地要成为"没有丹麦王子的哈姆雷特演出"或"没有诸葛亮的《空城计》"。

工程活动是理性的实践活动，在以工程活动为研究对象的工程哲学中，工程合理性问题顺理成章地成为一个重要内容。

---

① 《马克思恩格斯全集》第42卷，人民出版社，1979年，第127页。

工程合理性在本质上不是传统意义上的思维合理性，就其本性而言，工程合理性是一种"实践合理性"。

工程合理性是实践合理性的一种基本方式或基本形式（无疑地，这个"断言"中绝对没有在工程活动中不存在思维活动或"工程思维活动"不重要的含义）。工程合理性是与科学合理性有很大不同的另外一种类型的合理性（例如，工程活动的基本逻辑不是演绎逻辑而是"次协调逻辑"），目前对工程合理性的研究基本上还是一片空白，我们应该尽快填补上这个空白。

工程合理性是合理性研究的新领域和新课题。在研究工程合理性问题时，我们不但需要借鉴前人对科学合理性、经济行为合理性、法的合理性等方面的研究成果，我们更需要深入调查和研究现实的工程活动和活生生的工程实践所提出的现实问题。

在研究工程合理性的方法问题上，虽然我们不应拒绝使用语言分析和词源分析的方法，但我们需要更加重视运用"直面对象，得意忘言"的方法。中国古代哲学提倡"得意忘言"的方法。在差不多四百年前，培根告诫人们不要陷入四种"假象"——尤其是最麻烦、最难克服的由于语言运用而造成的"市场假象"——之中。现代哲学家胡塞尔提出"面对实事本身"的现象学方法。他们的方法论观点都是值得我们特别重视的。对于许多当代学者来说，要透过由于多种原因而造成"语言迷雾"而"直面对象"不是一件容易的事情，要走出由于多种原因而形成的"语言迷宫"而"得意忘言"也不是一件容易的事情。

我国学者近几年出版了好几本研究合理性的专题著作，除胡辉华的《合理性问题》外，我还见到了吴畏的《实践合理性》，马雷的《进步、合理性与真理》，周世中的《法的合理性》，希望我国学者今后能够关注工程合理性这个新领域，在工程合理性的研究中获得愈来愈多的新成果。

工程智慧和战争隐喻 *

工程活动是人类社会存在和发展的基础。如果没有工程活动，社会就要崩溃。为取得工程活动的成功，必须具有一定的实力和足够的智慧。没有智慧，无异于行尸走肉；没有实力，无异于虚幻幽灵。必须依靠实力与智慧的有机统一才能夺取工程活动的成功。其关键是智慧和实力的有机结合，缺乏智慧的"蛮干派"和没有实力的"巧舌派"都难免要坠入失败的深渊。本文不讨论实力方面的问题，而把分析和讨论的重点放在智慧——特别是工程智慧——这个主题上。

一、两种不同类型的智慧：理论智慧与实践智慧

中国古代一向有人为万物之灵的说法。人之所以能够成为万物之灵，关键之点就是人有智慧。人的智慧有两种类型：理论智慧与实践智慧，① 两者有密切联系，同时又有根本区别。

第一，从智慧的性质和导向方面看，理论智慧是真理导向的思维和智慧，而实践智慧是价值导向的思维和智慧。理论智慧主要表现为认识和把握

---

　　* 本文原载《哲学动态》，2008 年第 12 期，第 61～66 页。
　　① 李伯聪：《工程哲学引论》，大象出版社，2002 年，第 402、407、409 页。

普遍规律的智慧，而实践智慧主要表现为制订行动计划并实现该计划的智慧。前者主要体现在理论思维和理论研究活动中，而后者主要体现在设计运筹和实践活动中。

在整个人群中，有些人"长"于理论智慧而"短"于实践智慧，另外一些人"长"于实践智慧而"短"于理论智慧，也有人在理论智慧和实践智慧两个方面都有卓越表现。例如，克劳塞维茨是西方最著名的军事理论家。"1792年，卡尔·冯·克劳塞维茨加入普鲁士军队，在随后的30多年军旅生涯中，他屡战屡败，甚至一度被法军俘虏，军事生涯黯淡无光。但是，1832年，克劳塞维茨的遗著《战争论》出版，却'无论从形式上还是从内容上，都是有史以来有关战争的论述中最赶超的见解。《战争论》一举奠定了西方现代军事战略思想发展的基础，'造就了整整一代杰出的军人'。"[1] 从克劳塞维茨的生平来看，他可以算得上"长于"军事理论智慧而"短于"军事实践智慧的一个典型人物了。与之形成鲜明对比，我国古代的大军事家孙武和孙膑都是既"长于"军事理论智慧（表现在不朽的军事著作《孙子兵法》和《孙膑兵法》上）又"长于"军事实践智慧（表现在辉煌的战功上）。

第二，从思维对象和思维方式方面看，理论智慧是"面向现实世界"、"一切可能世界"、"现实实在对象"而进行的思维活动，而实践智慧则是"面向可能世界"中"可能存在的对象"和对"可能性转化为现实性"进行的思维。冯·卡门说："科学家发现已经存在的世界，工程师创造从未存在的世界。"[2] 这个论断精辟地阐明了理论智慧和实践智慧在思维对象和思维方式方面的基本分野。

第三，从智慧成果（思维结果）的性质和特征方面看，理论智慧的结果是共相（共性）的"虚际建构"，而实践智慧的结果则是殊相（个性）的"实际建构"（按："实际"系借用冯友兰《新理学》语）。"理论性的知识作为认识过程中的理性认识活动的产物，它是以反映已有事物的共相为特点的，它是以全称判断、范式（paradigm）或研究纲领等为主要表现形式的，

---

① 侯惠夫：《重新认识定位》，中国人民大学出版社，2007年，王刚"推荐序2"。
② 布希亚瑞利：《工程哲学》，辽宁人民出版社，2008年，第1页（按：冯·卡门为常用中文译名）。

而行动方案或工程活动的计划却是以设计尚未存在的人工事物的殊相为特点的，它是以设计蓝图、行动命令、操作程序等为主要表现形式的。"① 在《实践论》中，毛泽东把制订行动计划和形成理论不加区别地看做同一类认识，没有明确区分理论智慧与实践智慧，在分类上把两者混为一谈了。其实，制定和实施行动计划需要的是实践智慧，它与概念理论性知识所需要的理论智慧是性质迥异的两种智慧，两者是不能混为一谈的。

第四，从思维主体和智慧主体方面看，理论智慧是"无特定主体依赖性和特定时空依赖性"的思维和智慧，而实践智慧则是"具有特定主体依赖性和特定时空依赖性"的思维和智慧。换言之，理论智慧的灵魂是对于特定主体和特定时空的超越性，而实践智慧的灵魂则是对于特定主体和当时当地的依赖性。② 由于理论智慧活动具有对于具体主体和具体时空的超越性，于是，牛顿、爱因斯坦的"理论智慧的成果"便可以"放之四海而皆准"，这里既不可能有什么"依赖于"具体主体的"无产阶级物理学"，也不可能有什么依赖于具体空间地点的"英国物理学"③。由于实践智慧的灵魂和基本特征是具有"此人此时此地"的个别性（当时当地性），它也就不可能"放之四海而皆准"。因此，当诸葛亮成功实施"空城计"后，如果有什么"公孙亮"在别的什么地方照搬"空城计"，他可能就要当俘虏了。

第五，从思维范围和所受限制方面看，理论智慧以寻找自然因果关系、寻找"自然极限"和"自然边界"、发现规律、共相为思维的基本内容和特征，理论智慧是因果性世界和无限性的智慧；而实践智慧则以制定行动目标、行动计划、行动路径、进行多种约束条件下的满意运筹和决策为思维的基本内容和特征，实践智慧是目的性世界和有限性的智慧。

如果用舞台和戏剧作比喻，理论智慧是自由思维和挣脱思想枷锁的无限思维的"科学性戏剧"，而实践智慧则是在各种具体限制下给思维带上"约束条件的枷锁"后所上演的"艺术性戏剧"。理论智慧舞台上的主角是爱因

---

① 李伯聪：《工程哲学引论》，大象出版社，2002 年，第 402、407、409 页。
② 任何理论成果和科学结论都具有对于特定实验室、特定科学家、特定实验时间和实验地点的"超越性"（即不存在对于特定实验室、特定科学家、特定实验时间和实验地点的"依赖性"），而每个工程方案都无例外地具有对于特定工程主体、特定工程实施时间和空间的"依赖性"。
③ "日常语言"中所说的"英国物理学"的准确含义是"物理学在英国"。

斯坦式的人物，而实践智慧舞台上的主角是诸葛亮式的人物。理论智慧是"书本上"、"学院里"的智慧；实践智慧是"战场上"、"市场上"、"政坛上"、"运动场上"的智慧（以上文句中不带任何"褒贬"含义或色彩）。

总而言之，理论智慧和实践智慧是两种不同的智慧。两者的分野不但表现为"理论理性"与"实践理性"[①]、"共相"和"殊相"、"放之四海而皆准的普遍可重复性"和"因人因时因地而异的不可重复性"的分野，而且表现在"保证成功的确定性"和"成败不确定性"的分野上。

二、"理有固然，事有必至"还是"理有固然，势无必至"

实践智慧的具体内容和具体表现形式是多种多样的，如战争智慧和工程智慧等。本文无意对实践智慧进行一般性研究，本文的主要目的是要在实践智慧的基本框架中讨论与工程智慧有关的若干问题。

徐长福曾经从哲学角度研究了理论思维与工程思维的性质和关系，主张为两者明确划界，反对两者互相僭越。他认为，一方面，应该"用理论思维构造理论"，"理论的实践意义不在于充当生活的蓝图，而在于为包括工程设计在内的人生筹划提供有约束力的原理"；另一方面，应该"用工程思维设计工程"，"工程设计的目的不在于坚执某种特定理论却不惜贻误生活，而在于依循一切有约束力的理论以为人类实践预作切实可靠的筹划。"[②]

可是，要正确认识这两种智慧的不同性质和特征，不错位，不误解，不僭越，又谈何容易。古往今来，人们不但常常在认识理论智慧时出现许多误解，而且在认识实践智慧时也出现了许多误解，尤其是许多人把实践智慧解释为"全知全能的智慧"或"算命先生"的智慧，于是这就出现了基督教早期哲学家关于"全知""全能"的观点和我国历史不断有人宣传的关于"事有必至"的观点。

为正确分辨理论智慧和实践智慧的不同性质，澄清已经出现的许多似是

---

① 康德把实践理性概念主要限制在道德领域中，这是他的一个大失误。我们认为应该对实践理性做更广泛、更广义的理解和解释，把它理解和解释为在一切实践活动领域——包括工程实践和政治实践等——所表现出的理性。

② 徐长福：《理论思维与工程思维》，上海人民出版社，2002 年，"内容提要"。

而非的观点，我们有必要搞清楚到底是"事有必至"还是"势无必至"，这个辨析不但具有深刻的理论意义而且具有重要的现实意义。

"事有必至，理有固然"之说出自《战国策·齐策四·孟尝君逐于齐而复反章》和苏洵的《辨奸论》。按照这个观点，对于某些"神人"来说，未来世界是确定性的而不是不确定的，因而他就可以"料事如神"地"预见"社会中的"某一个具体事件"在未来"必然发生"。

与上述观点相反，金岳霖在《论道》中明确提出："共相底关联为理，殊相底生灭为势"，"个体底变动，理有固然，势无必至。"金岳霖又说："即令我们知道所有的既往，我们也不能预先推断一件特殊事体究竟会如何发展。殊相的生灭……本来就是一不定的历程。这也表示历史与记载底重要。如果我们没有记载，专靠我们对于普遍关系的知识我们绝对不会知道有孔子那么一个人，也绝对不会知道他在某年某月做了什么事体，此所以说个体底变动势无必至。"

金岳霖指出，对于"理势"关系存在着两种根深蒂固的错误认识：一种错误观点是认为"既然势无必至，理也就没有固然"，另一种错误观点是认为"既然理有固然，所以势也有必至"。休谟的错误就是前一种错误。对于后一种错误观点，金岳霖没有指名道姓地落实到一个人身上，而只笼统地批评了那些"对于科学有毫无限制的希望的人们"，如果这里一定也要找一个代表人物，那么，以提出"拉普拉斯妖"著称的拉普拉斯就应该是一个最典型的代表人物了。

金岳霖明确指出："势与理不能混而为一，普通所谓'势有必至'实在就是理有固然而不是势有必至。把普通所举的例拿来试试，分析一下，我们很容易看出所谓势有必至实在就是理有固然。"[①] 许多人把诸葛亮的神机妙算理解为诸葛亮可以必然性地预见未来的特定事件，这实在是大错特错的认识。《三国演义》把诸葛亮塑造为一个可以"料事如神"的艺术形象，客观上以文学形象的方式宣扬了"事有必至"的观念。鲁迅在《中国小说史略》中，批评《三国演义》中"状诸葛之多智而近妖"，这就以文学批评家的睿智取得了和哲学家殊途同归的认识。

---

① 金岳霖：《论道》，商务印书馆，1985年，第182、185、187页。

对于理论智慧和实践智慧的相互关系以及各自的基本性质，关键点就是必须认识到：学习和创新之道，理有固然；此人此时此地，势无必至。

实践智慧是具有当时当地性特征的智慧，这种"当时当地性"的一个突出表现就是出现了所谓"时机"问题。众所周知，实践智慧的关键常常表现为把握时机。从理论和实践上看，等待时机、把握时机、错失时机之所以往往成为关键问题，皆源于"势无必至"。所谓把握时机，从正面看，就是说在时机不成熟时，必须耐心"等待""良机"的出现，不能轻举妄动；而在时机到来时，必须当机立断，不能优柔寡断或当断不断。从反面看，在时机不成熟时，不能轻率鲁莽，刚愎自用；在时机到来时，必须抓住良机，而不能错失良机。

三、战争隐喻的启发性

由于实践智慧在战争中往往会得到最直接、最典型、最奇妙、最惊人的表现，于是，许多商人、企业家、创新者便情不自禁地想从战争实践中汲取灵感，希望能够从军事智慧和军事理论中寻找指导、借鉴和启发。

我国在两千多年前就有人在研究商业和市场问题时使用了战争隐喻。《管子·轻重甲》："桓公曰：'请问用兵奈何？'管子对曰：'五战而至于兵。'桓公曰：'此若言何谓也？'管子对曰：'请战衡，战准、战流，战权、战势。此所谓五战而至于兵者也。'桓公曰：'善。'"对于这段话的含义，马百非解释说："所谓战衡，战准、战流，战权、战势者，皆属于经济政策之范畴。一国之经济政策苟得其宜，自可不战而屈人之兵。何如璋所谓'权轻重以与列强相应，即今之商战'者，得其义矣。"[①]《史记·货殖列传》云："待农而食之，虞（掌管山水矿产的官吏）而出之，工而成之，商而通之。"又云："言富者皆称陶朱公"，陶朱公即范蠡。"范蠡既雪会稽之耻，乃喟然叹曰：'计然之策七，越用其五而得意。既已施于国，吾欲用于家。'""乃治产积居，""十九年之中，三致千金"。可见范蠡离越后经商致富时运用了他助勾践平吴的战争经验和军事理论。到了战国时期，白圭提出了更明确而系统的

---

① 　马百非：《管子轻重篇新诠》下册，中华书局，第 501、502 页。

经济理论。《货殖列传》云："天下言治生祖白圭。"白圭云："吾治生产，犹伊尹、吕尚之谋、孙、吴用兵、商鞅行法是也。"

在我国延续 2000 多年的封建社会的历史进程中，历代王朝一直实行轻视和抑制商业的经济政策。如果说必须承认我国的古代商业在国内的市场竞争中还能够时显繁荣，那么，就国际范围而言，在鸦片战争之前我国根本没有遇到过国际商战问题。在这样的社会条件中，我国关于商战的思想和理论也一直停滞在萌芽阶段，没有大的发展。鸦片战争是我国历史发展进程的一大变局。在洋务运动、戊戌变法的新潮激荡中，我国的"商战"之说终于艰难地"浴血"而出了。值得特别注意的是，洋务运动的领袖人物曾国藩已经谈到了"商战"问题，但他却是在否定的意义上评价"商战"的。曾国藩说："至秦用商鞅，法令如毛，国祚不永。今西洋以商战二字为国，法令更密如牛毛，断无能久之理。"① 以曾国藩之深思睿智，导夫先路，而竟然如此评价"商战"，足见在这个问题上要取得思想突破是何等困难了。

但潮流的力量毕竟强于任何个人，没有多长时间，"商战"之论就应时而出了。郑观应在《盛世危言》中说："自中外通商以来，彼族动肆横逆，我民日受欺凌，凡有血气孰不欲结发厉戈，求与彼决一战哉！"，然"战"有"兵战"和"商战"两种，"习兵战不如习商战"。② 与其同时，何启、胡礼垣马建忠等人也明确倡言"商战"。进入 20 世纪，"商战"思想和观念在我国就更加广泛传播和流行了。

20 世纪，在新科技和新一波经济全球化浪潮的影响下，科技日新月异，经济增长速度史无前例，制度变迁之急剧令人惊讶，国内外市场竞争空前激烈，许多人愈来愈深刻地感受到市场如战场。正是在这种环境和条件下，无论在西方还是在东方，各种以商战、科技之战、创新之战为主题或基本隐喻的文章和著作便数不胜数地出现了。

由于对于创新之战的战略、策略、战术、战法等问题已有许多研究和论述，本文也就不再对这些具体问题饶舌，以下仅着重分析战争隐喻中的两个具体问题：战争隐喻的启发性和局限性问题。

---

① 中国经济思想史学会：《集雨窖文丛》，北京大学出版社，2000 年，第 433 页。
② 《郑观应集》上册，上海人民出版社，1982 年，第 586 页。

战争和创新的目标都是要取得胜利。怎样求胜呢？战法无非有两大类：用正和用奇。因为奇正是两类不同的思路和战法，于是，这就出现了应该怎样认识奇正和怎样正确处理两者相互关系的问题。

奇正问题首先是在《孙子兵法》中提出来的。《孙子兵法·兵势》曰："凡战者，以正合（合：交锋），以奇胜。故善出奇者，无穷如天地，不竭如江海。""声不过五，五声之变，不可胜听也；色不过五，五色之变，不可胜观也；味不过五，五味之变，不可胜尝也；战势不过奇正，奇正之变，不可胜穷也。奇正相生，如循环之无端，孰能穷之哉！"后来，在《孙膑兵法》、《淮南子·兵略训》和《唐太宗与李靖问对》中对于奇正问题也有许多精辟分析和研究。《武经七书注译》说："奇兵、正兵，它的含义较为广泛，一般可以包括以下几个方面：①在军队部署上，担任警备的部队为正，集中机动为奇，担任钳制的为正，担任突击的为奇。②在作战上，正面进攻为正，迂回侧击为奇，明攻为正，暗袭为奇。按一般原则作战为正，根据具体情况采取特殊的原则作战为奇。"[①]

诺贝尔经济学奖获得者西蒙在《管理决策新科学》中，把运筹决策方式分为程序化方式和非程序化方式两种类型。从奇正划分观点来看，程序化决策方式为"正"而非程序化决策方式为"奇"。

"用奇"和"用正"的目的都是为了取得胜利和成功。虽然在小说、传奇、电影、历史中，出奇制胜的事例常常为人津津乐道，可是，这绝不意味着在现实世界中出奇一定能够制胜而用正一定要失败。

必须清醒地认识到：奇正和胜败之间没有绝对的对应关系。《唐太宗与李靖问对·卷上》云："善用兵者，无不正，无不奇，使敌莫测，故正亦胜，奇亦胜。"这也就等于说："不善用兵者，正亦败，奇亦败。"如果把以上两个论断结合起来，恰好应了我国的一句古话"成也萧何，败也萧何"。

在工程创新之战中，也存在着奇正问题。一般地说，使用"常规技术"为正，使用"突破技术"为奇；"渐进主义"战略为正，"突变主义"战略为奇；"循规蹈矩"为正，"打擦边球"为奇；"常规策略"为正，"非常规策略"为奇；进入成熟市场为正，开拓新兴市场为奇；和多数人"保持一致"

---

① 《中国军事史》编写组：《武经七书注译》，解放军出版社，1986年，第514、515页。

为正，和多数人"唱反调"为奇；相信"流行理论观点"为正，"独出心裁"为奇；"随大流"为正，"逆流而动"为奇；如此等等。

按照以上分析，创新——特别是重大创新（包括技术创新、制度创新等各种创新在内）——都属于"出奇"的范畴或类型。习惯于遵循常规的人，创新能力不足，或者简直就是惧怕创新，他们不敢创新、不能创新，于是，当创新的奇兵奇袭而来的时候，他们在技术和商业的战场上成了落伍者、失败者。

可是，现实和理论分析又告诉人们：奇兵和奇袭绝不等同于胜利和成功，因为奇兵和奇袭也可能遭遇失败。创新可能成功也可能失败。"虽然人们逐渐认识到，创新是企业获得竞争优势的有力手段，同时也是巩固企业战略位置的可靠途径，但是我们必须认识到创新与企业的成功没有必然的联系。在产品创新和工艺创新的历史中不乏失败的例子，有些例子中甚至造成了惨痛的结果。"例如，关于"铱星"和"协和式飞机"的"创新"就是经常被谈到的失败典型。必须注意："成功者常常是开拓者，但多数开拓者却失败了。""开拓本身就有风险性，但没有必要冒愚蠢的风险。"①

在工程创新活动中，战争隐喻给我们的基本启发就是创新者必须知己知彼，知败知成；察势谋划，妙用奇正；突破壁垒，躲避陷阱。

四、战争隐喻的局限性

对于战争隐喻，我们不但应该承认其合理性和启发性，而且必须注意它也有任何隐喻都难免的局限性，特别是要注意避免战争隐喻可能产生某些严重的误导。在这个问题上，最严重并且最容易出现的误导是在认识行动目标和处理"竞争与合作"问题时可能出现的误导。

《创新管理》中说："军事隐喻可能会产生误导。企业目标与军事目标不同；换句话说，企业的目标是形成一种独特的能力，以使它们能比竞争对手更好地满足消费者的需求——而不是调动充足的资源消灭敌人。过多地关注'敌人'（例如企业竞争者），可能会导致战略过分强调形成垄断资源，并以

---

① 笛德等：《创新管理》，清华大学出版社，2004年，第1、15、16、80页。

牺牲可获利的市场和满足消费者需要的承诺为代价。"①

一般地说，战争双方是"纯对抗"而"无合作"的关系，战争的结果是一定要分出胜负。在博弈论中有所谓零和博弈：胜方所得为"正"而败方所得为"负"，正负相加，双方所得的总和是"零"。如果说在零和博弈中还有一方所得为"正"，那么在现实社会的军事战争中简直还存在着双方皆输——甚至同归于尽——的情况，对于这种情况我们简直要把它命名为"双负博弈"了。

在市场竞争中，虽然这种零和博弈或双负博弈的情况也是存在的甚至可以说是屡见不鲜的，可是，由于市场竞争毕竟不完全等同于军事方面的战争，两者在对立的性质和类型方面都有很多不同，于是，市场竞争的性质常常就不再是零和博弈或双负博弈，而可能出现"双赢"结果了。

由于市场竞争的基本目标不是"消灭对方"，市场竞争常常可能出现"双赢"结果，于是，在创新活动和市场竞争中，在应该如何认识与处理竞争与合作这个问题上往往便不能简单套用战争隐喻了。

在市场和创新活动中，关于应该如何正确认识和处理竞争与合作的关系是一个很复杂的问题，任何绝对化、简单化的想法和做法——无论是片面强调合作还是片面强调竞争——都是不对的。

在这个问题上，由于市场活动中存在竞争关系，同时也由于受传统观念和战争隐喻的影响，传统的思想观念往往强调竞争双方必然一胜一负，把创新活动和商业竞争看做是"胜者为王，败者灭亡"的战争。可是，由于实践和理论的新发展，这种传统观点在实践上和理论上都受到了挑战。从理论方面看，值得特别注意的就是"双赢"和"竞合"观念的出现，在策略思想方面就是从突出"寻找诀窍（know-how）"的重要性发展到突出"寻找合作者（know-who）"的重要性。

在第二次世界大战之后，日本企业的崛起引起了全世界的瞩目。日本企业在不长时间内在许多领域都超过了原先曾经不可一世的西方大企业。日本企业成功的经验何在呢？瑞典学者哈里森通过对日本企业——以佳能、索尼和丰田为代表性案例——的深入调查研究，认为日本企业成功的关键因素是

---

① 笛德等：《创新管理》，清华大学出版社，2004年，第1、15、16、80页。

它们进行创新时"不再只限于'掌握技术诀窍',而是取决于'寻求合作者'。"哈里森说:"公司要保持发展势头并能快速响应市场变化,就应该把重点从内部专业化转移到通过合作关系来学习。"①

如果说这个关于强调并突出"寻求合作者"重要性的观点还只是实践经验的总结和主要涉及了策略层面的问题,那么,美国学者关于"竞合"(co-opetition)② 概念的提出就是在理论领域和观念水平对传统观点所提出的挑战了。"竞合"这个概念是耶鲁大学管理学院教授内勒巴夫和哈佛商学院教授布兰登勃格提出的,他们在其另辟蹊径的著作《竞合》中对竞争和合作关系进行了新的分析和阐述。在该书"中文版序言"中,内勒巴夫和布兰登勃格说:"让我们从认清商业不是战争开始!一个人不必击败其他人才能取得成功,当然商业也不是和平。在竞争客户时冲突难以避免。商业既不是战争也不是和平,商业是战争与和平。因此商业的战略需要同时反映出战争的艺术与和平的艺术,而不只是战争的艺术。"③ 许多人都高度评价了竞合模式,认为这是近年来最重要的商业观点之一,特别是在当前的网络经济中,竞合更成为了开发新市场的强大利器。

与"竞合"概念相呼应,洛根和斯托克司提出了"合作竞争(collaborate for compete)"这个类似的概念。洛根和斯托克司认为:"通过合作实现知识共创与共享,已经成为当今组织走向成功的关键。但遗憾的是,大多数商界人士并不具备合作的意识,他们只考虑如何竞争。在如今这个以网络相连的世界中,这种普遍心态构成了人们从事商业活动的主要障碍",应该认识到在当前这个"合作时代","合作是缺省环节","只有通过合作,通过知识的共享与共创,一个组织才能够将其所有成员、客户、供应商和商业伙伴共同拥有的全部知识发挥到极致。"④

综上所述,对于战争隐喻,一方面,需要认识其启发性,努力从战争隐喻中汲取灵感和智慧;另一方面,又要认识到这个隐喻存在一定的局限性,应该努力避免由于这个隐喻而进入某些思想上的误区。

---

① 哈里森:《日本的技术与创新管理》,北京大学出版社,2004年,第7页(作者的"致谢")。
② 这个英文新词也有人——包括该书中译本译者——翻译为"合作竞争"。
③ 内勒巴夫、布兰登勃格:《合作竞争》,安徽人民出版社,2000年,"中文版序言"第1页。
④ 洛根、斯托克司:《合作竞争》,华夏出版社,2005年,第1、3、6页。

略论社会实在

——以企业为范例的研究*

本文的主题是讨论社会实在（social reality），而讨论的基本进路则是运用范例分析的方法。希望通过对企业这个范例的分析而得出一些有关"社会实在"的重要观点。这些观点在"变通"后可以用于解释其他社会实在现象。

一、从本体论个人主义和整体主义的争论谈起

企业是"集体方式"的存在而不是"个人方式"的存在。可是，关于"是否可以承认企业等形式的集体是一种社会实在"，在西方的经济学、社会学、法学、哲学等领域中成为一个长期争论不休的问题。

如果说在中国文化传统中，承认"集体"也是实体性存在并不是一个突出问题，那么在西方文化传统中，情况就截然不同了：由于西方文化传统中存在着一种只承认个人是实体的强大的思想传统，所以，关于"是否可以承认群体也是一种社会实在"就成为一个有激烈争论的理论问题。争论的焦点是：究竟应该在方法论个人主义（methodological individualism）和方法论整体主义（methodological holism）的争论中站在哪一边。

---

　*　本文原载《哲学研究》，2009 年第 05 期，第 104～110 页。

卢瑟福曾经在其他学者有关概括的基础上，对方法论整体主义和方法论个人主义的基本观点进行了如下的概括：

> 方法论个人主义的关键假设可以概括为三项陈述：①只有个人才有目标和利益（请特别注意这个观点——引注）；②社会系统及其变迁产生于个人的行为；③所有大规模的社会现象最终都应该只考虑个人，考虑他们的气质、信念、资源以及相互关系，并加以理论解释。而方法论整体主义可以总结为：①社会整体大于其部分之和；②社会整体显著地影响和制约其部分的行为或功能；③个人的行为应该从自成一体并适用于作为整体的社会系统的宏观或社会的法律、目的或力量演绎而来，从个人在整体当中的地位（或作用）演绎而来。[①]

从性质上看，方法论个人主义和方法论整体主义的争论涉及社会科学和社会哲学的最基本的理论基础、观点；二者的争论绝不仅仅是方法论层面的争论，而是深入到本体论领域。因此，有些学者也径直使用本体论个人主义和本体论整体主义这两个术语。

长期以来，在本体论个人主义和本体论整体主义的争论中，不但现代西方经济学主流派坚定地站在本体论个人主义一边，而且许多西方哲学家和社会学家也都站在本体论个人主义一边，只有数量较少的学者站在整体主义一边。总体而言，本体论个人主义观点明显地在西方学术界占据了优势地位。

从西方经济学界的历史和现状来看，凡勃伦等"老制度主义者"——作为西方经济学中的一个异端学派——曾经大力主张整体主义。可是，当"新制度主义"崛起后，其方法论主张就"皈依"方法论个人主义了。卢瑟福说："正像整体主义是 OIE（老制度经济学）公开自称的方法论一样，个人主义是 NIE（新制度经济学）公开自称的方法论。"[②] 这种立场上的变化不但是西方主流经济学势力强大的反映，而且也反映了西方社会科学界中方法论个人主义"阵营"之"难以撼动"。

---

① 卢瑟福：《经济学中的制度》，中国社会科学出版社，1999年，第38页。
② 卢瑟福：《经济学中的制度》，中国社会科学出版社，1999年，第52页。

本体论个人主义和本体论整体主义之争的核心是如何认识和解释"我"与"我们"的关系。在这个问题上，塞尔和图莫拉等学者虽仍然坚持本体论个人主义立场，但提出了一些重要的新观点，特别是塞尔提出了"社会实在"这个新概念，这就使得我们能够以"社会实在"这个新范畴为核心而分析一系列相关问题。

二、西方学者关于"社会实在"和"我们-模式"的观点

塞尔在《社会实在的建构》中提出了许多新观点和新思路。他认为应该区分原始事实（brute facts，有人译为"无情事实"）和制度事实。前者的存在不需要以人类的意向性、语言和制度（institutions）为前提（如山脉、分子和星云），而后者却是以人类的制度为前提的（如钞票）；前者是不依赖观察者的现象，后者是依赖于观察者的现象。[①] 塞尔认为，制度实在是社会实在的一个子类，所以他也常常连称"社会和制度实在"（social and institutional reality）。

塞尔认为可以运用三种概念工具（指派功能、集体意向性和构成性规则）来分析社会实在，认为"社会实在"就是"在情景 C 中 X 看做是 Y"。[①] 在塞尔的理论体系中，对集体意向性问题的分析是一个关键。在方法论个人主义和方法论整体主义的争论中，集体意向性问题常常成为一个磨刀石和试金石。

从理论上看，本体论个人主义之所以能够在学理上占据优势，其最重要的原因之一就是其倡导者提出了一个乍看起来似乎无法反驳的论点：只有个人才有目标和意图。

虽然方法论整体主义者在分析和研究集体问题时，普遍承认集体也具有"集体本身"的目标和意图，可是他们往往满足于径直把这个观点当做一个

---

① Searle J R. Social ontology and the philosophy of society. In：Lagerspedz E，Ikaheimo H，Kotkavirta J. On the Nature of Social and Institutional Reality. SoPhi University of Jyvaskyla，2001：18、22.

自明的理论前提，而没有能够从理论上进行精致的论证和阐述，特别是没有能够成功地反驳"只有个人才有目标和意图"这个方法论个人主义的核心论点。

究竟是否"只有个人才有目标和意图"，而不可能存在所谓"集体目标和意图"呢？在这里，必须特别注意的一个重要语言现象就是：人们在语言交流中普遍使用了"我们的目标"或"我们的意图"这种表示集体意图的话语方式。那么，应该如何分析和解释这种语言现象呢？

塞尔问："如果所有我拥有的意向都在我的头脑中，并且所有你拥有的意向都在你的头脑中，那么，怎么可能存在集体意向性这种东西呢？"[①] 换言之，所谓"我们的意图"是什么意思呢？

方法论个人主义提供的解释方案是，把集体意向性还原为个人意向性：所有"我们的目标"或"我们的意图"，都必定是存在于作为个体的"我的大脑"或"我的思想"中的东西；它们可以还原为——而且必须还原为——若干不同的个体的大脑中都存在着的"我意想并且相信'你相信我也意想并且相信……'"的想法。[①]

在方法论个人主义者看来，如果不承认这种把集体意向还原为个人意向的方法论个人主义的解释，就要走向承认存在着某种漂浮在个人精神之上的"超级精神"，而当代绝大多数学者都不承认存在某种漂浮在个人精神之上的黑格尔式的世界精神或超级精神。

塞尔坚决反对上述还原论观点和解释，与其相对，他提出了一种关于"集体意向性"的新观点和新阐释。

塞尔认为：

> 正像我们可以在你的大脑和我的大脑中有第一人称单数形式的意向性一样，我们完全可以在你的大脑和我的大脑中有同样多的第一人称复数形式的意向性。
>
> 方法论个人主义的假设一直是：或者你把集体意向性还原为第一人称单数，即"我意图"，否则你就不得不假定有集体的世界精

---

① Searle J R. The Construction of Social Reality. London：The Penguin Press，1995：25、26.

神和其他种种完全令人讨厌的形而上学赘疣。

塞尔批评了这种观点，认为个人"具有许多第一人称复数形式的意向性"。①

塞尔又说：

> 集体意向性是一种生物学上的原始现象，它不可能被还原为其他什么东西或被排除以支持什么其他东西。我所看到的所有那些把"我们意向性"（We intentionality）还原为"我意向性"（I intentionality）的企图都是证明还原不成功的反例。

> "我意识"（I consciousnesses）的集合，甚至再加上信念，并不意味着一种"我们意识"（We consciousnesses）。集体意向性的关键要素是一种共同做（需要、相信等）某事的感觉，而每个人所有的个体意向性派生于他们共同享有的集体意向性。②

塞尔观点的核心是强调不能用还原的观点和方法认识和处理第一人称单数（我）和第一人称复数（我们）的相互关系，主张"集体意向性"是原始现象而不是派生现象。

塞尔以提出"集体意向性"和对"社会实在"的新解释而使人耳目一新，图莫拉则以提出"集体接受"概念（collective acceptance）和认为必须区分"我们-模式"（We-mode）和"我-模式"（I-mode）③而引人注目。

图莫拉认为许多社会现象具有集体性的特征。集体性通过集体接受（collective acceptance）被建构出来：

> 一个句子 s 在一个团队（group）g 中在基本的建构主义的意义上是社会的，当且仅当以下所述对团队 g 是真的：（a）团队 g 的成员集体接

---

① Searle J R. Social ontology and the philosophy of society. In：Lagerspedz E，Ikaheimo H，otkavirta J，On the Nature of Social and Institutional Reality，SoPi University of Jyvaskyla，2001：26.

② Searle J R. The Construction of Soical Reality. London：The Penguin Press，1995：24～26.

③ Tuomela R，The We-mode and the I-mode. In：Schmitt F F，Socializing Metaphysics：The Nature of Social Reality，Lanham：Rowman & Littlefield Publishing，2003：93.

受 s，并且（b）他们集体接受 s 当且仅当 s 是能够正确地主张的。

图莫拉指出：在以上分析项中（a）是断言的（categorical）集体接受 s 的假设，而从句（b）则是在他的具体分析条件下所需要的那种集体接受类型的部分特征。

图莫拉通过"集体接受"以及与其密切联系的"集体目标"、"集体态度"、"集体承诺"等概念，指出在研究和分析社会现象时，存在着两种不同的模式——"我们–模式"和"我—模式"。在前者中，个人是团体的一个成员，而在后者中，个人仅仅是一个"私人"（a private person）而已。"我们–模式"不能还原为"我–模式"。

图莫拉说：

> 我们–模式的集体承诺可以以主观承诺（只包括个人的规范性思想）和关于其他的信念为基础，也可以是个人之间的承诺（包括个人之间的规范和规范性思想），它也可以是客观承诺，即基于客观规范，在认知上对任何人都有效地在公共空间（the public space）中的承诺。[①]

塞尔和图莫拉等学者的观点反映出西方学者在对社会实在的研究中取得了重要进展。他们的许多观点对于我们深入认识社会实在范畴是很有帮助的。

三、企业："三位一体"的"社会实在"

"社会实在"是社会哲学和一切社会科学的基本理论问题。塞尔在分析社会实在问题时，常用的范例是钞票，图莫拉常用的范例则是在芬兰曾经发挥过货币作用的松鼠皮。他们更加关注的是交换关系和意向性关系。而本文则更加关注生产活动中的人际关系和社会实在问题，所以本文选取企业这一现代工程和生产活动的"细胞"作为分析范例。

---

① Tuomela R. Collective acceptance, social institutions, and social reality. In: Koepsell D, Moss L S. John Searle's Ideas about Social Reality, Oxford: Blackwell Publishing, 2003: 133.

社会实在不是"天然存在"的，而是人为建构出来的。"社会实在"与"自然实在"的一个基本分野就在于：前者是渗透了意向性的实在，而后者是不带意向性的实在。所以，对社会实在的研究离不开对意向性问题的研究。

由于社会性活动往往是集体性的活动，而集体是由个体组成的，因而如何认识和解释"个人"和"团体"的关系，就成为研究社会实在的关键问题。

约翰森批评塞尔的理论是一种与莱布尼兹相似的单子论观点。他说：

> 在塞尔的非还原唯物主义本体论中，我们的精神——而不是我们的身体——正像在莱布尼兹的唯心主义本体论中一样，自我封闭地（sel-fenclosed）出现。按照塞尔的观点，既然精神是在空间上封闭在大脑中的并且两个大脑不能在同一时间位于同一地点，那么两个精神也不能在同一时间位于同一地点。按照莱布尼兹的观点，全世界就是单子们的一个集合。按照塞尔的观点，全部社会世界就是存在于大脑中的分散的意向状态的复数存在（scattered plurality）。既然塞尔认为社会实在是相对于观察者的，他就不得不以和看待所有其他精神现象同样的方式看待社会事实，并且是将其视为仅仅在我们的头脑中的存在。①

笔者认为，约翰森对塞尔的批评抓住了要害。

虽然笔者赞赏塞尔和图莫拉的许多具体分析和观点，但不赞成他们的方法论个人主义立场。本文认为：为了更全面和更深刻地认识和解释社会实在范畴，我们应该在接受塞尔和图莫拉的某些观点、扬弃他们的另外一些观点的同时，再"补充"若干被他们忽视的新观点。根据这个思路，本文将提出并简要阐述一种关于契约制度实在、角色结构实在和物质设施实在"三位一体"的"社会实在"观点。

1. 契约制度实在

古代哲学家没有特别注意制度（institution）问题，在传统的哲学理论

---

① Johansson I. Searle's monadological construction of social reality. In：Koepsell D，Moss L S. John Searle's Ideas about Social Reality，Oxfrod：Blackwell Publishing，2003：247.

中，不存在"制度实在"这个概念。可是，由于塞尔等学者的工作，制度实在（institutional reality）目前已经成为一个热门讨论话题。

塞尔在《社会实在的建构》中分析了有关制度事实和制度实在的许多问题。他指出：制度事实不同于无情的物理事实，制度事实的创造、存在或成立，需要以人的集体认可、接受、承认、相信作为条件。例如，作为制度事实的货币就只在有人相信和接受它是货币时，才是货币。"在这个意义上，所有制度性事实在本体论上都是主观的，尽管一般地说它们在认识论上是客观的。"他又说："恰恰只有一种据以创造和构成制度性实在的原始逻辑运算，它有以下的形式：我们集体接受、承认、认可、赞成，'S有权力（S做A）'。"①

不同类型的"共同体"（如家庭、企业、国家等）有不同类型的制度特征。在研究企业的制度关系时，有些经济学家特别强调契约制度的作用。在现代经济学中，"科斯首开企业契约理论之先河，认为企业由一系列的契约构成。"在企业契约的理论框架中，"企业乃'一系列契约的联结'（nexus of contracts）（文字的和口头的，明确的和隐含的）。"② 在企业的契约理论这个基本理论框架中，西方经济学家已经提出了委托-代理理论、交易成本理论和非完全契约理论等具体的经济学理论。据此可以认为，与体现血缘关系的家庭制度比较而言，企业制度实在的基本特征就是表现为一种"契约制度实在"。

企业作为一种契约制度实在，其具体内容不但包括了经济方面的制度和契约，而且包括了相应的政治、社会、文化、技术等其他方面的制度和契约；不但包括书面的规章制度和许多口头的和隐含的约定，而且包括成为这些规章制度和口头约定的基础或前提的契约各方在某种程度上的共同目标、共同意愿。应该承认，这种共同目标和意愿的具体内容、性质、功能和表达形式，在不同情况下必然会有许多变化，甚至是很大的变化：在有些情况下，它可以表现为企业章程中明确规定的共同目标等；而在另外一些情况下，它也可以表现为默契形式的通过分工、交换、配合而实现的最低限度的

---

① Searle J R. The Construction of Social Reality. London：The Penguin Press，1995：63.
② 王国顺等：《企业理论：契约理论》，中国经济出版社，2006年，第20页。

共同目标等。虽然从表面上看，在某些情况下，似乎没有共同目标等可言，但如果进行深层次的分析，可以发现，企业的成员间仍然存在着某种"最低限度"的共同目标等。实际上，如果没有某种最低限度的共同目标等，任何制度都是不可能被制定出来的，任何契约都是不可能达成的。

根据以上分析，"契约制度实在"构成"三位一体"的"社会实在"的第一个"位格"。

2. 角色结构实在

企业是由个人（"自然人"）组成的集体，是一种特殊类型的社会共同体。个人无疑是社会活动的主体。离开了单个的个人，任何企业都不可能存在。可是，如果仅仅有许多孤立的个人分散地同时存在，那么即使他们偶然地有了协同性的行动（如大街上的许多行人偶然地向同一方向走动），也并不意味着形成了一个"共同体"的"实在"。那么，从哲学、政治学和经济学观点来看，"单个的个人"和"集体中的个人"有何区别呢？

一般地说，在没有结合成为共同体的时候，那些不同的个人在发生相互关系时，在政治和经济上被认定为"同质"的个人，更确切地说，是具有"异质发展潜力"的"同质"的个人。可是，在形成一个企业的时候，由于企业必须是一个有内部分工的集体，这就出现了必须对不同的个人进行合理分工的要求。分工之后，原先的"同质"的个人变成了占据"某个特定工作岗位"的个人，于是，不同的个人也就不再是"同质"的个人，而是企业共同体中"异质"的个人了。

当某个个人进入一个企业共同体时，该共同体必须分配给他一个特定的岗位，赋予他与此岗位相应的岗位权利，享受相应的利益；同时，他也必须"承诺"成为该共同体的一个"成员"，履行与此岗位权利相应的岗位职责和义务。于是，一个具有全面潜力的个人在企业共同体中变成了特殊的"角色"。由于岗位分工的不同，不同的岗位承担不同的岗位责任，这些责任不是来自个人的特质或能力，而是来自企业共同体的整体分工的需要、岗位的设计和岗位契约的规定。

一般地说，对于一个个人来说，他的"个体自性"或"个体本性"在不同环境中是没有本质变化的，"个体自性"或"个体本性"不因他成为企业共同体的不同成员而有不同。可是，当他占据不同岗位、具有不同的角色位置的时候，他的岗位责任和"角色"性质却是必然要发生变化的。造成这种变化的主要原因不在个人本身，而是来自作为集体实在的企业共同体。对于这种社会现象，社会学中的角色理论和经济学中的分工理论都已经给予了许多分析和解释。

如果说角色理论和分工理论的重点在某种程度上还是放在个体身上，那么在"角色结构"的概念中，其焦点就转移到企业共同体中诸多个人的"整体性"和"系统性"了。

任何企业共同体都要表现为一定的角色结构系统和岗位分工体系。如果不能在最低程度上形成一定的"角色结构系统"，而仅仅有一群凌乱的个体，那是不可能成为一个有实际工程能力的共同体的。如果仅仅存在许多没有一定角色结构的个人，如果那些个人没有进入一定的角色岗位并且形成一个"系统"，那就只存在着"个人实在"，而不存在"集体性的社会实在"。根据以上分析，笔者把"角色结构实在"看做是"三位一体"的企业这种"社会实在"的第二个"位格"。

3. 物质设施实在

"物质设施实在"可谓企业这种"社会实在"的第三个"位格"。许多西方学者在认识和解释社会实在范畴时，普遍地忽视了"物质设施"、"物质基础"、"物质条件"方面的问题。虽然已经有不少西方学者提出必须特别注重从关系论进路研究社会实在问题，但他们往往仅注意思想、意识、语言等领域或方面的关系性问题，而几乎完全忽视了物质条件和物质设施方面的关系性问题。

作为"社会实在"，企业绝不仅仅是"符号"、"意识性"或"语言现象"的"社会实在"。对于那些从事工程和物质生产活动的企业来说，不但需要有办公室、办公设备，而且需要机器设备、劳动工具、各种原材料等。如果没有一定的生产工具、机器设备等生产资料，企业是不可能进行工程活动的。

马克思说："劳动资料的使用和创造，虽然就其萌芽状态来说已为某几种动物所有，但是这毕竟是人类劳动过程所独有的特征，所以富兰克林给人下的定义是（a toolmaking animal），制造工具的动物。"① 如果说在古代社会中，工程活动（如建筑长城）中所使用的主要是手工工具，那么，在工业时代，工程活动中所使用的主要生产工具就是各种机器了。

在现代社会中，企业（这里主要指从事生产和工程活动的企业）的直观形式或直观表现就是具体的厂房、机器设备、流水线、施工工地等。这些东西都不是思想性的东西，而是物质形式的东西。在这些物质性的东西中，虽然不能排除有一些是属于自然形式的物质，但绝大多数属于人工物。如果使用马克思主义哲学的术语，这些相关物质或人工物的主体部分或基本内容就是生产资料。

在认识和把握企业的实在性的时候，我们可以把有关的机器设备、工地、厂房、办公场所等等，统称为"物质设施实在"。马克思说："各种经济时代的区别，不在于生产什么，而在于怎样生产，用什么劳动资料生产。劳动资料不仅是人类劳动力发展的测量器，而且是劳动借以进行的社会关系的指示器。"①马克思的这段话明确地告诉我们，不但必须分析和研究人与人的语言关系、意向性关系，更要分析和研究依赖于"物质设施实在"的人与人的相互关系。

4. "三位一体"的社会实在

社会实在是一个内涵复杂的概念。上面谈到了以企业为范例的社会实在的三个"位格"或三个"基本方面"。这三个"位格"或三个"基本方面"不是互不关联的，而是相互渗透、相互作用、相互影响的；它们密切结合在一起，使企业共同体成为一种"三位一体的社会实在"。例如，对于使用流水线工艺生产汽车的企业来说，这个作为集体性社会共同体的企业不但意味着一定的契约制度结构，而且意味着各种角色岗位设置和一定的角色岗位结构系统，还意味着一定的物质设施实在（生产流水线等）。这三个方面相互渗透、联结为一体，于是，企业就成为契约制度实在、角色结构实在和物质设施实在"三位一体"的"社会实在"。在这个"三位一体"的"社会实在"的关系和结构中，不但任何一个"位格"都是不可缺少的，而且三者的互动

---

① 马克思：《资本论》第1卷，人民出版社，1978年，第204页。

关系构成其中最重要、最本质的内容。

四、社会实在的"社会认同"和"社会识别"

个人实在和集体实在是两种不同类型的实在或实体。从语言表现上看，个人实在或"实体"就是"我"、"你"、"他"，而集体性的社会实在就是"我们"、"你们"、"他们"。

对于自然人主体来说，其主体的实在性问题和实体存在性问题是自明的，除非在特殊的情况下，一般地说，不会发生对个人形式的主体（实体）的"身份认同"的问题。可是，对于集体性的社会存在来说，情况就大不一样了。在这里，对于集体性的社会实在的"集体身份"的"社会认同"和"社会识别"，是一个突出的和关键性的问题。

对于企业这样的集体性社会实在来说，"社会认同"的核心是"集体成员"对"成员身份"和"集体的整体性"的认同问题。而"社会识别"的实质则是"他人"对"特定实体"的"外部识别"方面的问题——特别是社会中的"其他集体"和"其他成员"对"该集体"的"集体社会身份"或"团体资格"的"识别"或"承认"的问题。对于共同体内部的成员来说，社会认同问题的焦点是"该共同体的成员"对该共同体目的、集体意向、制度的"接受"和对于"自身角色分配"的"接受"和"承诺"问题。而对于其他社会团体和共同体的外部人员来说，社会识别问题的焦点是其他的社会团体和共同体的外部人员对"该共同体"作为一个"三位一体的社会实体"及其"角色结构"的"承认"问题。总而言之，对于工程活动共同体的社会认同和社会识别来说，其核心问题是对于工程活动共同体的"社会接受"、"社会承诺"和"社会承认"问题。

尽管塞尔、图莫拉等西方学者在"社会认同"、"集体意向"、"集体接受"、"集体承诺"、"集体态度"等问题的研究中已经取得了许多进展，可以帮助我们分析许多问题。但要把这些概念运用到对企业共同体的社会认同和社会识别问题上，还有许多深入的工作要做。

在社会认同和社会识别问题上，必须承认：①在其基本含义上，自然人是不需要经过别人的认同就天然存在的，而企业共同体却不是天然的存在，它必须通过"社会承诺"、"社会认同"和"社会识别"才能"取得"自身的实在性;②在社会认同和社会识别的程度和方式方面常常会出现很大差异和变化。限于篇幅,对于这些方面的问题本文就不再深入分析了。

工程哲学的兴起及当前进展

——李伯聪教授学术访谈录*

成素梅（以下简称**成**）：李老师，您好。许多年前，您开始了工程哲学的开创性研究工作。在中国工程院、中国自然辩证法研究会和许多学者的大力推动下，我国在工程哲学领域的进展位居国际同行的前列。我国不但陆续出版了有重大影响的学术著作，在学科建设和理论建设方面有了重大进展，而且形成了人数不断扩大的研究队伍，建立了专业性学会，出版了专门期刊，召开了"系列化"的全国性学术会议。从理论建设和学科建制方面看，可以认为作为哲学领域一个分支学科的工程哲学已经在十年之内初步形成了。您的《工程哲学引论》是工程哲学领域的第一本系统性理论著作。我国技术哲学的奠基人陈昌曙先生在《哲学研究》发表书评认为这本书是"充满原创性并自成体系的奠基之作"，"它的出版为哲学研究开创了新的边疆"。中国科学院路甬祥院长在这本书的"序言"中称赞这本书是"现代哲学体系中具有开创性的崭新著作"。我很想知道《工程哲学引论》经历了怎样的写作过程？

李伯聪（以下简称**李**）：我是一个兴趣比较广泛的人，往往同时关注若干个不同的方向和领域，但在不同时期对这些领域的"关注程度"和"参与方式"可能有很大不同。例如，在 20 世纪 80 年代，科学哲学是我认真学习

---

* 本文原载《哲学分析》，2011 年 8 月第 2 卷第 4 期，第 146～162 页。

并且发表有关论文的领域，是我的"显性"研究领域；而"工程哲学"则是我的"潜入式"研究方向和领域。我在这个方向的学习、思考和探索上花费了大量时间和精力，并且于20世纪80年代中期分别在两个学术会议上提交了两篇会议论文——《论实践理性》和《论"工程论"及其在哲学中的地位》，但这两篇文章都没有公开发表。1988年，我出版了一本字数仅有六万的小册子《人工论提纲》①，扼要地阐述了我在这个方向上的一些新思考和新观点。虽然同年第5期《哲学动态》就编发了《人工论提纲》（以下简称《提纲》）的主要观点，并且该期杂志在"后记"中对这个研究方向还给予了较高的评价，但我深知这个《提纲》仅是一个开端和萌芽，这个领域还处在"孤掌难鸣"的境地。在写《提纲》时，我已经决定要继续努力，写出一本更系统、更深入的学术著作。其后的一年中，我撰写了"未来新书"中关于"哲学史回顾"和"计划决策"部分的书稿。可是，当需要继续分析"工程运作和实施"问题时，我强烈感到在理论上遇到了拦路虎，难以提出新观点，写不出新意，同时外部环境也使心境难以静下来，就暂时中止了这部书稿的写作。以后的八九年中，我的"显性"研究领域变成了经济哲学，特别是花费了许多精力学习、思考和研究制度经济学中的哲学问题（如有关"制度"、"规则"、"风险"的哲学问题），发表了一些经济哲学领域的论文。但工程哲学一直是我深刻萦怀于心的"潜入式"研究方向和领域，甚至可以说，我研究经济哲学的根本目的不在经济哲学本身而是要用其为工程哲学服务。1993年，我发表了《我造物故我在——简论工程实在论》② 一文，不但明确提出了"我造物故我在"这个哲学箴言，并且明确提出需要把"工程哲学"作为一个新领域进行研究。1995年，我又发表了《努力向经济哲学和工程哲学领域开拓——兼论21世纪的哲学转向》③ 一文。在那时，经济哲学在国外已经是一个堪称"成型"的有较大影响的研究领域，而工程哲学则无论在国内还是在国外的哲学界都还仅仅是一个位于"边缘的边缘"的研究"课题"。虽然在那篇文章的题目中赫然突出了我对工程哲学未来前景的展望，

---

① 李伯聪：《人工论提纲》，陕西科学技术出版社，1988年。
② 李伯聪：《我造物故我在——简论工程实在论》，《自然辩证法研究》，1993年第12期。
③ 李伯聪：《努力向经济哲学和工程哲学领域开拓——兼论21世纪的哲学转向》，《自然辩证法研究》，1995年第2期。

但那篇文章的实际内容却主要是谈经济哲学而几乎没有涉及工程哲学。既然对我而言，研究经济哲学在很大程度上仅是研究工程哲学的"曲折路径"或"学术跳板"，于是，当我在经济哲学领域"曲折前进"了将近十年后，在我感到已经有力量对付那些原先无力对付的"学术拦路虎"时，我便"回到"了《工程哲学引论》的写作上，并终于在2002年7月出版了这本书。

回顾写作这本书的漫长历程，我在该书"绪论"中感慨万千地说："本书是作者长期坐冷板凳的产物，本书的大部分章节中都或多或少地有作者自己的某些创新性思考，有某些发前人之所未发之处。"① 2002年初，当我把这本书即将出版的基本情况告诉陈昌曙教授后，他主动写信给我表示要为这本书写书评。于是，我在该书校样到手后，便复印了一份给他，而陈昌曙教授便根据校样写了书评，发表在《哲学研究》2002年第10期上。尽管这本书当时便受到了路甬祥院长和陈昌曙教授的高度评价，但我在那时却没敢预料工程哲学在其后的不长时间内会有那么快的发展。说实在话，即使后来出现这本书"无声无息"、没有人关注的情况，我也是有足够思想准备的。

成：工程哲学是扎根工程实践的哲学，而绝不是象牙之塔中的哲学。能否得到工程界——首先是工程师——的认可和积极参与，应该成为检验工程哲学生命力的最关键的标准之一。《工程哲学引论》出版后，工程哲学迅速在工程界得到强力反响，并且很快地在我国形成了工程界和哲学界共同研究工程哲学的形势，逐渐形成了"工程界和哲学界的联盟"。您能谈谈这方面的具体情况吗？

李：为了推动工程哲学的发展，中国科学院研究生院于2003年6月成立了"工程与社会研究中心"。同年11月，中国自然辩证法研究会在西安交通大学召开了一次全国性的工程哲学研讨会。会后，我把《工程哲学引论》赠送给中国自然辩证法研究会副理事长殷瑞钰院士，又请殷院士转送一本给中国工程院院长徐匡迪。出乎我的意料，徐匡迪院长和殷瑞钰院士都非常重视工程哲学。据殷瑞钰院士（时任工程院管理学部主任）讲，徐匡迪院长立即明确指示管理学部要把工程哲学作为一个工作亮点抓起来，要下力气抓出成绩来。2004年6月，在工程院管理学部召开了一次小型的工程哲学高层研

---

① 李伯聪：《工程哲学引论》，大象出版社，2002年，第1页。

讨会。殷瑞钰、陆佑楣、王礼恒、张寿荣、汪应洛、何祚庥、张彦仲等多位院士和科技哲学界的专家李惠国、丘亮辉、胡新和、赵建军、肖峰、我和朱菁等参加了研讨会。徐匡迪院长亲自到会并且发表了时间长达一个小时的重要讲话。徐匡迪院长说："工程哲学很重要，工程里充满了辩证法，值得我们思考和挖掘。我们应该把对工程的认识提高到哲学的高度，要提高工程师的哲学思维水平。"他强调指出，工程创新和工程建设需要有哲学思维。他还对工程中的一些辩证法问题进行了精辟的分析。① 事实证明，这次座谈会为我国工程界和哲学界的联盟奠定了一个高水平的起点。

建立和发展工程界和哲学界"联盟"的过程是双方互相学习、互相切磋、共同探索、共同提高的过程。如果说，自然辩证法研究会工程哲学专业委员会（其成员由工程界和哲学界两方面的人员组成）的成立为我国工程界和哲学界的联盟提供了"组织"和"制度性"的重要条件，那么，中国工程院立项研究"工程哲学"的过程就成为了建立一种具体的"联盟方式"和树立一个"联盟范例"的过程。2004 年，中国工程院立项研究工程哲学（课题负责人殷瑞钰）。不但课题组成员体现了"工程界和哲学界联盟"的精神，更重要的是课题研究过程成为了工程专家和哲学工作者互相学习、相互交流、相互研讨、共同提高的过程。在这个过程中，工程专家逐步提高了哲学思维水平，学习和熟悉了许多原来不熟悉的"哲学语言"和"哲学语境"；而哲学工作者则逐步提高了对"工程思维"的认识，学习和熟悉了许多原来不熟悉的"工程语言"和"工程场景"。在课题研讨之初，双方都感到彼此之间的"语言"、"场景"和"思维习惯"有某种程度的隔膜，而经过数年的相互学习和相互切磋之后，双方开始逐渐地形成了共同语言，并有了某种"心灵相通"的感觉。这本书的研究和写作采取了个人执笔、集体讨论、开放讨论、反复修改的方式，经过三年中多次讨论、修改，最后于 2007 年出版了《工程哲学》一书。徐匡迪为该书写了"工程师要有哲学思维"的"序言"。

这本书在"后记"中说，其基本思路是："从工程活动实践出发，建立

---

① 赵建军：《工程界与哲学界携手共同推动工程哲学发展》，见杜澄、李伯聪，《工程研究——跨学科视野下的工程（第 1 卷）》，北京理工大学出版社，2004 年。

工程师、哲学家、工程管理学家等相关专业人士的联盟，针对工程实践中的哲学问题进行对话，碰撞出思想的火花，进而扩展工程与哲学的'交集'，推动工程哲学学科的建立与发展，进而扩展工程与哲学的'并集'，一方面丰富哲学的内容和促进哲学本身的发展，另一方面深化对工程的认识和促进工程实践的发展。"① 正是依靠这种认识和经验，这才使《工程哲学》提出了一系列新观点、新认识，大大充实了工程哲学的内容，集中概括出了关于工程哲学的"十个基本观点"，集中分析、阐述了有关工程本质和特征、工程思维和工程方法论、工程理念与工程观的一系列观点和问题，使之成为了能够基本代表我国工程哲学理论发展水平的著作。

应该强调指出，工程界与哲学界的"联盟"绝不是一蹴而就的事情，而是需要经历一个逐渐深入、长期发展的过程。在《工程哲学》出版后，中国工程院于 2008 年立项研究"工程演化论"（课题负责人殷瑞钰），经过三年多的合作研究和探讨，同名著作计划于 2011 年 7 月出版。《工程演化论》的出版不但标志着工程哲学理论的新发展，而且鲜明地体现了我国工程界与哲学界联盟的持续发展和逐步深化。

对于所谓工程界与哲学界的"联盟"，不但可以有"狭义"的解释，更应该有"广义"的解释和理解，因为体现工程界与哲学界的"合作"和"联盟"的形式和方式可以是多种多样的。

2007 年，金毓荪、蒋其垲、赵世远等出版了《油田开发工程哲学初论》②。这是我国第一本针对一个具体的工程类型——油田开发工程——进行分门别类的工程哲学研究的理论著作，也是一本开拓我国"部门工程哲学研究"先河的著作。其作者都是工作在我国石油开发工程实践第一线的科技工作者和管理工作者，但又都对工程哲学问题有高度的关注和认真的研究。其主要作者金毓荪曾参加大庆石油会战，1978～1986 年任大庆石油管理局副局长，曾兼任采油总工程师。其他作者也都曾长期工作在油田开发工程第一线。《油田开发工程哲学初论》在对油田开发工程的哲学分析中有许多创见，发前人之所未发，令人耳目一新。在该书写作过程中，我曾经多次参加该书

---

① 殷瑞钰、汪应洛、李伯聪等：《工程哲学》，高等教育出版社，2007 年，第 363 页。
② 金毓荪、蒋其垲、赵世远等：《油田开发工程哲学初论》，石油工业出版社，2007 年。

作者组织的讨论会并且为该书撰写了"序言"。《油田开发工程哲学初论》的出版生动地反映了我国工程师对工程哲学的哲学热情、哲学自觉、哲学思维和哲学敏感。

在我国工程哲学发展进程中，中国工程院、中国科学院、中国自然辩证法研究会、有关高等院校教师成为了重要的推动力量。殷瑞钰说："1994 年中国工程院成立后，于 2000 年成立了工程管理学部。管理学部成立后，院士们感到必须加强对工程和工程管理问题的基础理论研究。由于工程活动中必然内在地存在着许多深刻、重要的哲学问题，认识工程活动的本质和规律离不开哲学思维，由此取得了对开展工程哲学研究的共识。工程哲学不是象牙之塔里的玩具，工程哲学必须走进社会，服务于工程实践。基于这种认识，为推动工程哲学的传播和普及，中国工程院工程管理学部组织了工程哲学讲师团分赴一些大型企业（大庆油田、宝钢、三峡公司、中石化等）和北京、上海、沈阳、哈尔滨、天津、南京、唐山、合肥、香港等地的大学举办了专题报告会，产生了热烈反响。"[①]

成：工程哲学最初的研究工作主要借助于技术哲学的"平台"，有关研究论文发表于技术哲学或工程教育类的杂志或文集中。后来，工程哲学才逐步独立发展，引起了愈来愈多的关注。在您看来，工程哲学经历了哪些发展阶段，可以认为它从什么时候才脱离"胚胎期"而成为了哲学的一个分支学科？

李：已经有人回顾和总结了工程哲学的发展历程[②]。大体而言，我国和西方的工程哲学"基本平行"地经历了三个发展时期或发展阶段。20 世纪 80 年代之前（包括 80 年代）是"酝酿期"，20 世纪 90 年代是"萌芽期"，进入 21 世纪之后是"形成和发展期"。

1991 年，在美国出版了作为学术论文集的《非学术科学和工程的批判观察》[③]，该书集中地反映和代表了欧美学者在那个时期对工程哲学的不同观点

---

① 殷瑞钰：《工程院管理学部积极推动工程哲学研究》，《科技日报》，2010 年 12 月 7 日。
② 余道游：《工程哲学的兴起及当前发展》，《哲学动态》，2005 年第 9 期；殷瑞钰、汪应洛、李伯聪等：《工程哲学》，见该书第一章第三节"工程哲学的兴起和发展"（牟焕森撰写），高等教育出版社，2007 年。
③ Durbin P T. Critical Perspectives on Nonacademic Science and Engineering, Bethlehem：Lehigh University Press，1991.

和研究水平。该书是哥德曼和卡特克里夫主编的"技术研究丛书"的第四册。作为整个丛书的主编,哥德曼和卡特克里夫在该书"前言"中说:"这本书中的文章总合起来,确定了一个实际上还不存在的学科——工程哲学——的一些参数。我们希望这些文章将促进一种能够使工程哲学成为正在发展中的技术研究(technology studies)的一个部分的不断进行的对话。"

虽然该书中一些论文的作者——特别是哥德曼和小布卢姆等人——都主张应该开创工程哲学这个新研究领域或分支学科,但杜尔宾作为该书的署名编者,却在该书的长篇序言中仅仅承认并反复阐述需要发展出一种"研究和开发(R&D)的哲学",而只字不谈工程哲学,曲折地透露出——或者说"间接表明"了——他对工程哲学可能成为一个新领域或新分支学科的强烈怀疑甚至反对的态度。

综合分析这本书中所反映出的各位作者对工程哲学的不同观点和态度,我们有理由把这本书看做是当时的工程哲学尚处于"萌芽期"的重要反映和表现。

2000 年,卡特克里夫出版了《理念、机器和价值:科学、技术与社会研究引论》①。作者回顾、分析和总结了 STS 的性质、内容、特征和进展情况,以专节介绍了"科学哲学"和"技术哲学"这两个学科的情况,在附录中列出了"科学哲学"和"技术哲学"这两个学科的参考书目。可是,作者却没有谈到"工程哲学",在该书的附录中,列出的分类目录是"关于工程"(On Engineering),而不是"工程哲学"。这说明,在作者看来当时只存在着可以称之为"关于工程"(On Engineering)的学术领域,而不存在可以被称之为"工程哲学"的领域。

可是,在进入 21 世纪之后,几乎是在"转瞬之间",工程哲学迅速兴起了。首先是我在 2002 年出版了《工程哲学引论》,2003 年,美国学者布希亚瑞利在欧洲出版了《工程哲学》②。2007 年,中国学者和欧美学者分别出版

---

① Cutcliffe S H,Ideas,Machinas,and Values:An Introduction to Science,Technology,and Society Studies,Lanham:Rowman & Littlefield Publishers,2000.

② Bucciarelli L L. Engineering philosophy,Delft:Delf University Press,2003.

了另外两本工程哲学著作——《工程哲学》^① 和《工程中的哲学》^②。

米切姆在回顾技术哲学发展的历史进程时谈到，自 1877 年卡普出版《技术哲学纲要》后，恩格迈尔、席梅尔和德韶尔（1927）又先后出版了自己的以"技术哲学"为书名的著作。出版这四本以"技术哲学"为书名的著作历时共 50 年。^③

可是，如上所述，先后出版四本以工程哲学为书名的著作却只用了五年时间。2007 年，我国还出版了《油田开发工程哲学初论》^④ 和《工程美学导论》^⑤。2008 年，《产业哲学引论》^⑥ 出版。2010 年，《工程十论——关于工程的哲学探讨》^⑦ 和《工程文化》^⑧ 出版。在欧美国家，2008 年出版了《哲学与设计》^⑨，2009 年出版了《场境中的工程》^⑩，2010 年出版了《哲学与工程：一个突现的议程》^⑪。

在此需要顺便讨论的是关于应该如何在工程哲学领域中翻译"context"的问题。*Engineering in Context* 一书把"context"这个概念引入到了工程哲学的分析和研究中，这是具有重要学术意义的贡献。在科学哲学领域，许多人都把"context"翻译为"语境"；而在工程哲学的"语境"中，把"context"翻译为"语境"显然是不合适的，我的初步意见是把"context"翻译为"场境"。值得特别注意的是，由伊波·凡·德·波阿尔和戴维·哥德伯格主编的"工程和技术哲学丛书"正在由国际著名的 Springer 出版社陆续出版。从以上所述学术著作出版情况和前面已经谈到的学术团体、学术活

---

① 殷瑞钰、汪应洛、李伯聪等：《工程哲学》，高等教育出版社，2007 年。

② Christensen S H，Delahousse B，Maganck M. Philosophy in Engineering，Denmark：Academaca，2007.

③ 米切姆：《通过技术思考》，辽宁人民出版社，2008 年，第 27～43 页。

④ 金毓荪、蒋其垲、赵世远等：《油田开发工程哲学初论》，石油工业出版社，2007 年。

⑤ 闫波、姜蔚、王建一：《工程美学导论》，哈尔滨工业大学出版社，2007 年。

⑥ 万长松：《产业哲学引论》，东北大学出版社，2008 年。

⑦ 徐长山：《工程十论——关于工程的哲学探讨》，西南交通大学出版社，2010 年。

⑧ 张波等：《工程文化》，机械工业出版社，2010 年。

⑨ Vermaas P E，Kroes P，Light A. Moore S A. Philosophy and Design，London：Springer，2008.

⑩ Christensen S H，Delahousse B，Maganck M. Engineering in Context，Denmark：Academaca，2009.

⑪ Poel I，Goldberg D E. Philosophy and Engineering：an Emerging Agenda，London：Springer，2010.

动、专门杂志出版情况来看，可以认为工程哲学确实已经在 21 世纪之初奠基、正式形成和迅速崛起了。

成：科学哲学和技术哲学都是首先在西方诞生，然后"引进"到中国的。可是，在创建工程哲学的时候，我国一点也没有落后。可以说，工程哲学是在东方和西方同时兴起的，而且在不少方面，我国开拓和前进的步伐甚至还领先于西方一步。例如，在学术著作出版方面，您的《工程哲学引论》比布西亚瑞利的《工程哲学》早出版 1 年；在专门杂志的创刊和出版方面，虽然我国的《工程研究》杂志与美国的同名杂志 Engineering Studies 同于 2009 年正式创刊，但我国作为年刊的《工程研究》在此前已经出版了四卷；在成立学术团体和研究机构方面，虽然中国自然辩证法研究会工程哲学专业委员会和"工程研究国际网络"（巴黎）都成立于 2004 年，但中国科学院研究生院在 2003 年成立了"工程与社会研究中心"，这就又比西方国家早了一年。在召开学术会议方面的情况是：我国于 2004 年召开了第一次全国工程哲学会议，至 2011 年已经连续召开了 5 届全国会议；美国于 2006 年在 MIT 召开了工程哲学会议；英国工程院从 2006 年起先后召开了 6 次研讨会（Seminar）讨论工程哲学问题，2007 年在荷兰召开了第一次工程哲学国际会议，至今已经召开了 3 次国际会议，2012 年将在中国召开第 4 次国际会议。根据以上所说的情况，在您看来，为什么西方未能在创立工程哲学时继续领先于中国，换言之，中国为什么能够在创立工程哲学时与西方哲学界并驾齐驱，"同时"、"同步"前进，甚至往往开拓步伐还能够领先一步呢？

李：这不是一个容易回答的问题。在此，我只粗略地谈谈以下两个问题：一是那些希望努力开创工程哲学的西方学者遇到了什么特别大的障碍，二是中国学者在开创工程哲学时，具有了什么特别有利的环境和条件。

本来，现代科学和现代工程都是首先在西方开端的。现代科学哲学也顺理成章地在西方首先形成了；那么，为什么西方在开拓工程哲学这块处女地时遇到了那么大的阻力，迟迟未能取得突破呢？

我在《工程哲学引论》中曾经谈到："人类的造物活动太普遍了，哲学家不可能看不见它；人工创造的物品太普遍了，哲学家不可能不使用它。从这个方面来看，造物主题似乎应该是一个很容易进入哲学家视野和哲学家园地的主题。然而，在欧洲哲学史上它却一再地成为了一个迷失的哲学主题。"① 实际上，这种现象的出现存在着非常深刻的历史、文化、社会生活、阶层利益和意识形态方面的原因。

美国哲学家哥德曼在 20 年前就曾经撰文分析了西方学者在开创工程哲学时必然遇到的重重阻力。② 哥德曼认为在此遇到的第一个强大阻力就是那种把工程看作是科学的附庸的偏见。他尖锐地指出：从柏拉图至今的西方文化传统表现出了根深蒂固的重理解轻行动、重思辨轻操作、重理论轻经验的倾向，正是这种根深蒂固的强大文化传统成为了阻碍开创工程哲学的深层的"无形"而"极难克服"的阻力。由于这种存在于文化深层阻力的影响，许多西方哲学家简直无法"想象"应该和需要迈出开创工程哲学的步伐。应该强调指出的是：这个"重理解轻行动、重思辨轻操作"的文化传统和把工程看做是科学附庸的偏见对于开创科学哲学、语言哲学、心智哲学等哲学分支时不但没有阻碍作用，反而会发挥重要的促进作用；可是，对于那些想开创工程哲学的人来说，这个文化传统就要成为极其强大、极难冲破的障碍了。

中国文化传统中自然也存在着与西方文化传统类似的情况，可是，现代中国接受了马克思主义哲学传统，而马克思主义哲学最根本的箴言是："哲学家们只是用不同的方式解释世界，而问题在于改变世界。"③ 在马克思主义成为中国主导意识形态的社会条件下，由于工程哲学显然属于马克思所说的那种"改变世界"的哲学，这就给中国哲学工作者在开创工程哲学时能够冲破传统文化的障碍提供了有利的思想基础和条件。

中国哲学工作者在开创工程哲学时，遇到的第二个有利条件和社会环境是：从目前中国的现实情况看，尽管我国还不是世界上科学技术最发达的国家，但我国却是世界上工程实践最为丰富多彩、工程规模最大的国家，正反两方面的经验教训都非常深刻，在这种社会形势和社会环境中，工程势必成为我国社会各界关注的中心。这就是说，我国现实工程实践的巨大成就、深

---

① 李伯聪：《工程哲学引论》，大象出版社，2002 年，第 50 页。

② Goldman S L. The social captive of engineering，In：Durbin P T. Critical Perspectives on Non-academic Science and Engineering，Bethlehem：Lehigh University Press，London：Associated University Presses，1991.

③ 《马克思恩格斯选集》，人民出版社，1972 年，第 19 页。

远影响和丰富经验教训为我国学者开创工程哲学提供了深厚现实基础和非常有利的社会环境。

很显然，如果没有上述思想基础和现实基础方面的有利社会环境和条件，那是很难想象工程哲学这个学科和方向能够在中国领先崛起的。

至于究竟怎样才能更全面地认识工程哲学创立过程中的多种原因和条件问题，目前我无法回答，那是一个需要再过一段时间才能更好回答的问题。

成：从您的叙述来看，工程哲学已经从技术哲学中分化出来，成为一门独立的分支学科，进入了自己的"独立发展"时期。那么，在您看来，应该怎样认识工程哲学与技术哲学的关系呢？

李：虽然技术哲学早在 19 世纪后半叶就已经在欧洲（德、俄等国）诞生并且其后也有一定的发展，可是，直到 20 世纪 60 年代，它在美国还没有多少影响，英文中甚至还没有出现和使用"philosophy of technology"这个术语。在科学和技术相互关系的问题上，那时的学术界和社会舆论中都广泛流行着轻视和贬低技术的观点，说得"更坦率"些就是把技术当做科学的"附庸"，如果使用比较"温和"的表达方式就把技术说成是科学的"应用"，总而言之，不承认技术可以像科学那样具有"独立的地位"。在这种情况和思想环境中，当一些美国学者试图在美国学术界开拓"技术哲学"这个领域时，他们要做的首要事情就是必须澄清和论证"技术不同于科学"，技术是一个"独立"的而不是"从属"的研究对象和研究领域，以此作为开拓技术哲学领域的理论基础和逻辑前提。1966 年，J. 阿伽西在《技术与文化》杂志发表《一般科学哲学对科学和技术的混淆》一文，尖锐批评"科学哲学文献……常常混淆纯粹科学与应用科学以及这两者与技术的区别"，他认为科学与技术是不能混淆的，该文批评"所有科学哲学家都把它们（指科学与技术——译者注）等同看待"，阿伽西希望能够克服重重障碍而推动技术哲学的前进。斯柯列莫夫斯基也发表论文认为"分析技术与科学的关系尤为重要"，他明确指出"把技术看做是应用科学是错误的"，"技术不是科学"[①]。在这些学者和其他学者的推动下，技术哲学的发展逐渐进入了一个新阶段。

在我国，陈昌曙首先明确主张和阐述了不能把科学和技术混为一谈，大

---

① 拉普：《技术科学的思维结构》，吉林人民出版社，1988 年，第 28～113 页。

声疾呼地主张"技术是哲学研究的对象"。1982年，陈昌曙在《光明日报》发表文章指出科学和技术是"两类范畴"、"两种价值"、"两个革命"、"两路创新"、"两层管理"①。陈昌曙是我国技术哲学的奠基人，在陈昌曙和其他学者的大力推动下，我国的技术哲学也迅速奠基并有了一定规模的发展。

虽然在技术哲学界，已经普遍认为技术和科学是两个不同的对象，技术哲学和科学哲学是两个可以并列、应该平行发展的分支学科，可是，由于技术哲学的社会影响不大和还有其他原因，可以说，直到20世纪末，那种把技术和科学混为一谈的观点仍然在社会上广泛流行，甚至可以认为仍然是"占上风"的观点。

许多人不但把科学和技术混为一谈，而且常常把技术和工程混为一谈，认为工程不过是技术的"应用"。应该强调指出：工程是技术要素和种种非技术要素（包括资本要素、社会要素、伦理要素、政治要素、心理要素、管理要素等）的统一，有时"非技术要素"的重要性还要超过技术要素。既然如此，怎么能够把技术和工程混为一谈呢？

在以上环境和条件下，为了给开创工程哲学提供理论基础，我就明确地提出了"科学技术工程三元论"，以之作为开创工程哲学的逻辑前提和理论基础。

"科学技术工程三元论"认为：①科学、技术、工程是三种不同性质和类型活动：科学活动以发现为核心，技术活动以发明为核心，工程活动以建造为核心。②三类活动有不同性质和类型的"成果"：科学活动成果的主要表现形式是科学概念、科学理论、科学论著，它们是全人类共同的思想财富；技术活动成果的主要表现形式是发明、技术诀窍，是专利、图纸、配方等等（当然也可能是技术文章或样机等），它们往往在一定时间内是"私有的知识"；而工程活动成果的主要表现形式是物质产品、物质设施，一般来说，就是直接的物质财富本身。③三类活动的"活动主体"、"社会角色"、"共同体类型"也迥然不同：科学共同体由科学家组成，技术共同体由技术人员组成，而工程共同体却是由工程师、工人、投资者、管理者和其他利益相关者组成的"异质的"共同体。④从思维对象和思维方式来看，科学思

---

① 陈昌曙：《陈昌曙技术哲学文集》，东北大学出版社，2002年，第9~14、57~68页。

维、技术思维和工程思维体现出了三类不同的思维方式和类型；科学的对象主要是具有普遍性和可重复性的规律，技术的对象主要是具有可重复性的方法，而工程项目①都是一次性的，具有不可重复性。⑤科学制度、技术制度和工程制度是三类不同的制度（institutions），它们有不同的制度安排、制度环境、制度运行方式，有不同的评价标准，有不同的政策导向、管理原则、目标取向和演化路径。⑥从文化方面看，科学文化、技术文化和工程文化各有不同的内涵、特征和功能。⑦从传播学角度看，科学传播、技术传播和工程传播，"公众理解科学"、"公众理解技术"和"公众理解工程"也都各有自身的特殊内容、意义和社会作用。⑧强调科学、技术和工程有本质区别绝不意味着否认它们之间存在密切联系，相反，正是由于三者有不同的本性，这才把它们的"定位"、"关系"特别是"转化"问题——尤其是从科学向技术的转化和从技术向工程的转化——突出了出来，而那种把科学技术和工程混为一谈的观点反而是抹杀和取消了这个关键性的转化问题。

既然科学、技术和工程是三种不同类型的社会活动方式，那么，分别以科学、技术和工程为哲学研究的对象就有可能形成三个不同的哲学分支——科学哲学、技术哲学和工程哲学，它们之间既有密切联系同时又不能相互取代。

工程哲学提出了一系列需要认真、深入思考和研究的新问题，如计划、设计、运筹、初始条件、边界条件、资本、目的、工程共同体、工程"角色"、运作、程序、工具、机器、材料（"质料因"）、制度、规则、标准、操作界面、废品、生活、作为"半自在之物"的"人工物"、诗意栖居、天地人合一等。如果说"我思故我在"可以作为科学哲学的基本箴言，那么，"我造物故我在"（包括"我用物故我在"的含义在内）就应该是工程哲学的基本箴言了。

技术哲学与工程哲学有许多重叠或交叉的研究课题和内容（如对工程师的社会角色研究和工程师思维方式的研究），技术哲学和工程哲学应该在相互渗透、相互促进中共同发展。

---

① 工程活动是以项目为单位进行活动的，所以，和工程对应的英文词可以是"engineering"或"project"。工程项目不同于"工程科学"和"工程技术"。

成：您最早是研究科学哲学的，并且也出版过有分量的科学哲学著作，比如《选择与建构》①一书，那么，您能简要谈谈工程哲学与科学哲学的关系吗？

李：科学哲学早已是一门成熟的学科，理论成果丰硕，对于工程哲学的发展来说，学习和借鉴科学哲学发展历程中的历史经验是具有头等重要意义的事情。

1990年，哥德曼曾经在一篇文章中谈到了科学哲学和工程哲学的关系。那时，他非常感慨地说，科学哲学已经是一个被普遍接受、受到高度尊敬的哲学分支，而工程哲学则至多被看做是"灵学哲学"（philosophy of parapsychology）一样。但根据他对工程哲学本性的认识，他明确指出，工程哲学应该是科学哲学的范式，而不是相反。②现在，虽然工程哲学已经成为哲学王国中的一个"新成员"了，但由于目前还处在自己的"青少年时期"，从研究方法和进路上看，工程哲学目前的主要研究进路之一仍然不可避免地要"借鉴和移植""科学哲学"的概念和思路。

科学哲学领域的许多概念都可以有而且应该有工程哲学领域的"映射性概念"或"对待概念"，如科学思维和工程思维、科学知识和工程知识、科学方法论和工程方法论、科学共同体和工程共同体、语境和场境、科学观和工程观等。应该强调指出："后面一类概念"都是需要进行新的独立研究和具有独立意义的新概念，而绝不是前一类概念的"附属概念"或"演绎结果"。努力深入研究后一类概念不但是工程哲学的迫切任务，而且有益于科学哲学的发展。

在工程哲学领域，不但必须注意研究那些在科学哲学中有"对待"关系的概念，而且应该更加重视研究工程哲学中特有的概念和范畴，特别是深入研究与"工程实践"有关的诸多问题。由于企业是现代社会中从事具体工程活动的主要组织形式和制度形式，于是，从"社会实在"的角度研究有关企

---

① 李伯聪：《选择与建构》，科学出版社，2008年。
② Goldman S L. Philosophy, engineering, and western culture. In: Durbin P T. Broad and Narrow Interpretation of Philosophy of Technology. Dordrecht: Kluwer Academic Publishers, 1990: 140.

业的哲学问题，也成了工程哲学的重要内容之一。[①]

成：认识论是哲学研究的最重要的领域之一，国内外公认的观点普遍认为，认识论（espistermology）也就是知识论（theory of knowlegde），这里的"知识"事实上主要是指科学知识。但是，随着技术哲学与工程哲学的兴起，人们越来越意识到，科学知识只是知识的一个重要组成部分，此外，还有与技术相关的知识（发明和技能性知识等）和您提到的工程知识。现在看来，知识论的范围要比传统认识论的范围宽广很多。过去那种把认识论等同于（科学）知识论的观点，其实是忽视技术知识和工程知识的产物。传统知识论的研究内容必须大大扩展，在广义的知识论研究中，对技术知识和工程知识的研究应该是最重要的内容之一。您同意这种观点吗？您能简要谈谈有关工程知识方面的一些问题吗？

李：我同意您的看法。关于工程知识问题实在是一个太大的问题，我目前没有能力全面分析这个问题，只能粗略地谈一些初步认识和看法。

知识的具体类型有很多，但并不是任何类型的知识都能够成为工程活动的直接知识基础。能够成为工程"直接基础"的知识是一种特殊类型的知识——工程知识。例如，一个仅仅具有一般力学知识的学者不可能设计出一枚火箭，社会也不可能允许一个仅仅具有一般化学和力学知识的人去承担在闹市区"爆炸一座旧建筑"的任务。要完成具体的爆破任务，就必须拥有关于"工程爆破"的工程知识。在人类的知识总量中，工程知识——包括工程规划知识、工程设计知识、工程管理知识、工程经济知识、工程施工知识、工程安全知识、工程运行知识、工程维修知识等——不但是数量最大的一个部分，而且从知识分类和知识本性上看，还是"本位性"的知识而不是"派生性"的知识。

可是，目前无论在西方还是在国内，都广泛流行着对工程知识性质和特征的误解。许多人或者把工程知识和科学知识混为一谈，或者简单化地把工程知识看做是科学知识的"派生知识"，总而言之，否认工程知识是一种独立类型的知识和否认工程知识的重要性。

在现代社会中，虽然绝不能否认和割裂科学知识和工程知识的联系，但

---

① 李伯聪：《略论社会实在——以企业为范例的研究》，《哲学研究》，2009 年第 5 期。

这绝不意味着可以忽视"工程知识和科学知识是两种不同类型的知识"。必须承认：工程知识和科学知识是两种不同类型的知识，二者没有"高""低"之分，没有"主""从"之分，绝不能把工程知识看做是科学知识的"派生知识"。

1990年，文森蒂出版了《工程师知道什么以及他们是怎样知道的》[①] 一书。作者是一名职业工程师，在航空和航天飞机的设计方面取得过重要成就。作者在五个航空历史案例的基础上，以理论研究与案例分析密切结合的方式，有力地论证了科学知识和技术知识是两种类型的知识，不应和不能简单化地把技术知识看作科学知识的应用。后来，皮特又发表了"工程师知道什么"一文，明确指出工程知识不同于科学知识，工程知识是"任务定向"的，它不同于那种"受制于理论"的科学知识。皮特旗帜鲜明地认为：那种把工程知识贬低为"食谱知识"和否认工程知识可靠性的观点都是错误的。[②]

工程知识的具体类型和具体表现形式是多种多样的，其中不但包括大量的"显性知识"，而且包括大量的"隐性知识"（tacit knowledge），亦译为意会知识或隐含经验类知识等。在认识和把握工程知识的本性时，"当时当地性"是一个核心性的问题。

1995年，野中郁次郎和竹内弘高出版了《创造知识的企业》一书，该书很快被誉为一本"经典著作"。从认识论的角度看，可以认为这本书是和文森蒂的上述著作遥相呼应的著作。野中郁次郎清醒地意识到他的观点"与大多数西方观察者对日本企业的通常看法大相径庭"[③]。从认识论——特别是工程知识——的观点看问题，野中郁次郎这本书的重大意义就在于论证和强调了创造工程知识的主体是企业而不是"科研机构"。绝不能认为只有科学家和研究机构在创造知识，而必须同时承认企业也在进行知识创造——他们在创造工程知识。

在人类的整个知识宝库中，工程知识是数量最庞大、内容最丰富、功能最"现实"的一类知识。目前对科学知识已经有了相当博大和深入的哲学研

---

① Wencenti W. What Engineers Know and How They Know It，Baltimore：John Hopkins Press，1990.

② Pitt J C. What Engineers Know. Techne. 2001（5）：3.

③ 野中郁次郎、竹内弘高：《创造知识的企业》，知识产权出版社，2006年，第1页。

究，可是，对工程思维①和工程知识的哲学研究目前还只能说仅仅处于"初级阶段"。当前工程哲学的最重要的任务和内容之一就是要研究有关工程知识的种种问题。可以预期，随着有关研究的深入发展，人们对工程知识的性质、特征、作用和意义的认识将会进入一个新阶段。

成：2002 年出版《工程哲学引论》后，您一直致力于推动工程哲学的发展。可是，为什么中国科学院研究生院 2003 年成立的第一个有关专门研究的机构不是命名为"工程哲学研究中心"，而是命名为"工程与社会研究中心"呢？2004 年，在出版作为该中心的"年刊"时，其刊名为什么又被命名为《工程研究》（Engineering Studies）呢？"工程哲学"和"工程研究"的关系是什么？如果"工程研究"是一个与"科学技术研究"（science and technology studies）相类似或相平行的领域，其主要内容和目前进展如何呢？

李：在认识工程活动性质和社会作用时，工程哲学最根本的观点就是认为"工程是直接生产力，是社会存在和发展的物质基础"。

对工程活动，不但必须进行哲学分析和研究，而且必须从其他学科和跨学科的视角分析和研究。既然必须从跨学科和多学科的观点和方法研究有关工程的各种问题，这就使一个可以被称为"工程研究"（engineering studies）或"工程与社会"的跨学科领域展现在人们面前了。

正是基于以上认识，我们在中国科学院研究生院成立了"工程与社会研究中心"，并且自 2004 年起，编辑出版了作为中心年刊的《工程研究》。

《工程研究》年刊在其"发刊词"中开宗明义地指出这个"连续出版物"的目的和宗旨就是要对"工程"这个对象进行跨学科和多学科研究。由于当时恰逢在上海召开世界工程师大会，《工程研究》第 1 卷也成了中国科学院研究生院"工程与社会研究中心"献给在上海召开的世界工程师大会的礼物。《工程研究》在"发刊词"中着重强调了对工程进行跨学科研究和把"工程研究"（engineering studies）建设成为一个与"科学研究"（science studies）、"技术研究"（technology studies）并列的研究领域的重要性。

《工程研究》第 1 卷的出版引起了《中华读书报》编者的重视。《中华读

---

① 李伯聪：《选择与建构》（"第七章工程思维与工程设计"），科学出版社，2008 年，第 226～254 页。

书报》不但迅速地组织和发表了书评，而且特意加了一个"编者按"，指出："（这个）'年刊'着力推出'工程研究'（engineering studies）这一新概念，提出从哲学、历史学、社会学等多学科角度对'工程现象'予以研究。"这个"编者按"在最后以既谨慎同时又充满期待的态度指出："现代社会生活中，工程无处不在，但'工程研究'能否像'科学元勘'、'技术研究'一样发展壮大起来，现在还很难断言，也许，作为一份系列出版物，《工程研究》在未来将给我们答案。"

《工程研究》第2卷在"卷首语"中对《中华读书报》的那个"编者按"做出了回应，把"编者按"中的这段话"叹为知音"。又过了3年，《工程研究》第4卷的"卷首语"说："现在，《工程研究》第4卷即将出版了。回顾这四卷书的内容，本系列出版物先后在'工程哲学'、'工程社会学'、'工程与经济'、'工程创新与和谐社会'、'工程管理与决策'、'工程史与工程案例研究'、'工程伦理学'、'工程教育'、'工程家'、'公众理解工程'、'大科学工程'、'工程与技术'、'工程评论'等栏目中发表了近百篇文章。在其作者队伍中，既有著名的院士、专家，也有中年骨干和青年才俊。从职业分布来看，包括了工程界、哲学界、教育界、管理学界、科技史学界、政策研究部门等不同领域的许多专家。""回顾这四年的时光，虽然远不能说已经可以对《中华读书报》那个'编者按'中提出的问题给出答案了，但应该可以说对于'工程研究'这个跨学科和多学科领域的作用和意义，人们的认识更加明确了，对于其进展和前景，人们更加充满信心了。"该"卷首语"中又说："本系列出版物在出版第4卷后将宣告'结束'。但这个'结束'绝不是一个'句号'，而是一个'逗号'。因为一份同名的新杂志《工程研究——跨学科视野中的工程》已经在2009年3月正式创刊发行！"

回溯学术思想史，"engineering studies"这个概念首先是由唐尼和卢塞纳于1995年提出来的。[①] 可是，这个概念在首先提出后似乎没有立即产生多么大的影响，而是到了2003年后才出现重大影响和转折。2003年，中国科学院研究生院成立了"工程与社会研究中心"。2004年，在巴黎成立了"工程研究国际网络"，在中国出版了《工程研究》（年刊）。2009年，中国的

---

① 贾撒诺夫等：《科学技术论手册》，北京理工大学出版社，2004年，第8章。

《工程研究》杂志（杜澄、李伯聪主编）和西方的 Engineering Studies（唐尼、卢塞纳主编）同时创刊。

2005 年，中国科学院研究生院立项研究"工程与社会基本问题的跨学科研究"（项目负责人李伯聪）。虽然资助的经费不多，但以这个项目为契机，开始了对工程社会学和工程创新问题的研究，国内许多学者都参加了这个项目的研究工作。这个项目最后形成了两本学术著作：《工程社会学导论：工程共同体研究》[①] 和《工程创新：突破壁垒和躲避陷阱》[②]。在西方，Morgan & Claypool Publishers 在最近几年推出了"工程研究"领域的丛书，目前已经出版了十几本著作，其中包括：《需要和可行性》、《工程与社会》、《工程、贫困和地球》等。这些著作中，我仅读了米切姆所赠的《人道主义的工程》一书，感到其内容是非常丰富而重要的。耐人寻味地是：这套综合讲座丛书以"工程、技术与社会"（Engineering, Technology, and Society）命名，这使人情不自禁地联想到"科学技术与社会"（Science, Technology, and Society）和"科学技术研究"（Science and Technology Studies）[③]。以上这些著作的出版表明："工程研究"——或称之为"工程与社会"——作为一个跨学科研究领域无论在东方还是在西方，都在迅速崛起。

成：通过一个项目完成两本具有开创性的学术著作，是不多见的。2010年出版的《工程社会学导论：工程共同体研究》和《工程创新：突破壁垒和躲避陷阱》两书是不是国内相应研究领域的第一部著作？您能谈谈这两本书的有关情况吗？

李：是的，《工程社会学导论：工程共同体研究》[④] 是国内第一本工程社会学的著作，书中率先提出和分析了"工程共同体"这个概念，指出工程共同体的成员包括工程师、投资者、管理者、工人和其他的利益相关者，并且各以专章对这些"角色"进行了理论分析。书中还提出存在着两种不同类型的工程共同体——以企业和项目部为典型代表的"工程活动共同体"和包括

---

① 李伯聪等：《工程社会学导论：工程共同体研究》，浙江大学出版社，2010 年。
② 李伯聪等：《工程创新：突破壁垒和躲避陷阱》，浙江大学出版社，2010 年。
③ 许多学者（包括 S. H. Cutcliffe）认为"科学技术与社会"（Science, Technology, and Society）和"科学技术论"（Science and Technology Studies）之间没有多少区别。
④ 李伯聪等：《工程社会学导论：工程共同体研究》，浙江大学出版社，2010 年。

工会、工程师学会、雇主协会在内的"工程职业共同体"。前者是具体从事工程活动的共同体，而后者是以维护本职业群体利益为主要目的而并不直接从事工程活动的共同体。对于工程共同体的内部关系（如权威和民主、分工与合作）和外部关系（如工程共同体和环境）方面的许多问题，书中也有分析和阐述。自 2005 年发表《工程共同体中的工人——工程共同体研究之一》[①] 后，我先后发表了数篇研究工程共同体和工程社会学[②]的单篇论文，现在又和其他学者共同体出版了《工程社会学导论：工程共同体研究》，希望今后能有更多的各界人士关注工程社会学领域的理论问题和现实问题。

很显然，一方面，我们必须承认，"工程哲学"和"工程社会学"是两个不同的学科，不能互相取代；另一方面，又必须承认二者是密切联系、相互渗透、相互促进的。尤其是，《工程社会学导论：工程共同体研究》的第 11 章"工程共同体和社会实在"，其内容就既具有高度的哲学性而同时又兼顾了社会学色彩。该章以"社会实在"为基本理论根据和方法论进路研究工程共同体问题，如果有人直接把这部分内容看做是工程哲学性质的研究，那也完全是符合实际的。

令人高兴的是，工程教育界的学者于 2011 年也出版了《建设工程社会学导论》[③]。有理由预期，工程社会学将会很快兴起而成为另外一个重要的新学科和新领域。

对于创新，特别是技术创新问题，国内外已经有许多研究，但以往的著作中还没有人把"工程创新"作为一个重大的新课题和新领域看待。我们在《工程创新：突破壁垒和躲避陷阱》一书中提出了一系列新观点和新阐述。这本书的关键词是"工程创新"和"工程智慧"，书中的核心主题是阐述"工程创新是创新活动的主战场"，该书的基本叙述和研究方法是运用"壁垒和陷阱隐喻"。"壁垒和陷阱的区别在于：壁垒不但必须花费力气才能越过，而且它们常常明确而有形地矗立在创新者的面前；而陷阱则不但是隐蔽的，而且常常使人无意识地掉进去。从正面看，创新的成功皆可归因于能够成功

---

① 李伯聪：《工程共同体中的工人——工程共同体研究之一》，《自然辩证法通讯》，2005 年第 2 期。
② 李伯聪：《工程共同体研究和工程社会学的开拓》，《自然辩证法通讯》，2008 年第 1 期。
③ 毛如麟、贾广社：《建设工程社会学导论》，同济大学出版社，2010 年。

地突破壁垒和躲避陷阱；从反面看，创新的失败皆可归因于未能成功地突破壁垒或躲避陷阱。"① 如果特别注重从哲学观点看这本书的特点，那么，这本书中对"理论智慧"和"实践智慧"性质和关系的分析以及对"隐喻方法"的运用（许多学者似乎对"隐喻"的重要意义和作用重视不够）都是值得特别注意的。

成：您以上不但谈到了"工程哲学"而且谈到了"工程研究"的许多问题，并且介绍了它们的一些最新进展。对于工程哲学的未来发展您有什么看法？

李：对此，我想粗略地谈三个问题。

首先是工程哲学与其他相关学科或研究领域的相互关系问题。

对于科学哲学和科学史的关系，拉卡托斯有一个仿效康德的著名观点："没有科学史的科学哲学是空洞的；没有科学哲学的科学史是盲目的。"② 我非常赞成拉卡托斯的这个观点。毫无疑问，我们完全可以和应该把拉卡托斯的这个观点扩展到认识"工程哲学"和"工程社会学"、"工程史"、"工程管理学"、"工程政治学"、"工程文化研究"、"工程创新研究"等学科或领域的关系，或者应该更一般地说："没有'工程研究'的'工程哲学'是空洞的；没有'工程哲学'的'工程研究'是盲目的。"只有在"工程哲学"和"工程研究"的相互渗透、相互促进、相互作用中，双方才能够取得"双赢"的进展，否则，就只能"盲目地摸索前进"或"空洞地孤芳自赏"。

其次是工程哲学当前的众多"内部"研究课题问题。

目前工程哲学还处在刚奠基的阶段，要想逐步建成其学术和理论大厦，还有很长的探索路程要走，还有很多研究工作要做。目前已经出版的工程哲学著作，其理论意义往往不在于已经解决了什么问题，而在于提出了多少有待继续探索和深入研究的新问题。目前，一系列的重要问题，如工程设计、工程知识、工程思维、工程智慧、工程合理性、工程心理、工程伦理③、工程美学、工程共同体、社会实在、工程活动中的"主体间性"等数不胜数的

---

① 李伯聪等：《工程社会学导论：工程共同体研究》，浙江大学出版社，2010年，该书"后封"内容介绍。
② 拉卡托斯：《科学研究纲领方法论》，上海译文出版社，1986年，第141页。
③ 在美国，工程伦理学早已形成了一门成熟的分支学科，本文不涉及这方面的问题。

问题，都正在等待人们进行深入的探索和研究。工程哲学是一个无限广袤和蕴藏富饶的学术处女地，它正在召唤各界人士来进行学术探索和拓荒。

第三是关于可能和应该开创工程哲学领域的"两种传统"的问题。

著名技术哲学家米切姆在谈到技术哲学发展历史时，认为技术哲学发展历史上形成了两种传统：工程的技术哲学（包括卡普、恩格迈尔、德韶尔等）和人文的技术哲学（包括芒福德、加塞特、海德格尔等）。那么，在工程哲学未来发展中是否可能也出现和形成不同的传统呢？我认为，这不但是完全可能的，而且甚至是不可避免的。因为，工程师和哲学家是推动工程哲学发展的最重要的两个职业群体，二者在发展工程哲学的目的、进路等问题上，无疑地既有共同之处同时又有不同之处。这种"既有共同之处同时又有不同之处"的状况就蕴藏着形成两种不同的工程哲学传统的可能性。我们也许可以姑且把这两种不同的传统称之为"工程的工程哲学"和"哲学的工程哲学"。但工程哲学中可能出现两种不同传统的意义和情况可能大不同于技术哲学中的类似情况。在我的《工程哲学引论》一书中，第一章（"哲学史回顾"）和第五章（论"四个世界"和"天地人合一"）的写作明显地更倾向于后一种传统，而第二章、第三章和第四章（分别分析和阐述工程活动的三个阶段）的内容则明显地依循上述第一种传统。由于这里涉及了许多复杂问题，就不多谈了。我希望将来能够有机会对这方面的一些问题进行更深入的思考和进行更具体的分析。

成：目前有些年轻学者也想进入工程哲学和"工程研究"领域，您对他们有什么建议吗？

李：能够有机会在一个学科或领域刚"诞生"时就进入这个新学科或新领域，这种机会不是经常可以遇到的。青年人如果能够抓住机会，在等待拓荒者的学术处女地上，努力耕耘，大胆探索，青年人是可以大有作为的。当然，这绝不意味着在新领域可以"轻易"地取得成绩，但新领域中存在着更多机遇这一点应该是显而易见的。一般地说，青年人在进行工程哲学探索时所存在的最大缺陷或不足是他们往往缺乏工程实践经验。如果一直缺乏工程实践的知识、经验和体验，那确实是不可能在工程哲学的探索之路上取得重大成绩的。所以，立志在工程哲学探索之路上奋勇前进的青年人应该争取以多种形式了解、参与工程实践和积累工程知识，包括学习工程史和积累工程案例的知识。在开始进行学术研究工作时，如果能够把工程哲学方向的思考和跨学科"工程研究"（如工程社会学问题和工程史问题）结合起来，往往是一个可行的学术前进路径。我愿意和青年人在工程哲学和"工程研究"的探索之路上互相学习、并肩前进。我衷心祝愿青年人在学术探索的道路上取得更卓越、更丰硕的成绩。

社会工程哲学和社会知识的几个问题[*]

最近几年，社会工程哲学^①引起了愈来愈多的关注，这不但是学术发展需要的反映，更是现实生活迫切需要的反映。

马克思说："哲学家们只是用不同的方式解释世界，而问题在于改变世界"^②。所谓改变世界，其含义既包括改变自然界，同时也包括改变社会。人类主要是通过工程活动——自然工程和社会工程——的方式来改变世界的。虽然自然工程和社会工程不是互不相关而是密切联系的，但它们毕竟是两种不同性质和类型的"工程"。在研究和发展社会工程哲学时，以下几个问题是值得特别注意的。

一、社会科学哲学是社会工程哲学的重要理论基础

在人类思想史的发展进程中，不但开拓和发展出了自然科学，而且开拓和发展出了社会科学。在哲学领域，以自然科学理论和实践为反思的对象而形成了"（自然）科学哲学"；而"社会科学哲学"则是对社会科学的理论和实践进行哲学反思的结果。

---

* 本文作者为李伯聪、海蒂，原载《自然辩证法研究》，2010 年第 26 卷第 5 期，第 48～52 页。
① 王宏波：《社会工程研究引论》，中国社会科学出版社，2007 年。
② 《马克思恩格斯选集》，人民出版社，1972 年，第 19 页。

特纳和罗思在《社会科学哲学》一书中说，虽然自然科学先于社会科学而产生，然而，科学哲学与社会科学哲学却是在 19 世纪基本同时产生的[①]。可是，在随后的发展历程中，科学哲学在 20 世纪下半叶已经发展成为 "成熟的学科" 和学术成果丰硕的学术领域，而社会科学哲学却显得内容贫乏，相形见绌。与科学哲学领域内大师辈出（如库恩、波普尔等）和范式、证伪等新概念不胫而走相比，社会科学哲学显得影响不大、成绩贫乏。对于社会科学哲学的研究对象和研究水平，特纳和罗思在《社会科学哲学》中说，"社会科学哲学一直是围绕社会知识的科学地位问题而进行的松散探究"[②]；博曼在《社会科学的新哲学》中说，"几十年来，哲学家和方法论学者一直在努力把复杂多样的、被称为'社会科学'的活动统一起来，但这种努力并不成功"[③]。总而言之，目前国内外对社会科学哲学的重视程度和力量投入都严重不足，研究水平和学术进展严重滞后。

现在，社会科学哲学学术发展滞后现象由于社会工程哲学的 "异军突起" 而显得更加引人关注了。关心社会科学哲学发展的学者应该充分利用当前这个有利时机大力促进社会科学哲学的发展，使其得以充分发挥作为社会工程哲学理论基础的重要作用。

从理论逻辑和学科相互关系角度看，社会科学哲学处于 "各门具体的社会科学" 和 "社会工程哲学" 的 "中间位置" 上：它的 "左手" 牵着 "各门具体的社会科学"，它的 "右手" 牵着 "社会工程哲学"。这种学术位置和学科位置既是社会科学哲学发展的制约条件同时也是强有力的推动条件和牵引条件。在这种环境和条件下，社会科学哲学的发展状况就要同时取决于它究竟能够在 "左手方面" 和 "右手方面" 得到什么样的支持、推动和牵引了。

由于社会科学哲学的学科性质是对各门具体社会科学（社会学、经济学、法学、政治学等）的哲学分析和哲学反思，这就决定了它的核心内容是要从本体论、认识论、方法论、操作工艺、价值论等角度对社会问题和各门具体社会科学进行哲学分析和研究，这就使人们有理由相信社会科学哲学研

---

① 特纳，罗思：《社会科学哲学》，中国人民大学出版社，2009 年，第 2 页。
② 特纳，罗思：《社会科学哲学》，中国人民大学出版社，2009 年，第 1 页。
③ 博曼：《社会科学的新哲学》，上海人民出版社，2006 年，第 1 页。

究可以在促进各门具体社会科学的发展中发挥不可替代的积极作用，我们期待这种积极作用能够随着"社会科学哲学"的发展而愈来愈突显出来。

另一方面，从理论逻辑上看，社会科学哲学本应该成为社会工程哲学的理论前提和理论基础，可是，当前的实际情况却是社会工程哲学已经在缺乏社会科学哲学理论有力支持的情况下"匆忙出场"了。在这样的环境和情况下，如果不能大力加强、加快和深化对社会科学哲学基本问题的研究，如果一直缺少社会科学哲学提供的理论支持和理论基础，"匆忙搭建"的社会工程哲学的"理论大厦"就难免成为"沙滩上的房子"。从这个方面看，我们应该把"社会工程哲学"的"出场"作为促进"社会科学哲学"学科建设和发展的一个强大的"拉力"。我们希望社会科学哲学和社会工程哲学能够在良性互动中相互促进、相互渗透、推拉互动、共同繁荣。

二、关于"社会知识"的几个问题

在社会科学哲学和社会工程哲学的理论体系中，"社会知识"是一个基本概念，围绕"社会知识"而出现的种种问题形成了一个重要而复杂的"问题域"。

社会知识和自然知识是两类不同的知识，它们在性质特征、获取途径、建构方式、表现形式、结构功能、方法论等许多方面都有很多不同。有理由认为：分别以自然知识和社会知识为研究对象，完全可能形成两个"并列"的研究领域——"社会知识论"和"自然知识论"。

"社会知识"的作用和意义不但表现在它是"社会科学"的分析对象和提炼社会科学理论的原材料，更表现在它是人类从事各种社会活动——特别是社会工程活动——的必需前提。"社会工程活动"不是自发的活动，它是人类有目的、有意识的活动，如果不以一定的社会知识为前提条件，任何社会工程活动都是不可能计划和实施的。于是，"社会知识"就成为了社会科学哲学和社会工程哲学共同关注的问题。

应该申明：虽然许多人都认为"认识论"就是"知识论"，epistemology就是 theory of knowledge；但本文所说的"社会知识论（theory of social knowledge）"却不等于许多人所谓的"社会认识论（social epistemology）"。

按照"维基百科"的解释，所谓"社会认识论"乃是"对知识或信息的社会维度的研究"。根据这个解释，目前西方学者心目中的所谓社会认识论（social epistemology）仍然是西方哲学传统中的那种以自然知识为基本对象的认识论，只不过强调了知识和认识过程中的社会维度而已。而本文所理解和界定的"社会知识论"的基本对象和内容是研究"社会知识"问题，而不仅仅是研究知识的社会维度，这就使它与西方学者所谓的"社会认识论"有了很大的区别。

努力从哲学上深入分析和阐明社会知识的本性、特征、构成和功能不但是社会科学哲学和社会工程哲学发展的迫切需要，同时也是各门具体的社会科学深入发展的需要。

社会知识论中需要研究的问题很多，本文以下仅对社会事实和社会实在、原因和理由、论证和说服等问题进行一些粗浅的讨论。

1. 社会事实、社会实在和制度实在

无论从概念的逻辑关系看还是从现实问题的分析方面看，社会事实和社会实在都势所必然地要成为社会科学哲学和社会工程哲学的开端性范畴、起始性范畴。

从逻辑关系上看，"社会事实"是"事实"的一个子类。在我国哲学原理的传统教科书中，常常强调"事实"的基本特征是具有"不以人的意志为转移"的"客观性"，于是，就形成了"客观事实"这个概念。对于"社会事实"，也可以同样地把它解释为一种"不以人的意志为转移"的"客观事实"吗？

答案是否定的，因为在社会事实和自然事实之间存在着许多深刻的差别。形形色色的社会事实（如法律案件的事实、历史事实、经济事实等）之能够成为"社会事实"，就在于它无法脱离与主体的联系，社会事实必然与一定的制度联系在一起，可以说，离开了一定的制度关系和人的认识就无所谓"社会事实"存在和出现。

迪尔凯姆最早从社会学和方法论立场分析和研究了"社会事实"（social fact）这个概念，他的《社会学方法的准则》一书的全部内容都是围绕分析和阐述"社会事实"这个概念而展开的。迪尔凯姆指出，社会事实是一类具

有特殊性质的事实，它构成了"事实"的"一个新种"。迪尔凯姆把社会事实定义为特定的"人的行为方式"①，社会事实"以社会为基础：要么以整体的政治社会为基础，要么以社会内部的个别团体（诸如教派、政治派别、文学流派或同业公会等）为基础"②。迪尔凯姆认为，社会学的固有研究对象和研究领域就是社会事实。他说："社会学不是其他任何一门科学的附庸，它本身就是一门不同于其他科学的独立的科学。对社会现实的特殊感觉是社会学者不可缺少的东西，因为只有具备社会学的专门知识才能使他去认识社会事实"③。在迪尔凯姆的理论框架中，社会事实是与人的行为方式和一定的人群不可分割地联系在一起的，这就使它与"并不与特定人群联系在一起"的自然事实有了根本的区别。

改革开放后，我国司法实践中强调了"以事实为根据，以法律为准绳"的原则。那么，这个司法实践和法学理论中的"事实"是什么意思呢？我国以往在"哲学原理教科书"中所宣传的"不以人的意志为转移的客观事实"的观点在这里遇到了"麻烦"。我国许多法学工作者认识到"传统证据法学中的'客观真实理论'、'真相论'、'实践是检验真理的标准'等一系列抽象的哲学命题是无法真正解决诉讼中认识和诉讼裁判问题的"④。通过对有关问题的分析和讨论，传统的"客观真实理论"被法学界"摈弃"，法学界对案件事实、事实认定、证据、根据等问题有了许多新分析和新认识，这就不但深化了对法学领域中的"案件事实"的理解，而且还将有力地启发哲学界对"社会事实"问题进行新的哲学分析和哲学讨论。

社会科学的基本任务和内容绝不仅仅是进行术语分析、"语言游戏"，而是必须直接面对社会事实（如历史事实、经济事实等），于是，在历史学、政治学、经济学等领域中，也都必然会有学者从本学科出发而涉及对"社会事实"这个概念的分析和讨论。而吉尔伯特在 1989 年出版的《论社会事实》⑤ 则反映了哲学界对"社会事实"这个范畴的新兴趣和研究的新进展。

---

① 迪尔凯姆：《社会学方法的准则》，商务印书馆，2007 年，第 34 页。
② 迪尔凯姆：《社会学方法的准则》，商务印书馆，2007 年，第 25 页。
③ 迪尔凯姆：《社会学方法的准则》，商务印书馆，2007 年，第 156 页。
④ 吴宏耀：《诉讼认识论纲——以司法裁判中的事实认定为中心》，北京大学出版社，2008 年，"序"第 1 页。
⑤ Gilbert M. On Social Facts. London：Routledge，1989。

与社会事实密切联系在一起的是"社会实在"这个范畴。正像"实在"是科学哲学的核心范畴一样，"社会实在（social reality）"也是社会科学哲学——以及社会工程哲学——的核心范畴。

自塞尔于1995年出版《社会实在的建构》后，"社会实在"问题引起了愈来愈多的讨论和关注。塞尔提出应该区分原始事实（brute facts，有人译为"无情事实"）和制度事实。前者的存在不需要以人类的意向性、语言和制度为前提，如地球和太阳之间的距离。而后者需要以人类的制度为前提，如一张钞票。前者是不依赖观察者的现象，后者是依赖于观察者的现象。塞尔认为，制度实在是社会实在的一个子类，于是他也常常连称"社会和制度实在"（social and institutional reality）。塞尔认为可以运用功能的归属、集体意向性和构成性规则——"在情景 C 中 X 算作 Y"[①]——来分析和研究社会实在。根据这个观点和解释，钞票之能够成为一种社会事实或社会实在，只能是与特定主体之间存在密切依赖关系的事实或实在，而绝不是什么不依赖主体的客观事实或存在。

如果说，传统认识论是在研究原始事实（brute facts）和"自然实在"的基础上发展起来的，那么，"社会知识论"就需要以研究社会事实和社会实在为前提和基础了。社会事实、社会实在[②]、制度实在是具有重大理论意义和现实意义的基本范畴，我国学者应该高度关注和深入开展对这三个范畴的学术研究工作。

2. 原因、目的和理由

自然现象和社会现象是两类不同的现象。自然现象是因果论现象，而社会现象是目的论现象。自然现象是无目的的现象，而社会现象中却渗透和负荷着行动者的特定目的和意图。自然现象是只有因果性而无目的性的现象和过程，而社会现象却是既有目的性又有因果性的现象和过程。

自然现象和社会现象的区别使得自然科学和社会科学在自身的学科性质、内容和作用方面出现了深刻的分野：在自然科学和自然科学哲学中，因

---

① 塞尔：《社会实在的建构》，世纪出版集团、上海人民出版社，2008年，第25页。
② 李伯聪：《略论社会实在——以企业为范例的研究》，《哲学研究》，2009年第5期。

果关系、原因范畴占据着核心位置；而在社会科学和社会科学哲学中，理由和目的范畴占据了核心位置。

自然科学和社会科学都要问"为什么"。可是，在自然科学中，这个"为什么"的真正含义是问"因为什么"，即"原因是什么"？而在社会科学中，这个"为什么"的真正含义是问"为了什么"，即"目的是什么"或"理由是什么"？

"原因是什么"和"目的是什么"是两类不同性质的问题。

对于自然过程，要问"原因是什么？"对于社会活动，要问"理由是什么？"

布罗姆利说："在机械性行动与目的性行为之间存在重大的区别——前者包含着原因，而后者包含着理由"①。"我们如果想要理解经济制度的意义，并构建一套制度变迁的理论，那么就必须把我们的工作建立在充分理由这一概念的基础上"②。理由是"那些给人带来信念和欲望、让他想象未来并据此行动的东西"③。"理由关注于目的的范畴，而原因则属于机械因果的范畴"④。

英语的 reason 是多义词，在翻译为汉语时，它可以被译为"理性"或"理由"。在哲学领域，许多人仅注意了 reason 的前一含义而忽视了其后一含义。

原因不同于目的，理由不同于原因。可是，对于社会活动过程来说，我们却可以说，目的和理由在社会活动中发挥了与自然现象中的原因相类似的作用。"人们期望发生的未来状态既解释了他们的行为，也为他们的行为提供了充分的理由"⑤。

对于因果关系，各门自然科学提供了说明各种因果关系的因果律，而逻辑学则提供了归纳和演绎的逻辑方法。布罗姆利认为，对于社会行为，则需要提供行动的理由——特别是充分理由——和运用"溯因法"。

与自然科学和科学哲学中对于因果范畴和因果关系的大量哲学研究成果

---

① 布罗姆利：《充分理由》，上海人民出版社，2008 年，第 117 页。
② 布罗姆利：《充分理由》，上海人民出版社，2008 年，第 118 页。
③ 布罗姆利：《充分理由》，上海人民出版社，2008 年，第 128 页。
④ 布罗姆利：《充分理由》，上海人民出版社，2008 年，第 132 页。
⑤ 布罗姆利：《充分理由》，上海人民出版社，2008 年，第 7 页。

相比，社会科学和社会科学哲学中对理由范畴和相关方法论问题的研究就显得过于薄弱和关注太少了。

由于理由问题在社会行为、社会活动、社会科学、社会工程中常常位居核心位置，具有关键性的作用和意义，这就使加强对理由范畴的研究成为了一个特别迫切的任务。

目前，在对理由这个哲学范畴的分析和研究中，有许多重大问题都还未引起充分关注，更不要说得到充分阐述了，如理由范畴和目的范畴的相互关系问题、理由的类型和表现形式问题、理由的作用机制和相关方法论问题、充分理由和不充分理由的定义和关系问题等。其中最复杂、最困难的问题大概就是充分理由和不充分理由的定义和关系问题了。

行动需要有"理由"。当"理由"被公开说出时，它可能是真实的"理由"，也可能仅仅是"借口"。

"目的和结果不可能完全一致"，"理由不可能绝对充分"，这就是社会行动、社会科学、社会工程、"社会科学哲学"和"社会工程哲学"遇到的基本现实和极大难题。由于西蒙已经提出了产生广泛而深刻影响的"有限理性"的概念，我们似乎也就不必对于"理由不可能完全充分"这个问题过于忧心忡忡了。与"有限理性"论相"平行"，我们需要在社会科学哲学和社会工程哲学领域研究"有限理由"论。需要特别注意的是，"有限理由"和似是而非的"借口"绝不是一回事，"有限理由"不能变成可以使社会生活中经常出现的形形色色的"借口""合理化"或"理由化"的"挡箭牌"或"化装术"。可是，要划清这里的界限确实也不是一件容易的事情。

从哲学和方法论角度分析理由范畴，可以发现这里有许多真假难辨、耐人寻味、意味深长、意在言外、虚实掺半等形形色色的问题，特别是关于"充分理由"和"不充分理由"的关系更是耐人寻味和发人深省[①]，理论工作者应该通过对这些问题的分析和研究深化对理由、目的、原因等范畴的认识和理解。

---

① Goldman B. Why we need a philosophy of engineering: a work in progress. Interdisciplinary Science Reviews, 2004（2）：163～176.

3. 论证、说服和修辞学

逻辑学和修辞学都是古老而年轻的学科。在自然科学和科学哲学中，更加重视逻辑方法和逻辑学，于是，"哲学逻辑"便与"科学哲学""同步"地或"相互伴随"地发展起来了。可是，在社会科学和社会活动中，却可以在一定意义上说：修辞学和说服方法甚至具有更重要的作用和意义。

在社会科学和社会活动中，需要更加重视说服方法，而修辞学的实质乃是"说服的艺术"，于是修辞方法和修辞学就顺理成章地应该被突显出来了。可是，实际情况却并非如此。我们应该努力研究和发展"哲学修辞学"。

应该强调指出：修辞学的核心主题是关于"说服"的作用、意义和方法的问题。有人把它的实质理解为关于华丽辞藻和如何写作美文的艺术，这实在是一个绝大的误解。麦克罗斯基说："修辞学为我们提供了一个视角，使我们看清楚自己是怎么说服别人的"。"在不同的时期，说服的方式不是固定的"。柏拉图使用对话体，现代哲学家则需要一阶谓词逻辑。事实上，从古至今，在任何 30 年内，我们说服别人的方式都不是固定不变的[①]。

在经济学哲学领域，麦克罗斯基对经济学的修辞问题进行了许多研究。他说："修辞学，起源于古代的亚里士多德、西塞罗和昆体良，它在文艺复兴时代获得新生，笛卡尔逝世三个世纪后兴起的笛卡尔主义教条——'只有无可怀疑的才是真实的'——则把修辞学送上了十字架。""新修辞学兴起于 20 世纪三四十年代，创立者是英国的 I. A. 理查斯和美国的肯尼斯·柏克[②]。"

麦克罗斯基倡导和呼吁开展对"经济学的修辞"的研究，罗蒂认为出现了"修辞学转向"，但实际上，他们关于修辞学问题的观点似乎都没有产生很大的影响，应者寥寥。

---

① 麦克罗斯基：《有了修辞学，你将不再需要实在论》，见迈凯，《经济学中的事实与虚构》，李井奎等译. 世纪出版集团、上海人民出版社，2006 年，第 332 页。
② 麦克罗斯基：《经济学的修辞学》，见豪斯曼，《经济学中的事实与虚构》，丁建峰译. 世纪出版集团、上海人民出版社，2007 年，第 356 页。

当我们面对社会活动、社会工程和社会现实生活时，我们再也不能轻视和忽视作为"说服的艺术"的修辞学的作用和意义了。

在社会科学哲学和社会科学方法论的研究中，必须加强对修辞学和修辞方法问题的研究。如果说逻辑学的核心和灵魂是论证，那么，修辞学的任务和灵魂就是说服。论证方法和说服方法是两种既有联系又有很大差别的方法。

在自然科学和科学哲学中，论证方法占据了一个核心性的地位。论证方法主要反映的是真理的力量和逻辑的力量，而在现实生活中，论证的成功常常不等于说服的成功。社会生活中常常出现"论证更充分而说服不成功"与"论证不充分而说服却相当成功"的事例。

怎样才能成功地进行说服？说服在什么情况和条件下能够成功？这些都是修辞学关注的问题。在说服活动和过程中，必然渗透着价值、利害和感情的因素。在成功地说服活动中，成功的论证仅仅是说服成功的因素之一。

在社会活动和社会工程过程中，虽然仍然必须高度重视论证方法的作用和意义，并且必须承认需要有论证作为说服的基础，可是，说服过程和说服方法的作用和意义在这里显然更加突出。在谈到说服时，还必须注意"说服决策者"和"说服群众"往往又是两件既有联系又有区别的事情，它们在性质、特征、方法、过程等方面都是各有特点的。

我国古代的"纵横家"在"说服决策者"方面积累了许多经验，并且进行了一些理论分析和方法论研究。在社会工程活动中，不但需要说服决策者而且需要说服群众。"说服决策者"和"说服群众"的作用、意义和方法论问题中，有相同之处，也有不同之处。

最后，必须强调指出的是：在修辞学领域和"说服"问题上，必须高度警惕和反对诡辩论和诡辩家，必须划清"不可抗拒的说服"和"突破心理防线的蛊惑"的界限。然而，要想划清这个界限有时又谈何容易。

在研究社会活动、社会科学、社会科学哲学、社会工程哲学中修辞学问题时，不但应该注意继承古今中外的有关遗产，更应该努力面向现实情况进行新的理论总结和升华。

在社会科学哲学和社会工程哲学领域中，我们必须高度重视研究有关规律和规则①、原因和理由、论证和说服的种种问题，应该在新语境、新范畴中努力开拓社会科学哲学和社会工程哲学的新边疆。

---

① 李伯聪：《规律、规则和规则遵循》，《哲学研究》，2001：12。

第二部

工程伦理

工程伦理学的若干理论问题

——兼论为"实践伦理学"正名*

工程伦理学是伦理学王国的"新出场者",工程伦理学研究（在西方）已经"开始起飞"。工程伦理学的起飞不但具有重大的现实意义,而且具有深远的理论意义。从理论方面看,工程伦理学提出了许多带有根本性的新问题,要求人们给予新的思考和新的回答,本文就是我对这方面几个问题的初步认识。

一、工程活动的"伦理主体"

在传统的伦理学中,关于"伦理主体"的问题是不存在的,因为两千多年来,人们一向都不言而喻地把"个人"看做理所当然的伦理主体。可是,在研究工程活动的伦理问题时,人们发觉有必要重新考虑这个似乎是不言而喻和毋庸置疑的传统观点。

由于我们必须肯定工程活动的主体不是个体而是集体或团体（如企业）,于是,在研究工程的伦理问题时,在许多情况下,我们也就必须承认人们进行伦理分析和伦理评价时所面对的主体也不再是个人主体,而是新类型的团体主体。这就意味着,如果不能跨越一个从"个人伦理主体论"到"团体伦

---

* 本文原载《哲学研究》,2006 年第 4 期,第 95～100 页。

理主体论"的理论鸿沟，那么真正意义上的工程伦理学是不可能建立的。

西方学者研究工程伦理学问题时，首先是从研究工程师的职业伦理问题开始的，米切姆甚至直接把工程伦理学解释为"职业工程师伦理学"[①]。无论从学术史上看还是从理论逻辑上看，对工程师职业伦理问题的研究都成为了从传统伦理学走向工程伦理学的桥梁。一方面，从它是对一种具体职业进行的伦理研究来看，它在研究范式上可以顺理成章地与传统伦理学（特别是职业伦理学）挂钩；另一方面，随着研究的深入进展，学者们发现这里出现和存在着许多非传统性的问题，因而他们不得不越过传统"职业伦理研究"的边界而进入伦理学研究的新疆域。

例如，许多伦理学家都十分关心分析和研究工程活动所造成的环境污染等问题。对于这些问题，工程师无疑是有不可推卸的职业责任的。可是，如果认为工程师就是唯一的责任者，应该负完全的责任，似乎全部问题就出在工程师的伦理良心或职业责任上，那么这种观点也是不切实际和没有抓住要害的。在这里，真正的关键之处在于我们必须承认造成危害的责任主体不是单纯的个人，而是某个"团体主体"（如某个企业）和相关的"制度"。当一些伦理学家不得不这样分析和看待问题时，他们就已经在不知不觉中从传统的职业伦理学领域进入了一个可以称之为工程伦理学的新领域。

已经有一些伦理学家在研究和分析工程伦理问题时，敏锐地察觉到了在伦理主体问题上进行变革的重要性和必要性。例如，以研究责任伦理而闻名的尤纳斯认为："我们每个人所做的，与整个社会的行为整体相比，可以说是零，谁也无法对事物的变化发展起本质性的作用。当代世界出现的大量问题从严格意义上讲，是个体性的伦理所无法把握的，'我'将被'我们'、整体以及作为整体的高级行为主体所取代，决策与行为将'成为集体政治的事情'。"[②] 美国学者里查德·德汶（R. Devon）更直接而尖锐地批评了传统的个体伦理学（individual ethics）的局限性，提倡进行与个体伦理学形成对照的社会伦理学（social ethics）的研究。他批评一些学者在研究工程伦理问题时"总是把问题归结为个别的工程师的困境"，指出那种仅仅注意从工程师

---

① 米切姆：《技术哲学概论》，天津科学技术出版社，1999年，第60页。
② 甘绍平：《应用伦理学前沿问题研究》，江西人民出版社，2002年，第117页。

职业规范的角度研究工程伦理问题的方法实际上是一种个体伦理学方法，认为应该把对工程师个人伦理困境的研究作为一个起点，而不应把对个体伦理学的研究当做伦理学研究的全部内容。① 目前许多西方研究工程伦理学的学者都意识到，如果不超越个体伦理学的藩篱，工程伦理学就不可能真正建立起来。

二、功利主义和决策的伦理层面

在工程活动中决策是一个关键环节。虽然一般地说伦理因素并不是工程决策的"第一"要素，但伦理要素无疑在决策中发挥着非常重要的作用；我们可以肯定：不存在不包括伦理要素或伦理成分的决策。因此，对决策的伦理学研究——包括对伦理因素在决策中的作用的研究和对决策的伦理评价等——势必成为工程伦理学研究的重要内容。

西方伦理学研究的一个重大进展是提出了责任伦理问题。很显然，所谓责任不但包括事后责任和追究性责任，它更包括事前责任和决策责任。如果离开决策谈责任，那就难免要把责任封闭在事后责任和追究性责任的藩篱之内。所以，我们必须把对责任伦理的研究和决策伦理研究结合起来，应该把决策伦理当做责任伦理研究的"第一重点"。

工程决策是一个重要而复杂的过程，而动机和效果的考虑是影响决策的两个重要因素。任何决策都是必须考虑功效（英文的 utility 可译为功利、功效或效用）问题的，因而，在任何决策中都必定会有某种形式或类型的功利主义思想、原则或理论在起作用。

虽然功利思想的滥觞可以追溯到古希腊时期，但许多人认为功利主义伦理学的完备理论形态是由边沁首先阐发的。值得注意的是，虽然功利主义原本是一种伦理学理论，但它后来却被改造成为了一种经济学理论。在现代西方经济学中，边际效用学说的出现被公认为是一次经济学革命。边际革命的主要代表人物之一杰文斯说，他的理论"完全以快乐痛苦的计算为根据"，"经济学的目的，原是求以最小痛苦的代价购买快乐"，"我毫不踌躇地接受

---

① Devon R. Towards social ethics of technology：a research prospect，Techne，2004，8（1）.

功利主义的道德学说，以行为对于人类幸福所发生的影响定为是非的标准"，"边沁关于这个问题所说的话，固须有相当的解释和限制，但其所包含的真理太伟大了，太充分了，要躲避亦是不能的"①。我们看到：在西方思想史的发展过程中，边沁的那个作为伦理学理论的"快乐最大化"理论，逐步被改造成了作为经济学理论的"效用最大化"理论，并一直在西方经济学中占据着一个中心位置。功利主义原则从一个"伦理学原理"变成了一个"经济学原理"。

从理论方面看，在20世纪的西方学术界，经济学成为了社会科学的女皇；从现实方面看，物质工程（本文只讨论生产领域的工程而暂不讨论社会工程问题）首先是一个经济学问题而不是一个伦理学问题；于是，功利主义的"最大化"原则在许多人——特别是许多工程决策者——心目中也就蜕变成为一个经济学原则而不再是一个伦理学原则。更糟糕的是，由于许多主流经济学家狭隘地把效用最大化原则解释为利润最大化原则，这就更加促使在资本主义经济环境中，许多企业家都把利润最大化原则当做了企业决策和工程决策的首要原则甚至唯一原则。这就是说，虽然就本性而言，工程决策绝不是单纯的经济决策或技术决策，可是在现实生活中，实际情况却经常是：不少学者在理论上把工程决策等同于经济决策，而不少决策者也在实践中把工程决策仅仅当做经济决策。于是，就相当普遍地出现了工程决策中伦理层面缺失或伦理缺位的现象。

由于伦理缺位既是一种理论现象同时又是一种现实状况，所以，人们也必须从理论和实践两个方面着手去努力改变它。

在理论方面，面对功利主义从伦理学原理向经济学原理的蜕变所产生的弊端，面对20世纪经济学与伦理学分离所造成的弊端，许多学者意识到必须努力再度呼唤经济学与伦理学的结合，促使缺失的伦理层面重新回归经济学的殿堂。在这方面，获得1998年诺贝尔经济学奖的阿马蒂亚·森作出了杰出的贡献。瑞典皇家科学院在阿马蒂亚·森的获奖公告中说："森在经济科学的中心领域做出了一系列可贵的贡献，开拓了供后来好几代研究者进行研究的新领域。""他结合经济学和哲学的工具，在重大经济学问题的讨论中

---

① 杰文斯：《政治经济学理论》，商务印书馆，1997年，第42页。

重建了伦理层面。"

在实践方面，技术因素、经济因素、伦理因素、社会因素是密切联系在一起的。在工程决策中，伦理层面是不应缺位的。如果说，在理论方面把经济学与伦理学结合在一起虽有困难但还比较容易的话，那么，要想使伦理考量和伦理标准"进入"现实的工程决策就很不容易了，因为这种结合要克服的阻力不但来自思想和观念上，更可能来自某些既得利益集团和某些权力集团。因此，在工程决策中重建伦理层面不仅仅是一个理论问题，更是许许多多和真真切切的实践问题。而在这个从理论和实践两个方面重建工程决策的伦理层面的过程中，工程伦理学既是责无旁贷的，也是大有作为的。

三、"知识"和"利益相关者"的出场

回顾 20 世纪的西方伦理学，在上半叶最突出的变化是功利主义伦理学的衰微与元伦理学的兴起，在下半叶最突出的变化是元伦理学的衰微与以罗尔斯为代表的具有规范特色的社会伦理学（政治伦理学）的兴起。

在《正义论》中，罗尔斯提出了著名的"无知之幕"。这个无知之幕具有逻辑起点的意义。罗尔斯假定在原初状态下人们都处在无知之幕的后面，不但相互之间对于自己和他人的社会地位、阶级出身、天生资质、自然能力、理智状况、伦理观念、心理特征处于无知状态，而且对于自己所处的社会经济政治状况、文明和文化的水平也处于无知状态。不难看出，这种处于无知之幕之后的个人是"无差别的个人"。但是，"无知之幕"只适用于在原初状态中对正义原则的选择。因而一旦正义原则选定，而要开始将其运用时，"无知之幕"就要逐渐拉开。① 借用罗尔斯的这一思想，本文在此强调：一旦人们进入了工程伦理学领域和研究工程伦理——特别是工程决策——问题，无知之幕就必须拉开（即抛弃），这时要面对和出场的就不再是"无差别的个人"，而是"有差别的个人"。

---

① 罗尔斯：《正义论》，中国社会科学出版社，1988 年，第 185～191 页。

1. 决策是工程活动的关键环节

所谓决策，它首先表现为一种权力——决策权；其次表现为一定的方法或程序——决策方法和决策程序。这就是说，在决策中，"谁拥有决策权"和"应该根据什么程序进行决策"是两个关键。

拉开无知之幕后，在工程决策舞台上，我们看到了"知识"和作为知识人的"决策者"的出场。从企业发展的历史上看，企业的所有权和经营管理权原先是"合二而一"的，所有者同时身兼管理者。后来，由于现代工程活动和现代企业的管理活动愈来愈复杂，企业管理成为了必须具有专门知识才能胜任的事情，这就使职业管理人员应运而生，企业的所有权和管理权不得不开始分离。

职业经理人的出现是一件意义重大的事情。它不但意味着"管理权和决策权必须以具有相应的知识为前提"这个原则得到了社会的承认，并且意味着这个原则有了"职业形式"的保证。

工程活动有复杂的分工，需要多种具有不同职业的人——职业经理人、投资人、工程师、工人等进行通力合作。由于职业经理人成为了一种新职业，所以，职业经理人也应该有自身的道德要求和道德准则。但令人遗憾的是，与对工程师职业伦理问题的研究相比，目前对职业经理人的职业伦理问题的研究还处于很薄弱的状态，这种状况是急需改变的。

2. 在伦理学中，德性和知识的关系是一个大问题

对于这个问题，虽然伦理学家观点不一，但可以认为伦理学的主流观点是主张德性与知识没有必然联系。在西方哲学史上，休谟关于"是"与"应该"二分的观点便构筑了一个隔离知识与规范两个领域的理论壁垒。

所谓决策，就其本性而言，是知识要素、意志要素、理性要素、规范要素、想象要素的结合。我们可以把知识要素解释为决策者心中关于"是"的要素，把规范要素解释为决策者心中关于"应该"的要素。休谟关于"是"与"应该"二分的观点肯定了这两个要素或成分的异质性和不可互换性。"德"本身不等于"才"，"才"本身不等于"德"，就此异质性和不可互换性而言，休谟的观点是不可"突破"的。但这个观点并没有否认知识（"是"）

和规范（"应该"）——包括伦理规范和其他类型的规范——可以通过适当的方式结合起来。

从工程伦理学的角度看，拉开无知之幕后，知识在决策舞台上的出场绝不是单独的出场，相反，知识与道德必须携手出场：既不能出现伦理缺失，也不能出现知识缺失。于是，知识和伦理怎样才能携手出场的问题，便在工程伦理学中提了出来。这是一个重大而困难的问题，切盼学者们能够对此提出新观点，把对这个问题的研究推进到一个新水平。

3. 在工程决策中，不但要遇到知识和道德问题，而且要遇到利益问题

在工程活动中出现的并不是无差别的统一的利益主体，而是存在利益差别（甚至利益冲突）的不同的利益主体。对此，现代经济学、哲学、管理学等许多领域的学者都认为：决策应该民主化；决策不应只是少数决策者单独决定的事情，应该使众多的利益相关者（stake holders）都能够以适当方式参与决策。换言之，工程决策不应是在无知之幕后面进行的事情，在决策中应该拉开"无知之幕"，让利益相关者出场。

德汶在研究决策伦理时指出，在决策过程中，究竟把什么人包括到决策中是非常重要的事情，在决策过程中，两个关键问题是："谁在决策桌旁和什么放在决策桌上？"[①]

利益相关者在"决策舞台"上的出场是一件意义重大和影响广泛的事情，它不但影响到"剧情结构和发展"，即"舞台人物"的博弈策略和博弈过程，而且势必影响到"主题思想和结局"，即应该作出"什么性质"的决策和最后究竟选择什么决策方案。

如果说，以往曾经有许多人把工程决策、企业决策仅仅当做领导者、管理者、决策者或股东的事情，那么，当前的理论潮流已经发生了深刻的变化。许多人都认识到：从理论方面看，决策应该是民主化的决策；从程序方面看，应该找到和实行某种能够使利益相关者参与决策的适当程序。

应该强调指出，以适当方式吸纳利益相关者参加决策过程，不但是一件

---

① Devon R. Towards social ethics of technology: a research prospect, Techne, 2004, 8 (1).

具有利益意义和必然影响决策"结局"的事情，同时也是一件具有重要的知识意义和伦理意义的事情。

从信息和知识方面看，利益相关者在工程决策过程中的出场不但必然带进来不同的利益要求——特别是原来没有注意到的利益要求，而且势必带进来一些"地方性（local）的知识"和"个人的（personal）知识"。虽然这些知识可能没有什么特别的理论意义，可是由于决策活动和理论研究具有完全不同的本性，因而这些知识在决策中可以发挥重要的、特殊的、不可替代的作用，以至于我们可以肯定地说：如果少了这些知识就不可能作出"好"的决策。

从政治方面和伦理道德方面看，利益相关者在工程决策过程中的出场能明显地帮助决策工作达到更高的伦理水准。一般地说，一个决策是否达到了更高的伦理水准不应该主要由"局外"的伦理学家来判断，而应该主要或首先由"局内"的利益相关者来判断，按这一标准，利益相关者参与决策的意义就非同一般了。

德汶说："把不同的利益相关者包括到决策中来会有助于扩大决策的知识基础，因为代表不同的利益相关者的人能带来影响设计过程的种种根本不同的观点和新的信息。也有证据表明在设计过程中把多种利益相关者包括进来会产生更多的创新和帮助改进跨国公司的品行。""最后作出的决策选择也可能并不是最好的伦理选择，但扩大选择范围则很可能会提供一个在技术上、经济上和伦理上都更好的方案。在某种程度上，设计选择的范围愈广，设计过程就愈合乎伦理要求。因此，在设计过程中增加利益相关者的代表这件事本身就是具有伦理学意义的，它可能表现为影响了最后的结果和过程，也可能表现为扩大了设计的知识基础和产生了更多的选择。"[①]

四、工程伦理学的学科性质和为"实践伦理学"正名

工程伦理学以工程活动中或与工程密切相关的伦理现象和伦理问题为基本研究对象。在进行伦理学的学科分类时，许多人都把工程伦理学这个学科

---

① Devon R. Towards social ethics of technology：a research prospect，Techne，2004，8（1）.

归类于"应用伦理学"（applied ethics）或"实践伦理学"（practical ethics）。

对于伦理学的分类，有一种影响很大的传统观点认为："我们可以把伦理学分为理论伦理学和实践伦理学"："前者发现规律，后者应用规律；前者告诉我们已做的是什么，后者告诉我们应该做什么，实践伦理学是理论伦理学的应用。"[①] 根据这种观点和解释，"实践伦理学"就是把理论伦理学"应用于"实践的"应用伦理学"。

应该指出，如果从外延方面看问题，那么，许多中外学者有基本一致的看法，即认为可以把环境伦理学、生命伦理学、核伦理学、工程伦理学、计算机伦理学、网络伦理学、经济伦理学等学科总称为应用伦理学或实践伦理学。但是学者们对应用伦理学或实践伦理学的许多基本理论问题还存在着很多分歧。许多人不赞成把应用伦理学"定义"为"伦理学理论的应用"。例如，有的学者认为："应用伦理学不是伦理学原则的应用，而是伦理学的一个独立学科体系和完整的理论形态；应用伦理学的意义不是应用的伦理学，而是被应用于现实的伦理学的总和……应用伦理学是伦理学的当代形态。"[②] 另有学者也认为，在开展应用伦理研究时，不应采取"伦理学的应用"的思路，而应该把应用伦理学理解为一种与"伦理学的应用"大不相同的思路。[③]

孔子说："名不正则言不顺，言不顺则事不成。"既然不应把应用伦理学解释为伦理学的应用，那么，应用伦理学这个名称显然就是不合适的。

在这里，更关键和更核心的问题还不是名称是否恰当，而是在基本哲学立场和研究路数（approach）方面存在许多重大的分歧。怀特伯克等学者认为：应用伦理学和实践伦理学其实并不是同一个对象的两个不同的名称，它们实际上代表着两种迥然不同的伦理学理论体系和研究路数。

应用伦理学的基本路数是强调理性主义的基础主义伦理理论的应用，而实践伦理学则强调从有重要伦理意义的实践问题开始。根据实践伦理学的观点，在道德上可以接受什么的判断不是"自上而下"（top down）地来自原理，而是通过类比推理从案例到案例（case-to-case）而产生的。在实践伦

---

① 梯利：《伦理学导论》，广西师范大学出版社，2002年，第14、15页。
② 赵敦华：《道德哲学的应用伦理学转向》，《江海学刊》，2002年第4期。
③ 唐凯麟、彭定先：《论应用伦理学研究的重要使命》，《武汉科技大学学报》，2002年第2期。

理学中，考察的焦点是问题情景以及来自实践者的带经验性的伦理和受利益相关者影响的带经验性的伦理。采取实践伦理学路数的哲学家期望利用有关共同体的实践经验，他们期望通过与实践者和其他人文社会科学学者的合作而发展实践伦理学。

实践伦理学和应用伦理学在许多问题上都是观点相左的。例如：能否单独在理性基础上叙述伦理原理；是否在伦理学中有意义的原理和道德规则都不是抽象的而是包括了对应用范围的理解；把抽象的伦理原理和实际遇到的问题情景联系起来时是否会遇到意外的道德陷阱；等等。①

根据以上分析，我认为，工程伦理学应该定性和命名为"实践伦理学"而不是"应用伦理学"。

工程伦理学是一个重要的伦理学分支学科，我们必须大力推进它的研究和发展。为此，我们不但必须注意在伦理学内部把工程伦理学研究与其他伦理学分支学科的研究密切结合起来，而且必须注意在外部把工程伦理学研究与其他社会科学学科的研究密切结合起来。

马克思说："工业的历史和工业的已经产生的对象性的存在，是一本打开了的关于人的本质力量的书"②。马克思的这段话对哲学、社会学、伦理学、经济学、管理学、历史学等学科都是具有头等重要的指导意义的。

现代社会中，工程活动是最基本的实践活动方式，工程活动中不但体现着人与自然的关系，而且体现着人与人、人与社会的关系。

人与自然的关系从根本上说不是"静观关系"而是"工程关系"。这种关系既不应是"自然狂暴、人类无助"，也不应是"人类征服自然"，而应是"人与自然和谐"。环境伦理学、生态伦理学、工程伦理学应该在"人与自然和谐"这个原则和理想中结合起来。

在哲学和社会学领域，许多学者都在努力研究人的本质、主体间性、"生活世界"等方面的许多问题。由于工程活动是现代社会存在和发展的基础，由于工程和生产活动中存在与发展着的主体间关系是最常见、最基本的主体间关系，由于工程活动是生活世界的基础和基本内容之一，我们有理由

---

① Whitbeck C. Investigating professional responsibility，Techne，2004，8（11）.
② 《马克思恩格斯全集》第 42 卷，人民出版社，1979 年，第 127 页。

肯定：如果我们对"工程活动中所表现出的"人的本质视而不见，对"工程活动中的主体间性"视而不见，对作为"生活世界的基本内容和基本形式"之一的工程活动视而不见，那么我们就不可能真正认识人的本质，也不可能真正了解主体间性与生活世界。我们应该把工程哲学、工程伦理学、工程社会学、工程管理学、工程史等学科的研究密切结合起来，不但努力深化对人、自然和社会的认识，而且努力使这些学科的理论成果转化成为促进现实世界改变的力量。

工程与伦理的互渗与对话

——再谈关于工程伦理学的若干问题*

大约在 20 世纪 70 年代，工程伦理学在美欧等发达国家开始创立。经过大约 30 年的积累、发展和蓄势，有人认为，工程伦理学目前已经进入"起飞"阶段[①]。

许多指标（论著数量、教材数量、社会影响、学科制度化情况等）都在表明："工程伦理学""在美国"确实可以说已经"起飞"了。

可是，当考察"工程伦理学""在中国"的状况时，我们遗憾地看到：虽然中国学者已经有人关注了工程伦理学问题的研究[②]，但"在中国的"工程伦理学还远远谈不上进入了"起飞"状态，对于其状况和影响我们似乎只能说处于刚刚"起步"——而不是"起飞"——的态势。

在中国的工程界和学术界，"目前"认真关注工程伦理学问题的学者还很少。在中国伦理学界的"盛装晚会"上，工程伦理学目前还只是一个不显眼的"灰姑娘"；在中国的伦理学地图上，工程伦理学目前也还只处于"边缘"的位置。但我们相信并期待：今天的"灰姑娘"明天将变成"别样的容貌"，令人刮目相看；在明天的伦理学地图上，工程伦理学也将从"边缘区"走到"中心区"，并且在"中心区"占有一席之地。

---

* 本文原载《华中科技大学学报（社会科学版）》，2006 年第 4 期，第 71～75 页。

① Brumsen M，Roeser S. Research in ethics and engineering. Techne，2004，8（1）.

② 肖平、曹南燕、李世新等学者率先在中国从事了工程伦理学的研究工作。

我认为,"中国的"生命伦理学、环境伦理学、计算机伦理学都已经"起飞"了,我们希望"中国的"工程伦理学也能够步其后尘迅速"起飞"。

一、工程与伦理的相互"疏离"与相互"遗忘"

从历史或传统观点看问题,由于多种原因,工程与伦理之间曾经存在着一道虽然无形然而却又很难跨越的鸿沟,工程界往往不怎么关心伦理,伦理界往往也不怎么关心工程,二者处于相互疏离、相互遗忘,甚至是相互"排斥"的状态,很少有相互渗透和平等对话。

本文无意于具体而深入地分析和讨论这个问题,而将满足于以窥豹一斑的方法进行一些议论。

让我们先看工程界的情况。

布西阿勒里是一位工程师,最近他出版了《工程哲学》一书。该书的《导言》用一句"引言"作为开端。根据作者的"注释",这是在一次"很平常"的工程专业会议上的一位"很平常"的工程师说的一句话:"让我们停止所有这些哲学化的讨论回到正题吧。"紧接着,布西阿勒里评论说:"哲学和工程好像是两个分开的世界。从他们的谈话中,我们可以推论出工程师对于哲学家讨论的问题和从事的分析评价很低。"① 我猜测:布西阿勒里之所以引用这样一位显然"非著名工程师"——而不是"著名工程师"——的话作为他议论的由头,大概是他认为这会使这句话更具有普遍性和"标志性"。

如果说上面的第一个事例反映了许多工程界人士对于哲学和伦理学的轻视、漠视、误解和偏见,那么下面的第二个事例反映的就是另外一方面的状况了。

阿马蒂亚·森是 1998 年诺贝尔经济学奖的获得者,他尖锐地批评了现代经济学与伦理学的分离,并以"结合经济学和哲学的工具,在重大经济学问题的讨论中重建了伦理层面"而闻名学术界②。可以说,他既是一位经济学家同时又是一位伦理学家。在《伦理学与经济学》这本名著中,他是这样

---

① Bucciarelli L L. Engineering Philosophy. Delft:Delft University Press,2003:1.
② 这是瑞典皇家科学院在"获奖公告"中对阿马蒂亚·森的评语。

理解和定义"工程学方法"的:"'工程学'方法的特点是,只关心最基本的逻辑问题,而不关心人类的最终目的是什么,以及什么东西能够培养'人的美德'或者'一个人应该怎样活着'等这类问题。"① 尽管我们必须承认阿马蒂亚·森是一位卓越的经济学家和伦理学家,承认阿马蒂亚·森的上述观点和看法也并非完全是"空穴来风",但我认为同时又应该肯定:阿马蒂亚·森对"工程"和"工程方法"的"理解"和"定义"是带有很大片面性和带有很大偏见的。更糟糕的是,阿马蒂亚·森的"这个观点"已经产生了一定的影响。例如,另外一位著名伦理学家,曾任"国际企业、经济学与伦理学学会"主席的恩德勒教授就完全赞同阿马蒂亚·森的"这个观点",他说:"可笑的是,这一方法在主流经济伦理学中也可看到。"② 实际上,这种贬低工程、把工程活动原则与伦理原则对立起来的看法,在学术界——包括伦理学界在内——简直可以说是一种"习惯性"的看法。

以上两个事例典型地反映了工程界和伦理学界之间存在相互隔离、相互疏离和相互误解的现象,毫无疑问,这种状况对于双方都是一种深深的伤害。

著名经济学家布坎南曾经尖锐地指出,现代经济学家和现代伦理学家在认识和分析问题时往往相互分离、背道而驰,他说:"**经济学家**试图只根据效率来评价市场而**忽略伦理问题**,而**伦理学家**(以及规范的政治政府学家)的特点则是(在从根本上思考了有关效率的思考之后)**蔑视效率思考**而集中思考对市场的道德评价,近来则是根据市场是否满足正义的要求来评价市场(黑体为引者所加)。"③ 人们看到,布坎南所说的这种相互分离、相互背离的关系和状况,在工程界与伦理学界之间也是存在的。

曾任美国工程协会联合会伦理学委员会主席的小布卢姆(T. H. Broome, Jr.)在 20 世纪 90 年代初撰文指出,在哲学和工程之间存在着多重鸿沟,而要想在这些鸿沟上架设桥梁绝不是一件容易的事④。

---

① 阿马蒂亚·森:《伦理学与经济学》,商务印书馆,2000 年,第 10、11 页。
② 恩德勒:《面向行动的经济伦理学》,上海社会科学院出版社,2002 年,第 59 页。
③ 布坎南:《伦理学、效率与市场》,中国社会科学出版社,1991 年,第 3 页。
④ Broome T H . Bridging gaps in philosophy and engineering. In:Durbin P D. Critical Perspectives on Nonacademic Science and Engineering. Bethlehem:Lehigh University Press, 1991.

如今我们高兴地看到，上述哲学、伦理学和工程之间的相互分离、相互遗忘、相互误解的状况"正在"发生改变，而工程伦理学和工程哲学[①]这两个学科的先后创立和发展则既是情况"正在"发生改变的反映，同时它们又成为了推动情况发生进一步改变的动因。我们知道，要想根本改变这种状况，还需假以时日，在这方面还有很长的道路要走。

我们希望大力加强工程与伦理的对话，努力推动和促使工程伦理学在中国能够有一个大的发展——这无论对于工程界还是对于伦理学界都将是意义重大、影响深远的事情。

应该强调指出："加强工程与伦理的对话"是一件涉及工程界和伦理学界"双方"的事情，是一件必须进行"双向努力"的事情。为此，在工程界和"工程活动"方面，人们应该大力推动与促进工程活动的伦理意识与伦理自觉；另一方面，在伦理学界和"伦理实践"方面，人们应该大力推动和促进伦理学的工程关注与工程意识。离开了上面所说的"双方"和"双向"的努力，工程伦理学的进展是不可想象的；而如果有了这个"双方"和"双向"的努力，我国工程伦理学的"起飞"应该是指日可待的。

在此我还想顺便指出：美国的工程伦理学之所以能够取得长足的发展，之所以能够成功地进入"起飞阶段"，其最重要的原因和最重要的经验之一就是美国的工程界和伦理学界进行了密切的"双方"合作和强大的"双向"努力。在这方面，美国同行的经验是值得我们认真学习和大力借鉴的。

二、努力强化工程活动的伦理意识与伦理自觉

应该强调指出：就其本性而言，工程活动绝不是单纯的技术活动，也不是单纯的经济活动，它是包含了经济、技术、社会、管理、伦理等多方面要素对其进行了"系统集成"的活动；在工程活动中，伦理要素是一项基本要素，伦理内容是一项基本内容，因而，伦理标准也应该成为评价工程活动的一个基本标准，对于工程活动来说，伦理问题是具有很大重要性的，任何忽

---

① 关于工程哲学的发展情况可参阅余道游的《工程哲学的兴起及当前发展》（《哲学动态》2005 年第 9 期）。

视伦理重要性的观点都是错误的，不可接受的。

可是，以上所说只是"应然"的情况而不是"实然"的情况，从现实的"实然"情况来看，目前在我国的工程活动中，那种忽视——甚至蔑视——工程伦理的情况还相当严重。

最近几年，我国媒体揭露了在工程建设和工程活动中出现和发生的许多严重问题，如严重拖欠农民工工资、工程事故频发、工程质量低劣等，并且这类问题在屡屡揭露后仍然屡屡发生。

应该如何认识和分析这些问题呢？

应该承认，这些问题从"直接表现"来看，人们往往并不把它们"归类"为伦理问题，而是把它们看做是经济问题（如工资问题）、技术问题（如工程质量问题）或管理问题等等，可是，我们又必须看到：在所有这些问题的"背后"都存在着"内在的"伦理问题。在这些问题中，伦理问题和其他问题"纠缠"在一起，使所有这些问题都成为了"渗透着伦理要素（或成分）"或"具有伦理内容"的问题。如果不注意这些问题中的"伦理要素（或成分）"，不注意这些问题的"伦理性质"，人们是不可能真正认识这些问题的性质和根源，也不可能从根本上解决这些问题的。

自改革开放以来，经济发展和工程建设在我国成为了工作的中心和人们注意力的"中心"，"效率优先，兼顾公平"成为了被大家认可的经济和工程建设的指导原则。应该注意，这个"效率优先，兼顾公平"的原则不但是一个"经济原则"和"技术原则"，它同时也是一个具有伦理内容和伦理意义的"伦理原则"。

很显然，在"效率优先，兼顾公平"这个口号中绝没有"效率唯一"的含义；而"兼顾公平"的含义中更清楚明白地反对与排斥了那种"不顾公平"的观点和行为。

可是，现实生活往往要比理论复杂，在当前的经济和工程活动中人们目睹了越来越多和越来越严重的"只顾赚钱、不管道德"的现象。面对现实生活中的这些"不良现象"和"丑恶现象"，有人认为我们当前已经应该"抛弃""效率优先，兼顾公平"这个口号了。我不同意这个看法，我认为，在当前的形势下，还是应该继续坚持"效率优先，兼顾公平"这个口号，可是，面对现实情况，我们不但需要有一定的政策上的调整，在思想和认识上，也要有一定的调整：如果说在"效率优先，兼顾公平"这个口号中，过去有许多人往往更关注"效率优先"方面，那么，现在，人们就应该更加强调和重视"兼顾公平"方面了。

为了真正能够使"兼顾公平"原则得到落实，我们必须大力强化有关人员的伦理意识，大力提高有关人员的道德水平和伦理自觉。

应该正视和必须承认：在我国的工程界和经济界，许多人的伦理观念和伦理意识是很薄弱的。在经济界和工程界，有些人认为我们还不能像西方发达国家那样"讲究"经济伦理和工程伦理，有些人甚至不知经济伦理和工程伦理为何物，这些思想和认识是错误的，必须改变。

在工程活动中，伦理因素是一个"渗透性"的要素，它深刻地渗透在工程活动的其他成分和要素之中；伦理因素既可能是促使工程成功的原因，也可能是导致工程出现问题的原因。从那些成功的"模范工程"中，我们看到了其中渗透着的高尚德性和德行，看到了高度负责的伦理精神和道德意识；而在那些"问题工程"中，人们毫无例外地感受到了其中散发出的道德败坏的气息。

应该注意，正因为伦理要素是一个渗透性要素，于是，伦理因素和伦理问题也就不但存在于那些正面和反面的典型事件和典型人物——如具有奉献精神的先进人物、高度负责的工程师、草菅矿工生命的黑心矿主、贪婪的包工头、受贿的管理者、仅仅热心政绩而不关心民生疾苦的官员——之中，而且普遍地存在于任何一项工程活动和全部"工程参与者"之中。

本文不拟具体讨论效率和公平、工程与伦理的相互关系，只想指出：二者既不是"天然一致"的关系也不是"必然排斥"的关系，不能认为"经济发展必然伴随道德境界的提高"，我们必须坚决反对那种"只要效率，不管公平"的错误观点和丑恶行为。

曾经有不少人认为，中国的经济发展和工程建设的主要问题是效率和利润问题，目前还"顾不上"考虑伦理问题。而现实生活告诉我们，对于工程中的伦理问题再也不能掉以轻心了。针对目前现实生活中频频出现的"只顾赚钱，不管公平"和"工程与经济伦理意识薄弱"的现象，努力强化工程活动的伦理意识与伦理自觉，认真研究和对待经济和工程活动中的伦理因素和伦理问题，已经不但是重要的理论需要而且是迫切的现实需要。

美国学者在一本重要的工程伦理学教科书中提出，学习工程伦理学的一个重要目的就是要提高人们的道德意识（moral awareness），要能够熟练地辨识出工程中的道德问题[①]。我很赞成这个观点。当前，我们再也不能忽视或轻视工程中的伦理和道德问题了，再也不能对工程中的伦理和道德问题麻木不仁了。

工程界和伦理学界应该在认真的对话中努力增强各界人士对工程活动中伦理问题的识别能力，努力提高人们的工程伦理意识、伦理自觉和伦理境界。

三、大力推进伦理学的工程关注与工程意识

从历史上看，伦理学一向是关心伦理规范和伦理实践问题的。可是，在20世纪初，在西方伦理学界却兴起了一股只关心和研究伦理学的"理论问题"，却摒弃"实践伦理学"的强大潮流。一时间，"元伦理学"成为了许多伦理学家的"新宠"。

这种情况在20世纪下半叶又发生了变化。许多人认为，罗尔斯《正义论》的出版标志着在"伦理学王国"中规范伦理学的潮流再度复兴。

有人会注意到：罗尔斯的《正义论》是1971年出版的，而工程伦理学大约也是在此前后的时间中创立的——二者在时间上的"吻合"或"同步"不应该只是一种巧合，它们应该在相互关系上存在着某种内在关系和内在联系。

本文无意于分析或"考证"二者的关系和联系，在此只想指出：二者应该都是伦理学中"实践伦理学"强大潮流复兴的突出标志与强烈信号。

工程伦理学的实质与灵魂集中反映了伦理学这个古老而年轻的学科，它把"工程关注"放在了突出的位置上。伦理学是一门历史悠久的学科，可是，无论在西方、在中国还是在其他文明的伦理学传统中，伦理学都只关注了其他领域的许多伦理实践问题而没有真正关注"工程实践"中的"伦理问题"。

---

①   Martin M W，Schinzinger R. Ethics in Engineeing. Boston：McGraw-Hill，2005：9.

我认为，应该把工程伦理学的创立看做是整个伦理学发展历史上的一件大事，因为它标志着在经过了两千多年的漫长发展历程之后，伦理学家和"伦理学本身"终于寻找到了早就应该觉醒的"伦理学的工程意识"——伦理学终于把作为人类最重要、最基本的实践方式的"工程活动"的"工程伦理的实践问题""纳入"自己的"中心视野"了。

回首往事，人们会觉得"奇怪"——在大约两千年的伦理学历史上，伦理学大谈"实践"时，竟然在很大程度上"忘却"了工程实践这种最重要、最普遍、最普通、最基础的社会实践活动，工程伦理问题在伦理学的整个"原野"或"视野"中仅仅占据了一个非常"边缘"的位置——甚至可以说基本上被"遗忘"了。

由于多种原因，许多伦理学家都缺乏"工程关注"与"工程意识"。我想强调指出，本文议论的对象不是指"个别"的伦理学家，因为就"单个"伦理学家而言，他（她）完全可以有自己本人的伦理关注与学术兴趣，他（她）不关心工程伦理问题完全是无可非议的；可是，如果就伦理学的"整体"而言，那就是另外一回事了——因为这涉及了工程伦理学在整个伦理学"王国"中的位置和作用的问题。

伦理学界一向是怀有深刻的"伦理实践关怀"的。我们看到：由于工程实践是最基础、最重要的实践活动，那么，我们就有理由把工程伦理学在整个的实践伦理学中的地位比喻为巴西或阿根廷在南美洲的地位；于是，在实践伦理学领域，如果人们"忘却"了工程伦理学，那么，就会出现类似于研究南美洲而"忘却"巴西的现象——我认为目前的中国学界就存在着类似的现象。

目前，中国的工程伦理学在很大程度上还是伦理学王国中的一个"巨大空场"、"学术空洞"，或者更准确地说，是学术"处女地"。

学术发展的内在逻辑和现实生活的迫切需要都在要求大力发展我国的工程伦理学。

我国工程伦理学的未来发展前景也是令人乐观的。为了促进我国工程伦理学的迅速发展，伦理学界必须大力强化自己的工程关注和工程意识。

伦理学界如果不大大强化自己的工程关注和工程意识，他们就无法与工程界进行真正的、深入的对话。

伦理学界如果不大大强化自己的工程关注和工程意识，他们就无法真正实现自己的学术使命、伦理使命和社会使命。

　　我和许多人一样，希望能够看到工程伦理学在中国也早日进入"起飞"阶段。

关于工程伦理学的对象和范围的几个问题

——三谈关于工程伦理学的若干问题*

在伦理学舞台上，工程伦理学是一个"后出场者"。

工程伦理学滥觞于 20 世纪 60 年代，经过数十年的探索、积累和发展，有西方学者认为目前的工程伦理学已经进入了"起飞"时期[①]。

根据马丁（M. W. Martin）和辛津格（R. Schinzinger）的《工程伦理学》（2005 年第四版）一书所提供的材料，自 20 世纪 60 年代以来，在美国出版的工程伦理学著作逐渐增多：20 世纪 60 年代出版了 2 本著作，70 年代出版 2 本著作，80 年代出版 3 本著作，90 年代后突然加速，出版 6 本著作，进入 21 世纪，从 2000 至 2003 年，4 年中出版了 4 本著作（按：以上统计中不含再版著作）[②]。这些数字告诉我们：就美国伦理学界的情况而言，工程伦理学目前正在呈现要发展成为"显学"的势头。

然而，从世界范围来看，在不同国家中，工程伦理学发展的步伐和状况是很不平衡的。与美国工程伦理学发展的繁荣现状相比，中国工程伦理学的发展显得明显滞后，这种状况与我国工程建设发展的迫切需要和目前中国堪称世界第一工程大国的状况是极不相称的。现实生活的迫切需要和理论发展的内在逻辑都在呼唤中国的工程伦理学急起直追，迅速发展。

---

* 本文原载《伦理学研究》，2006 年第 6 期，第 26~30 页。

① Brumsen M，Roeser S. Research in Ethics and Engineering. Techne，8（1）：298、299.

② Martin M W，Schinzinger R. Ethics in Engineering. Boston：McGraw-Hill，2005.

一、开创工程伦理学的前提和基础

一般地说，对于任何一门学科的开创来说，其研究对象和研究范围的问题都是一个必须首先解决的前提性和基础性问题。可是，对于工程伦理学来说"这个问题"却成为了一个具有特殊困难的问题，因为"这里"出现了一个"深层次"的困难问题。

在直接的意义或"第一层次"意义上，这里并没有出现什么特别困难的问题，因为学者们一致认为工程伦理学的基本对象和基本主题是研究"工程"动中——或更广泛地说"与工程活动有关"——的伦理学问题。

对于"工程伦理学"这个学科，美国学者使用了 engineering ethics（可直译为"工程伦理学"）和 ethics in engineering（可直译为"工程中的伦理学"）这样两种不同的称呼，两个名称没有区别①。从"第二个"名称中，我们可以看到对于"这个学科"的研究对象和范围的"直接"而"明确"的宣示。

可是，"工程"是什么呢？或者说，"工程活动的基本内容和性质是什么"呢？这却是一个意见纷纭的问题了，于是，对于工程伦理学的创立和发展来说，这"第二个"问题就成为了一个具有"深层次"困难的问题了。

实际上，工程伦理学迄今的发展历程也告诉我们，这个"深层次"的关于"工程"的对象和范围的问题才真正是工程伦理学开拓和发展的前提性、基础性、定位性和导向性的问题。

所谓"前提性"和"基础性"是指：只有在承认"工程"是一个相对"独立对象"的情况和条件下，人们才会想到需要与应该创立工程伦理学；反之，如果"工程"不是一个相对"独立"的对象，如果其中没有大量、复杂、崭新的伦理问题，人们也就无须多此一举地去创立工程伦理学了。

所谓"定位性"和"导向性"是指：如果对于"工程的性质"和"工程的特征"有不同的认识，那么，势所必然地就要导致在工程伦理学的学科定

---

① 丛杭青：《工程伦理学的现状和展望》，《华中科技大学学报（社会科学版）》，2006 年第 4 期。

位、研究范围、学科特征、发展方向等问题上出现不同的认识和观点。

我们以下就分别对这两个方面的问题进行一些简要的分析和讨论。

首先，工程活动是否确实是一种"独立"的社会活动方式呢？

在现代社会中，科学技术——特别是科学——的"理论地位"很高，在许多人的心目中，工程仅仅是科学技术的"应用"。如果这种仅仅把工程活动解释为科学的"应用"或"附庸"的观点可以成立的话，工程就不再是一种"独立"的社会活动方式，从而，开创工程伦理学的现实前提和学理前提也就不存在了。

可是，现实生活和理论分析都告诉我们：科学活动以发现为核心，技术活动以发明为核心，工程活动以建造为核心；科学、技术和工程是三种不同的社会活动方式，它们有不同的性质、特点和社会作用，人们是不应把它们混为一谈的。根据这种对科学、技术和工程的"三元论"认识①，人们不但需要进行科学哲学和技术哲学的研究，而且需要进行工程哲学——包括工程伦理学——的研究。

应该承认，在很长的一段时间内，许多人都不愿意承认工程活动是一种"独立"的对象和"独立"的社会活动，他们把技术看做是科学的"应用"，又把工程看作技术的"应用"，于是，工程的"独立"地位就被消解和否定了，工程成为了科学的"附庸"——甚至是"二级""附庸"。在这种似是而非的"附庸论"观点的笼罩下，工程伦理学是不可能形成一个独立的伦理学分支学科的。

在开创工程伦理学的过程中，学者们花费了很大精力去批评那种把工程说成是"科学的应用"的简单化观点，这是很必要的。如果不冲破这种"附庸论"观点的樊笼，工程伦理学是不可能创立的；如果不突破这种"附庸论"的樊篱，工程伦理学是不可能得到发展的。

应该强调指出：工程绝不是科学的简单"应用"或"低一级"的"附庸"；在社会生活中，工程活动是一种非常重要的基本社会活动方式。工程活动的基本特点是其集成性和建构性，工程活动是集成了多种要素——包括技术要素、经济要素、知识要素、管理要素、社会要素和伦理要素等——的

---

① 李伯聪：《工程哲学引论》，大象出版社，2002年。

物质建造性社会活动。在工程活动中，伦理要素不但必然存在，而且工程中的伦理要素常常和其他要素"纠缠"在一起，使问题复杂化，形成了许多可以被称为伦理"困境"（dilemma）的问题，这就成为了开创和发展工程伦理学的现实基础和学理前提。

既然工程是一种"独立"类型的社会活动，既然工程活动中存在着许多复杂的伦理问题，那么，关于工程伦理学"存在"的现实基础和学理前提的问题也就基本解决了。

二、"狭义"的工程伦理学

如上所述，对于工程伦理学的开创和发展来说，"工程的对象和范围"不但是一个前提性和基础性的问题，而且还是一个具有"定位性"和"导向性"的问题，因为，如果对工程的对象、性质和内容有不同的认识和理解，那么，在工程伦理学的"定位"和"发展方向"问题上人们也必然会出现不同的认识。

大体而言，由于对于"工程"的性质、对象和范围存在着"广"、"狭"两种不同的理解，从而也就在工程伦理学的学科定位和学科发展方向上出现了可以分别称之为"广义"和"狭义"的两种理解和两种发展进路。

在工程活动中，工程师发挥着非常重要的作用。正像有人把科学解释为科学家所从事的活动一样，也有人把工程解释为工程师所从事的活动。如果这种认识和解释可以成立的话，一个"顺理成章"的推论就是可以把工程伦理学"定位"于"工程师的职业伦理学"。我们看到，确实有许多学者主要就是这样对工程伦理学进行"定位"的，我们可以把这种定位的工程伦理学称为"狭义"的工程伦理学。例如，有一本影响很大的工程伦理学教科书就明确地说："工程伦理是一种职业伦理，必须与个人伦理和一个人作为其他社会角色的伦理责任区分开来。"①

应该承认和必须强调指出：这种对工程伦理学的"狭义"理解和"定位"（或曰"定向"）不但在"历史"上对于工程伦理学的开创和发展曾经发

---

① 哈里斯等：《工程伦理：概念与案例》，北京理工大学出版社，2006年，第13页。

挥了非常重要的作用，而且这个"定向"在"现实"中还将继续对工程伦理学的发展起到重要的推动作用。对于工程伦理学在这种职业伦理学的"定位"和"导向"下所取得的成绩我们是必须给予充分肯定和高度评价的。

从理论方面看，这种"狭义"的工程伦理学"方向"的研究，已经取得了许多重要成果，特别是对于工程伦理学作为一个学科的诞生它还发挥了助产和催生的作用；从实践方面看，这个方向的研究有力地推进了职业工程师和"工程师共同体"的伦理自觉和伦理水准；从教育方面看，这种定位强有力地推进了对工科大学生的职业伦理教育，目前，美国工程界和工程教育界在必须使工程伦理学教育成为工程教育的一个不可缺少的组成部分方面已经取得了基本的共识。可以肯定地说——特别是对于工程教育来说——这种把工程伦理学主要"解释"为工程师职业伦理学的"定位"和"方向"今后不但必须继续坚持而且必须努力使之有新的光大和发扬。

工程师和科学家是两种不同的职业，他们组成了两个不同的"共同体"。在近现代社会的历史发展过程中，科学家和工程师的形成路径、社会角色特征、自我意识特点和职业伦理原则都是有很多不同的。

对于"现代科学家队伍"的形成，英国的"皇家学会"路径和法国的"科学院"路径发挥了关键性的作用。在前一种模式中，皇家学会会员中的科学家是以"业余科学家"的"身份"出现和存在的；在后一种模式中，科学院院士是以"国家雇员"的身份出现和存在的；虽然二者的"社会角色性质"不同，可是这种"社会角色性质"的不同并没有影响到科学家对"科学家这种社会角色"的社会作用和伦理准则的认识，因为二者都"顺理成章"地把科学家的"角色任务"和"伦理责任"定位为"追求真理"和"为全人类和全社会的福祉服务"。可是，在近现代经济和社会发展史上，工程师这种职业主要地却是作为公司雇员而发展起来的。作为公司的雇员，工程师在自身的职业原则上"顺理成章"地确立和接受了要"为雇主和公司服务"的职业伦理原则和立场。

如果说，工程师的这个"职业伦理原则"在最初阶段还没有遇到什么大的困难和大的挑战，那么，随着工程活动的规模越来越大和职业工程师的作用越来越大，许多工程师越来越深刻地认识到他们必须重新认识工程师的社会作用和职业伦理准则的问题。

在 19 世纪末和 20 世纪初，许多工程师热情满怀地要求重新认识和重新定位工程师的社会作用和伦理责任，他们明确提出工程师不应仅仅忠诚于雇主的利益而应该服务于全人类和全社会的利益。例如，1906 年在康奈尔的土木工程协会的会议上，有人就豪情满怀地说："工程师，而不是其他人，将指引人类前进。一项从未召唤人类去面对的责任落在工程师的肩上。"① 在这种豪情的鼓舞和支配下，一些工程师要求为工程师这个职业重新进行社会"定位"，他们不但雄心勃勃地希望与要求工程师掌握经济性工程活动的领导权和代表权，而且雄心勃勃地要求工程师掌握"政治性"工程活动的领导权和代表权；于是，这就分别出现了所谓的"工程师的反叛"和"专家治国运动"。

所谓"工程师的反叛"（the revolt of the engineers）发生在 20 世纪初的美国。它的领导人是库克（Morris L. Cooke）。库克"革命性"地提出了工程师的社会责任和职业自主问题，他认为"忠诚于大众和忠诚于雇主是对立的"，"工程有着伟大的未来，可是，工程被商业支配却是对社会的可怕威胁"②。如果说，在"工程师的反叛""运动"中，工程师还只是在向"资本家"争取经济领导权，那么，在"专家治国运动"中，工程师就是在向政治家争取政治领导权了。

"工程师的反叛"和"专家治国运动"像工业革命时期发生的"工人捣毁机器"的"卢德运动"一样都失败了，可是，它们的历史作用和意义却是不容否认的。正像"卢德运动"反映了工人阶级（阶层）在自身觉悟的道路上曾经走过曲折的道路一样，人们从"工程师的反叛"和"专家治国运动"过程中看到了工程师阶层在"自身觉悟"道路上也难以避免地走了一条"曲折前进"的道路。

应该强调指出，正像"卢德运动"并没有"完全失败"一样，我们也绝不能认为"工程师的反叛"和"专家治国运动"完全失败了。这两个事件的一个重要后果被肯定和坚持下来，不但工程师自身而且社会各界都已经承

---

① 米切姆：《技术哲学概论》，天津科学技术出版社，1999 年，第 89 页。
② Layton E T. The Revolt of the Engineers. Baltimore：The Johns Hopkins University Press，1986：159.

认：工程师的职业伦理准则再也不能是单纯地忠诚于雇主而是必须把忠诚于社会放在首要位置了。

工程师的职业性质和特征"决定"了要正确认识和真正确立工程师的职业责任和职业伦理原则势必要经历一个长期、困难而曲折的历程。应该承认，关于工程师究竟应该在社会进步中发挥什么作用的问题、关于工程师怎样才能把忠诚于其雇主的要求与工程师对大众的责任统一起来的问题目前都还不是已经完全"解决"了的问题。可是，这并不妨碍我们肯定自 20 世纪初期以来，在工程师的社会责任和伦理自觉方面，无论在认识上还是在制度上都取得了一些重大的进步和进展。虽然今后在这个"领域"中那种"反叛性"、"革命式"的事件也许难以再次发生，但人们完全可以预期这里将不断地出现"改良性"的进步——而"狭义"的工程伦理学也必将不断地在这个进程中发挥其重要作用。

与其他许多职业——如工人、科学家、医生等——相比，工程师这种职业是一种具有某些特殊的"自身困境"的职业。谢帕德说，工程师是"边缘人（marginalmen）"，因为工程师的地位部分是作为劳动者，部分是作为管理者；部分是作为科学家，部分是作为商人（businessmen）[①]。莱顿说"工程师既是科学家又是商人。""科学和商业有时要把工程师拉向对立的方向"[②]，这就使工程师在"自身定位"和确立自身的"职业伦理准则"时难免会陷于某种"难以定位"和"难以自处"的"困境"。哈里斯说："工程行为规范要求工程师作为雇主的忠诚的代理人，又要求他们将公众的安全、健康和福祉放在首位。这两种职业责任有时是相互冲突的，并使工程师陷入了道德和职业的困境之中。"[③]

1998 年，博德尔在《新工程师》一书中说："工程职业好像到了一个转折点。它正在从一个向雇主和顾客提专业技术建议的职业演变为一种以既对社会负责又对环境负责的方式为整个社群（the community）服务的职业。工

---

① Beder S. The New Engineer. South Yarra：Macmillan Education Australia PTY Ltd，1998：25.

② Layton E T. The Revolt of the Engineers. Baltimore：The Johns Hopkins University Press，1986：1.

③ 哈里斯等：《工程伦理：概念与案例》，北京理工大学出版社，2006 年，160 页。

程师本身和他们的职业协会都更加渴望使工程师成为基础更广泛的职业。雇主也正在要求从他们的工程师雇员那里得到比熟练技术更多的东西。"①

还应该强调指出的是，在发达国家中，许多著名的工程师职业团体——如机械工程师协会、化学工程师协会等——都制定了自己的工程师伦理章程或伦理规范。从这些工程师职业伦理规范的制定和多次修订中，人们不但看到了"作为职业伦理学"的工程伦理学的理论成就和理论力量，而且看到了工程伦理学作为一门"实践伦理学"学科的现实影响和现实力量。

对工程师职业伦理问题的研究和分析不但成为了许多工程伦理学家理论研究的主题而且成为了许多工程伦理学教科书的基本内容。

三、走向"广义"的工程伦理学

从以上所述中，我们看到了把工程伦理学"定位"于工程师职业伦理学所取得的重大进展和巨大成绩，对于工程伦理学在这个方向上所取得的成绩我们是绝不能否定的，可是，从另外一个角度看，如果仅仅或完全把工程伦理学"定位"于工程师的职业伦理学，那就要严重束缚工程伦理学的发展范围和发展空间了，因为工程伦理学还可以有一个更"广义"的学科定位和学科发展空间——这就是"广义工程伦理学"的学科定位和学科发展方向。

1990年，美国学者小布卢姆提出了一个尖锐的问题：美国的工程伦理学在经历了初期的迅速发展阶段之后，"工程伦理学的教学和研究的进展是否开始停滞了？"怎样才能摆脱这种停滞呢？小布卢姆说，"对于工程的性质和范围，如果没有一种比当前工程伦理学界流行的观点要广泛得多的理解，工程伦理学的学术就不可能继续繁荣。"② 我赞成他的这种观点和看法。

可以认为，小布卢姆等人在这个问题上的立场和观点实际上就是在呼吁必须对"工程活动"的对象和范围作"广义"的理解和"定向"，从而大大拓展工程伦理学的研究范围和空间，也就是说，必须在一个更大的"对象范

---

① Beder S. The New Engineer. South Yarra：Macmillan Education Australia PTY Ltd，1998.
② Broome T H. Imagination for engineering ethics. In：Durbin P T. Broad and Narrow Interpretation of Philosophy of Technology. Dordrecht Kluwer Academic Publishers，1990：45.

围"和更广泛的"问题域"中开展和进行"广义工程伦理学"的研究。

那么，究竟应该怎样理解和把握工程活动的对象和范围呢？

工程活动的"基本单位"是项目。马丁和辛津格认为，一个工程项目的整个过程应该包括以下几个阶段：①提出任务（理念，市场需求）；②设计（初步设计和分析，详细分析，样机，详细图纸）；③制造（购买原材料，零件制造，装配，质量控制，检验）；④实现（implementation）（广告，营销，运输和安装，产品使用，维修，控制社会效果和环境效果）；⑤结束期任务（衰退期服务，再循环，废物处理）[①]。

容易看出和必须强调指出，按照这种对工程活动的内容的"广义理解"，人们可以得出以下两个"顺理成章"的推论。

第一，由于从事工程活动的人不仅仅包括工程师，而且还包括了工人、维修人员、营销人员、投资人、决策者、管理者、使用者等许多其他人员，从而，那种仅仅把工程伦理学理解为"工程师的职业伦理学"的观点就可以"突破"而且必须"突破"了。

第二，根据以上关于工程活动的"五阶段"（或"五环节"）的理解，可以看出，工程活动中最重要的问题不再是"职业"问题而是"决策"和"政策"问题了。于是，工程伦理学的最重要、最基本的内容也就从工程师的"职业伦理问题"转换为有关"决策和政策的伦理问题"了。马丁和辛津格说："工程伦理学是对决策、政策和价值的研究，而这些决策、政策和价值在工程实践和工程研究中在道德上是被期望的。"[②] 容易看出，马丁和辛津格之所以对工程伦理学的基本主题和基本内容有这样的"新认识"和"新阐述"，其根本原因就在于他们对工程活动的基本内容有着"广义"的而不是"狭义"的理解和观点。

我认为，从"狭义工程伦理学"向"广义工程伦理学"转变的首要标志和根本关键就是把工程伦理学研究的"第一主题"从对"工程师的职业伦理"的研究转变为对"工程决策伦理"、"工程政策伦理"和"工程过程的实践伦理"的研究。

---

①　Martin M W，Schinzinger R. Ethics in Engineering. Boston：McGraw-Hill，2005：17.

②　Martin M W，Schinzinger R. Ethics in Engineering. Boston：McGraw-Hill，2005：8.

我认为，中国学者在进行工程伦理学研究时，不但必须重视进行"狭义工程伦理学"进路的研究，而且应该更加重视"广义工程伦理学"进路的研究。马丁、辛津格等学者已经在这个方向的研究中取得了一些令人称道的成果，值得我们重视和借鉴，但更加重要的是，我们必须"直面工程现实"中的各种重要、复杂、困难的问题，根据理论联系实际的原则深入研究和发展"广义工程伦理学"。

四、工程中伦理维度和其他维度的关系和协调问题

在现代社会中，工程活动是一种最基础、最重要的社会活动方式，如果没有工程活动，现代社会就要崩溃或瓦解。工程活动绝不单纯是一种技术性的活动，在工程活动中，不但体现出人与自然的复杂关系，而且还体现出复杂的人与人的关系和人与社会的关系。

工程活动不是"单一要素"的活动而是许多要素的"集成性"活动。在工程活动中，人们必须面对和必须正确处理许多要素——包括技术要素、经济要素、知识要素、管理要素和伦理要素等——相互之间的复杂的相互关系。在这些要素中，伦理要素和伦理考量占有不可忽视的特殊位置，同时这里也出现了许多特殊的困难。

虽然工程活动的"第一本性"不是伦理活动，但任何工程活动都必然蕴涵着一定的伦理目标、伦理关系和伦理问题。世界上不可能存在"与伦理无关"的工程。社会必须深刻关注工程的"伦理维度"，如果"丢失"或"轻视"了这个维度，就会出现危害社会的"不道德"工程。

安格说："过去，工程伦理学主要关心是否把工作做好了，而今天是考虑我们是否做了好的工作。"[①]

什么叫做"好的工作（工程）"呢？

这实在是一个难以给出"好的回答"的问题，也许我们最好还是用"答非所问"的方式来回答这个问题：凡是不符合伦理原则或伦理规范的工程都不是"好的工程"。

---

① 米切姆：《技术哲学概论》，天津科学技术出版社，1999年，第86页。

工程活动是多要素性的活动。我们也可以把工程活动中的不同要素称之为不同的维度，例如经济维度、技术维度、制度维度、人际交往维度、伦理维度等等。对于工程伦理学来说，关于工程活动中伦理维度的地位和作用以及应该如何认识伦理维度和其他维度的相互关系的问题是焦点性的问题。对于这两个困难而复杂的问题，本文想简要地谈两点看法。

1) 在研究这两个问题时，一个关键之点是必须正确认识和分析伦理维度和其他维度的"渗透性关系"。

在认识伦理维度在工程活动中的地位和作用的问题时，一方面，我们必须承认确实存在着"相对独立"的"伦理维度的问题"，从而绝不能"消解"或"取消"伦理这个"独立的维度"；另一方面，我们又要承认，在工程活动中，"纯粹"的伦理问题一般来说是不存在的，伦理问题常常是和其他问题"密切结合"在一起的，伦理维度和其他维度的问题常常是难解难分地"纠缠"在一起的，从而我们在研究和分析工程伦理问题时，必须把伦理分析和其他维度的分析结合起来，否则，对工程中伦理问题的分析就难免要陷于"浪漫主义"的幻想或"空中楼阁"式的空谈。

在哈里斯等人所著的《工程伦理：概念和案例》一书中，编入了 70 个案例。在作者心目中，这些案例都是"工程伦理"案例，可是，在阅读这些案例后，人们会很容易地得到一个结论：伦理问题就存在于技术问题、经济问题、环境问题、安全问题、管理问题之中，换言之，在工程活动中，伦理维度和经济、技术、环境等其他维度是相互渗透、相互纠缠在一起的。

马丁认为，学习工程伦理学的"第一个"重要目的就是要培养和提高"道德意识"——应该能够熟练地识别出工程中的道德问题。我认为，马丁的"这个阐述"是非常中肯和切中要害的，因为它既承认了工程活动中伦理问题和道德维度有其"独立"存在的地位和价值（所以才有了必须培养和强调"道德意识"的问题）；同时它又承认了在工程活动中伦理道德问题与其他维度的问题是相互渗透的（所以才出现了从"纠缠形态"中把"道德"问题"识别"出来的需要）。

2) 在研究工程活动中不同维度之间的相互关系时，我们不但应该注意不同维度之间的相互渗透问题，而且应该注意不同维度之间的矛盾、冲突、排序和协调问题。

从事实和现实角度看，在工程活动中，不但伦理维度的标准和要求与其他维度的标准和要求——如经济维度、技术维度、环境维度的标准和要求——经常发生矛盾冲突，甚至不同的伦理标准和考量——如忠诚于公司和忠诚于社会——也往往会出现矛盾，面对这些矛盾冲突关系，在必须进行"决策"时，应该如何在不同维度的标准和要求间进行"排序"的问题和应该如何在不同维度的考量间进行"协调"的问题就凸显出来了。

在 20 世纪 80 年代，我国确立了经济建设中"效率优先，兼顾公平"的原则。容易看出，这个方针中的"优先"和"兼顾"就是一种对于"排序问题"和"协调问题"的认识、阐述和处理。

之所以提出"效率优先，兼顾公平"这个原则，一方面，有其具体的时代背景和原因（在"文化大革命"中，我国的国民经济已经走到崩溃的边缘），另一方面，又有其"一般性"的理论原因和根据（根据历史唯物主义原理，社会发展的"根本动力"是经济力量而不是伦理原因）。

必须肯定，这个"排序"原则和"协调"原则对我国改革开放以来的经济"起飞"起到了重要的推进作用，可是，在经济发展的进程中，人们也看到了越来越多的出现"败德现象"，如贪污受贿、恶意拖欠农民工工资、煤矿安全事故频发、施工出现严重质量问题等。有鉴于此，有人对"效率优先，兼顾公平"这个"排序"原则提出了严厉的批评，甚至有人提出应该把"经济维度优先"的"排序"改变为"公平优先"的"新排序"。本文无意于具体议论这个问题，本文只想强调指出，在"效率优先，兼顾公平"这个"排序"原则中，"兼顾公平"的"含义"和"要求"绝不是"不顾公平"或"不要公平"。我认为，在当前的具体形势和条件下，我们确实应该更加强调必须真正落实"兼顾公平"这个方面的要求，必须坚决地、毫不妥协地同那些"不顾公平"或"不要公平"的思想和现象进行斗争，也许我们还可以与应该努力"寻找"一个比"兼顾公平"更"好"的"表达"或"提法"；但这并不意味着需要和应该在"排序问题"上把"效率优先，兼顾公平"的原则修改为"平等优先、兼顾效率"的原则。

工程伦理学是"实践之学"和"现实之学"，工程伦理的研究和评论绝不是"空头研究"或"空头议论"，它必须毫不留情地向工程活动中的贪婪、卑鄙行为和其他各种不道德的行为"开刀"。工程伦理学的思想、理论、规范必须既是对工程中败德现象进行尖锐批判的武器，同时又是推进"好工程"建设的积极指针，好的工程项目不但必须达到高水平的技术质量标准和经济效率标准，而且必须达到高水平的伦理道德标准。

在认识工程活动中伦理维度和其他维度的相互关系的问题上，人们不但必须注意"相互渗透"和"排序问题"，而且应该更加重视"相互协调"问题。如果说在"排序"这个提出和处理问题的方法和方式中，在一定意义上突出地乃是不同维度间的"相互矛盾"的方面，那么，在不同维度的"相互协调"这个提出问题和处理问题的方法和方式中，更加突出和更加强调的就是不同维度间的"相互妥协"、"相互促进"了。

在认识和处理工程活动中不同维度的相互关系的问题上，我们必须看到和承认不同维度间往往确实存在相互矛盾甚至相互排斥的方面，另一方面，我们也必须看到和必须承认不同维度间也存在着可以相互协调甚至相互促进的方面。例如，对于工程活动中经济维度和伦理维度的关系，人们已经屡见不鲜地看到了二者相互矛盾的事例，可是，一位著名的伦理学家说："经济上不合理的东西不可能真正是人道上正义的，而与人类正义相冲突的东西也不可能真正是经济上合理的"[①]，他还认为这是一个经济伦理学的指导原则。我赞成他的这个观点，因为这个观点中突出强调的正是工程和经济活动中不同维度间应该和可以进行"合理协调"的原则。

工程中伦理维度和其他维度的相互渗透关系和必须协调处理不同维度间相互关系的原则告诉我们，工程伦理学研究必须同其他相关学科——如工程经济学、工程管理学、环境伦理学、工程社会学、工程哲学、工程史等——的研究密切结合起来。实际上，工程活动的集成性本身已经决定了在研究工程问题——包括研究工程伦理问题——时，必须把"跨学科"和"多学科"研究方法和研究进路放在首要的位置上。

---

① 恩德勒：《面向行动的经济伦理学》，上海社会科学院出版社，2002 年。

绝对命令伦理学和协调伦理学
——四谈工程伦理学*

　　工程活动是人类社会存在和发展的物质基础，工程活动内在地存在着许多深刻、根本的伦理问题。可是，在很长一段时期中，许多人（特别是决策者和工程师）常常忽视了工程的伦理维度，这就造成了工程活动中的伦理"缺位"；另一方面，伦理学界也常常忘记了工程活动也是伦理学的重要研究对象，这就造成了伦理学对工程的"遗忘"。令人欣慰的是，这种情况由于工程伦理学的开创而有了根本性的变化。

　　工程伦理学的开创是一件意义深远的事情。从学术发展方面看，其深刻意义不但表现为出现了一个新的伦理学分支，而且更表现在它反映和提出了可以称为伦理学理论的转向或转型性质的问题。对于与工程伦理学密切相关的从理论伦理学向实践伦理学的转向问题和从个人伦理主体论（个体伦理学）向团体伦理主体论（团体伦理学）的转型问题，本系列论文已经有所讨论①，本文将简要讨论另外一个重要问题——从绝对命令伦理学向协调伦理学转型的问题。

　　如果说在传统的动机论和后果论的理论对立中，工程伦理学既赞成动机

---

　　* 本文原载《伦理学研究》，2008 年第 5 期，第 42～48 页。
　　① 李伯聪：《工程伦理学的若干理论问题——兼论为"实践伦理学"正名》，《哲学研究》，2005 年第 3 期；李伯聪：《关于工程伦理学的对象和范围的几个问题——三谈关于工程伦理学的若干问题》，《伦理学研究》，2006 年第 6 期。

论（因为工程活动必然是动机推动和目标引导的活动）同时又赞成后果论（因为工程活动必然是讲求效果而不是不顾后果的活动），那么，在绝对命令伦理学和协调伦理学这两种不同的伦理学原则和方法的对立中，工程伦理学就明显地要倾向于协调伦理学了。

一、绝对命令伦理学和协调伦理学

在伦理学领域，不但存在着道义论伦理学和功利论伦理学的对立，而且存在着绝对命令伦理学思想和协调伦理学思想的对立。对于前一组伦理思想、原则和方法上的对立，学术界已经有了许多研究，而对于后一组伦理思想、原则和方法上的对立，学术界还鲜有研究。

在古今伦理思想史上，有许多学者都是主张或倾向于绝对命令伦理学的。除康德伦理学外，还有许多其他伦理学家的观点和思想也都可以归类到绝对命令伦理学这个派别中。从历史上看，绝对命令伦理学的立场、观点和方法曾经反复出现并且产生过巨大的影响；从现实方面看，绝对命令伦理学的原则、观点和方法至今仍在发挥重要作用，但这并不意味着协调伦理学在古今中外伦理思想发展史中毫无建树。本文无意于梳理古今伦理思想史上绝对命令伦理学和协调伦理学的源流和历史轨迹，在此我仅以中国传统伦理思想为例，勾勒绝对命令伦理学和协调伦理学的发展脉络。

中国是一个伦理学历史特别悠久和伦理学思想特别发达的国家。回顾中国伦理思想的历史，虽然还不能说中国古代已经形成了关于绝对命令伦理学的严密理论体系，但粗略地说，仍可以认为绝对命令伦理学在中国伦理思想历史上成为了占据主导地位的思想、观点和倾向。孔子是儒家的创始人，同时也是儒家伦理学的创始人。在《论语》中，阐述和主张"君子谋道不谋食"的言论比比皆是，可以说，孔子的伦理思想在整体上是明显倾向于绝对命令伦理学的。可是，孔子同时也强烈意识到了权衡问题的重要性，而权衡问题正是协调问题的一个重要内容和重要表现。孔子说："可与共学，未可与适道；可与适道，未可与立；可与立，未可与权。"（《论语·子罕》）应该注意，这段话并不是孔子的贸然言论或即兴话语，而是孔子人生经验的细心总结和深切体会。在这段话中，孔子强调了"权"的重要性和行权的难度，可是，孔子却没有在这段话中——也没有在其他话语中——具体阐述和解释"权"何以具有如此的重要性，这就使孔子关于"权"有极端重要性的思想成为了罕见的灵光闪现。

在中国封建社会历史上，孟子是被尊为亚圣的人物。虽然孟子也认识到了"权"的重要性，但总体来看，孟子更倾向于从两极对立和不能兼容的观点认识和分析义与利的关系，要求把义的动机和标准当做不可改变的绝对命令，这就把孔子重义轻利的主张进一步极端化了。在一定意义上，我们不但可以把孟子看作中国伦理学史上道义论的代表人物，而且还可以把他看做是绝对命令伦理学的一个代表人物。

在孔孟之后，中国儒学史上影响最大的人物要数董仲舒、二程（程颢、程颐）和朱熹了。汉代的董仲舒提出"正其谊（义）不谋其利，明其道不计其功"，被后代奉为圭臬。程颐说："不是天理，便是人欲"，"人欲肆而天理灭"，"灭人欲则天理自明"。朱熹认为："天理存则人欲亡，人欲胜则天理灭，未有天理人欲夹杂者"，"此胜则彼退，彼胜则此退，无中立不进退之理，凡人不进便退也。"[1] 于是，在理学家的伦理学中，"存天理灭人欲"便成为了一个至高无上的伦理绝对命令。作为一个典型表现，自宋代起，"饿死事小，失节事大"成为了束缚古代中国妇女的伦理绝对命令，而许多地方树立的贞节牌坊便是这个伦理绝对命令的记功碑。

对于董仲舒、二程和朱熹的上述伦理思想，如果从道义论和功利论的分野中定性，它们属于道义论伦理学思想；如果从绝对命令伦理学和协调伦理学的分野中定性，它们属于绝对命令伦理学思想。把这两个方面综合起来，其基本性质也就成为了道义论的绝对命令伦理学。在中国思想史上，战国的策士们对权衡和协调关系有许多精彩分析和论述，可是，那些言论主要是有关政治、军事领域协调问题的分析和言论，他们鲜有关于伦理权衡和协调的言论。

总体来看，中国古代思想家一直高度关注道义和功利的相互关系问题，流传下来了大量有关这个主题的观点和言论，可是对于协调问题的言论就少得多了。如果说在道义论与功利论的对立中，虽然道义论在中国古代占了压

---

① 陈瑛：《中国伦理思想史》，湖南教育出版社，2004年。

· 174 | 工程哲学和工程研究之路

倒优势，而功利论在中国古代仍然能够形成一个可以与道义论对垒的小规模阵营，那么在绝对命令伦理学思想和协调伦理学思想的对立中，后者简直就难以说已经形成了一个学术营垒，而只能说在中国古代存在着时断时续的倾向于协调伦理学的某些思想闪光了。

尽管绝对命令伦理学和协调伦理学这两组不同的伦理思想、原则和方法不是互不相关的，而是存在某些相互交叉、相互重叠和相互渗透的，但这并不意味着后一组伦理思想的差别和对立可以归并或归结为前一组差别和对立。无论从内容和形态上看，还是从根源和意义上看，后一组差别和对立都有与前一组差别和对立迥然不同之处。

从理论和方法上看，绝对命令伦理学和协调伦理学是两种不同的伦理学系统和伦理学方法。它们的不同主要表现在六个方面：①前者是"无差别主体"或"普遍主体"的伦理学，后者是"类型主体"和"具体主体"的伦理学；②前者是至善、最优、别无选择的伦理学，后者是"满意"、决策和协调的伦理学；③前者是"完全理性"假设的伦理学，后者是"有限理性"假设的伦理学；④前者是命令式伦理学，后者是程序和协商的伦理学；⑤前者是普遍性伦理学，后者是情景性伦理学①；⑥前者是轻视地方性知识的伦理学，后者是重视地方性知识的伦理学。

二、伦理意识、伦理问题和决策伦理

虽然在传统伦理学中，决策伦理没有成为一个重要问题，可是，在工程伦理学中，决策伦理却成为一个具有头等重要意义的问题。决策伦理和伦理决策是两个既有密切联系同时又有很大区别的概念。前者是指对"非伦理问题（如经济问题、工程问题、医疗问题、军事问题等）"进行决策时所必然要涉及的"决策中的伦理维度"；而后者是指针对"伦理问题"所进行的决策。

在传统的理论伦理学——特别是近现代西方伦理学理论研究领域——

---

① 李伯聪：《工程伦理学的若干理论问题——兼论为"实践伦理学"正名》，《哲学研究》，2005年第3期。

中，核心问题是伦理"论证"问题，可是，在以工程伦理学和生命伦理学等新分支学科为表现形式的实践伦理学（有人称为应用伦理学）中，以伦理决策和决策伦理为表现形式的"决策"问题成为了核心性问题。

在不同领域——如经济领域、工程领域、政治领域等——都有决策问题。在这些不同领域中，其决策的基本性质各有不同。经济领域的决策其基本性质是经济性的，政治领域的决策其基本性质是政治性的，如此等等。人们不能说所有这些决策在本性上都是伦理决策。可是，人们必须承认在这些不同领域的不同性质的决策中都包含一定的伦理内容和伦理意义，从而，在这些其他类型和性质的决策中都存在着一定的伦理维度和伦理意义。一般地说，所谓"决策伦理"就是对经济、政治、工程、环境等实践活动领域中各种不同性质的决策中的"伦理维度"和"伦理意义"的分析和研究。

决策伦理和伦理决策往往是不能截然分割的，但人们也不能把它们混为一谈。一般地说，决策伦理涉及的是"决策学和伦理学相互交叉、相互渗透性质"的问题，而伦理决策所涉及的则主要只是"伦理学范围之内"的问题。

从伦理学角度看问题并且为了伦理学分析的方便，由于任何决策都是和行动（如工程行动、政治行动、军事行动、医疗行动、科研行动）联系在一起的，而任何行动都是"多要素"的综合或协同，我们有理由把人类行动看做是"伦理要素"和"非伦理要素"的结合，由此出发我们便可以得出以下两个重要观点和结论了。

首先，由于任何行动（本文不讨论生理本能行动）都必然包括伦理要素或成分，换言之，人的行动无不具有一定的伦理性质、伦理成分和伦理意义，这就使进行伦理学分析成为了一个普遍性的要求，从而，人类的任何行动都不能拒绝伦理分析和伦理评价。

其次，虽然人类行动中都包含着一定的伦理要素或成分，但这绝不意味着必然同时断定这个伦理要素就是决定这个行动的性质的最重要的要素。在不同的条件和情况下，不同行动中的伦理要素的重要程度及其与其他要素的相互关系可能出现极其复杂多样的类型和方式。在某些情况下，伦理成分可能是最重要、最关键的要素；在另外一些情况下，伦理要素也可能并不是一个多么突出的问题。

在认识人类行动的伦理要素时，应该特别注意的是在许多情况下人类行动中的伦理要素都表现为"渗透性要素"而不是"独立性要素"。例如，工程行动中的金融资本要素、技术要素、人力要素都是独立要素，而工程行动中的伦理要素却往往表现为渗透在其他具体成分或要素（如设计目标、工资分配等）之中，成为了一个渗透性或隐性的要素。

应该承认与必须肯定：当我们使用工程行动、政治行动、医疗行动、军事行动、科学研究行动这些词语时，已经前提性地把这些行动的基本性质划定为"非伦理性"的行动。从而，在这些行动的决策中，其决策的许多内容从本性上看都是"非伦理"性的（注意："非伦理"不是"反伦理"）。

从学术思想史上看，伦理学在很长时期中都是比经济学和工程学显赫得多的学问或学科。例如，后世作为经济学家而名闻天下的亚当·斯密在世时的正式身份和职务就居然是一位伦理学家而不是一位经济学家。可是，在20世纪，经济学成为了社会科学中的显学，甚至出现了"经济学帝国主义"的潮流或倾向，相形之下，伦理学出现了一定程度的被边缘化的现象。各种工程技术学科和工程类院校如雨后春笋般涌现，工程师的人数出现了爆炸性增加，相形之下，伦理学系和伦理学家的人数都显得小巫见大巫了。

如果说在中国古代的思想和学术氛围中，伦理意识相对过强而经济意识相对薄弱，那么，在20世纪的思想和学术氛围中，形势反转，总体情况就变成经济意识相对过强而伦理意识相对薄弱了。在这样的形势和背景下，强调必须强化工程活动和工程决策中的伦理意识——特别是工程管理者和工程师的伦理意识——就不是无的放矢了。

所谓强化伦理意识，其首要含义就是要强化有关人员"发现"、分析和恰当解决伦理问题（包括属于"伦理维度"类型的问题）的意识。上文已经指出，不能认为任何问题都是伦理问题。由于在现实生活中，许多伦理问题都是以渗透性为主要表现形式的隐性问题或嵌入性问题而不是直接呈现的显性问题，这就使是否能够正确、敏锐地在工程问题、疾病问题、环境问题等其他性质的问题中"发现"伦理问题成为了实践伦理学中的一个特别重要的问题。

在现代社会中，在伦理道德方面，最严重的问题不是道德滑坡或伦理失范，而是伦理意识的薄弱和发现伦理问题——特别是属于"伦理维度"性质问题——的能力薄弱。

马丁和辛津格提出了十条研究工程伦理学的目的和理由,其中居首的一条就是要增强人们的道德意识(moralaw areness)。对于所谓道德意识,可以有广义和狭义两种理解和解释。马丁和辛津格把道德意识解释为"熟练识别出工程中的道德问题"的能力[①],而本文则宁愿做更广义的解释,将工程伦理学中——更一般地说是在实践伦理学中——的伦理意识解释为以下三种认识和能力统一:①清醒地认识到伦理要素具有渗透性特征,承认在任何活动中都存在着某种形式或某种程度的伦理要素,避免出现"伦理缺失"现象;②努力增强熟练、敏锐地发现、分析和处理工程中伦理问题的能力,保持审慎明智的伦理头脑;③努力恰当地认识和处理"伦理性问题"和"其他性质的问题"的相互关系,恰当认识和处理"决策中的伦理问题"和"伦理决策"的关系。

应该强调指出,伦理意识决不等于"伦理学家的意识"。相反,增强伦理意识的主要对象和含义应该是增强所有人和所有活动中的伦理意识。对于工程伦理学来说,其最主要的任务就是要增强工程师、管理者、投资者和工人在工程活动中的伦理意识。

在许多情况下,不能认为工程问题直接就是伦理问题,不能认为工程决策直接就是伦理决策。可是,由于任何工程活动中都必然存在伦理因素和伦理问题,从而任何工程决策都必然有伦理考量,我们应该要求一切工程决策都能够接受伦理评价和伦理检验。

三、协调原则和伦理学的"内外双重协调"

在工程活动和工程决策中,协调是一个常用的方法。应该强调指出,对于工程活动和工程决策来说,协调的基本性质和作用不在于它表现了一种不得已的妥协,而在于它体现出了活生生的工程活动的灵魂。由于工程伦理学本质上就是工程活动中的伦理学,于是,工程伦理学也就不可避免地和顺理成章地成为了协调伦理学。

———————————

① Martin M W, Schinzinger R. Ethics in Engineering. Bosten:McGraw-Hill,2005.

为什么在工程伦理问题的分析和研究中协调原则和方法占据了核心位置而绝对命令伦理学常常"失灵"呢？其根本原因或基本根据何在呢？

1）在对伦理主体的认识上，绝对命令伦理学的基本着眼点是"无差别主体"或"普遍主体"，而工程伦理学和协调伦理学的基本着眼点是"类型主体"和"具体主体"。由于工程伦理问题都是具体主体在具体实践活动中产生和遇到的伦理问题，这就导致了如果单纯采用绝对伦理学原则往往难免失灵。

鲍伊说："康德的核心思想表现在他的决定命令的第一条公式"。这条被人引用最多的绝对命令第一公式说："要只按照你同时认为也能成为普遍规律的准则去行动。"[①] 应该注意，这里的"你"不是特殊的、具体的"你"，而是作为"无差别主体"或"普遍主体"的"你"。可是，在协调伦理学中，进行协调的主体就不是"无差别主体"或"普遍主体"，而是"特定的"、"具体的"工程活动主体和伦理主体了。

工程哲学认为，工程活动是由特定主体在特定时空中为达到特定目标而进行的活动，工程活动是"依附"于"此人、此时、此地"的活动。以项目为表现形式的工程活动以"唯一性"为基本特点。工程活动具有"唯一性"这个特点不但决定了协调原则要成为工程经济活动的普遍原则，而且决定了协调原则要成为工程伦理学的基本原则。

康德在研究伦理问题时，要求伦理原则成为可以无例外地普遍适用的绝对命令。可是，现代医学伦理学却提出了知情同意原则，按照这个原则，不同的主体完全可以根据自己的具体情况对同类情况作出不同的决策。这个知情同意原则不但尊重了不同主体在同类外部情况下可以有作出不同决策的权力，而且认为那些不同的协调和决策往往都是具有自身的伦理合理性的。对于伦理协调原则和知情同意原则的关系，我们既可以把后者看做前者在医学伦理学中的一个具体应用，又可以把前者看作后者在工程伦理学中的一个推广。

2）从对象自身的客观本性来看，由于工程活动本身不可能是"纯伦理性"的活动而必然是伦理要素和多种非伦理要素的有机结合，这就使决策者

---

① 鲍伊：《经济伦理学——康德的观点》，上海译文出版社，2006年，第14页。

和工程伦理学家在研究工程活动时绝不能采取蛮横压制或取消某一个要素的立场和方法，而只能采取在不同要素间进行灵活、具体协调的原则和方法。在工程活动中，既不能盲目地根据"经济学帝国主义"或"技术至上"的思路决策，也不能教条地依据"道德帝国主义"的思路决策。工程活动的活的灵魂就是必须在经济原则、技术原则、政治原则、环境原则和伦理原则等不同原则之间进行审慎明智的协调。

3）传统哲学和伦理学往往更重视无限、永恒和不朽，而在工程伦理学和协调伦理学中，有限性成为了更基础的主题和更重要的约束条件。从主体的时空特征方面看，如果人不是有限性的存在而是寿命无限的存在，如果人类可以利用的资源是无限的，如果人的行动可以不受物理时空和社会时空条件的限制和约束，那么，协调问题就可以从根本上取消，协调就完全不必要了。实际上，正是由于人类是有限性的存在、由于资源的有限性和不可避免的物理时空与社会时空条件的限制和约束，这就使得协调成为了有限主体和有限时空条件下的必然要求。

4）除了时空环境和条件的有限与无限问题外，还有一个应该如何认识人的理性的性质和特征的问题：人的理性是无限的、完全的、完美的还是有限的、不完全的、不完美的？

在 20 世纪学术思想史上，西方主流经济学理论体系和社会主义计划经济理论体系在经济学理论领域曾经长期分别各自占据主流地位。二者在意识形态上是截然相反的，可是，在同样以"完全理性论"为基本理论假设方面，它们又殊途同归了。在决策科学领域，许多学者也曾经绝对化地认为可以利用最大化方法和根据最优原则进行决策。然而，与以上研究立场和进路不同，著名经济学家、认知科学家、诺贝尔经济学奖获得者西蒙独具慧眼，提出了应该以有限理性论替代完全理性论，以满意决策原则替代最优决策原则，这就在 20 世纪的哲学、社会科学和决策理论中实现了一个重要突破，把理性理论和决策理论推进到了一个崭新的阶段[①]。

如果说完全理性论是古典经济学、计划经济学、最优决策论和绝对命令伦理学的理论基础，那么，有限理性论就是协调原则和协调伦理学的理论基

---

① 西蒙：《现代决策理论的基石》，北京经济学院出版社，1989 年。

础和根据。

古典经济学和绝对命令伦理学以完全理性论为基本假设，以最优或至善为决策要求，要求找到别无选择的决策，要求得到普遍的、不随情景而变的决策结论；而协调伦理学却以有限理性论为基本假设，以满意为决策要求，要求进行合适的协调，希望能够在协调中找到合适的决策路径和结果；因而其具体的决策结果常常因情景不同而改变，其结果往往不是可以普遍推广的。

5）在知识论领域，古今许多哲学家关注的焦点一向主要集中在"普遍知识"上，可是，在西方哲学界，继博兰尼提出关于"个人知识"的概念之后又有人提出了关于地方性知识的理论。如果说"个人知识"和"地方性知识"对于绝对命令伦理学来说没有什么重要性，那么，对于协调主体和协调原则来说，是否能够充分、合理地利用有关主体的个人知识和地方性知识就具有了关键性的意义。我们甚至可以说，如果缺少了有关的个人知识和地方性知识，协调就不可能进行；由此来看，协调原则和方法确实空前地提升了个人知识和地方性知识的地位、作用和意义。

6）从程序的意义和作用方面看，绝对命令伦理学忽视了程序的地位和作用，是绝对命令在先的伦理学；而协调伦理学则突出了商谈和程序的作用和意义，是商谈伦理学和程序伦理学。需要顺便指出：在工程伦理学视野中的商谈伦理学中，虽然不否认个体间商谈的重要性，而占据核心位置的问题已经是"集体商谈"了。

如果说在法学领域中，程序问题很早就得到了重视，那么，在伦理学领域中，情况就完全不同了。这种情况由于商谈伦理学的兴起而有了很大变化。很多人都认识到，商谈伦理学的基本性质和突出特点之一就是突显了程序的作用和意义。在商谈伦理学中，决策的结论在商谈开始时并不"预先存在"，相反，决策结论是需要通过商谈过程和程序才能得到的，这就使协调伦理学、商谈伦理学与绝对命令伦理学（"绝对命令"在"商谈之先"和"程序之外"）有了很大区别。应该强调指出，对于工程伦理学来说，所谓协调不仅是指"决策者"的协调更是指"所有利益相关者"的协调。

以上就是协调伦理学的基本特点和何以能够成立的主要根据和原因。

在谈到工程伦理学中的协调原则和方法时，应该特别注意的是，这里涉及了两种不同类型的协调问题：伦理的"外协调"和"内协调"。前者是指工程活动和工程决策中，对伦理因素和其他因素（包括经济因素、技术因素、政治因素等）之间的相互作用、相互影响和相互消长关系的协调；后者是指工程活动和工程决策中，对各种不同的"具体的伦理原则"和各种不同的"具体的伦理规范"之间的相互作用、相互影响和相互消长关系的协调。换言之，所谓外协调就是对工程中的伦理标准、伦理维度和其他标准、其他维度的相互作用和相互关系的协调，是对"伦理考量"和"非伦理考量"相互关系的协调；而"内协调"则是在伦理学"内部"对不同的伦理规范、不同的伦理原则、不同的伦理方法之间的协调，是"伦理考量 A""伦理考量B"相互关系的协调。

在工程活动的"伦理原则"和"非伦理性原则"的相互关系上，存在着两种错误的极端化倾向。布坎南认为，现代经济学家和现代伦理学家在认识和分析问题时往往相互分离、背道而驰。他说："经济学家试图只根据效率来评价市场而忽略伦理问题，而伦理学家（以及规范的政治政府学家）的特点则是（在从根本上思考了有关效率的思考之后）蔑视效率思考而集中思考对市场的道德评价，近来则是根据市场是否满足正义的要求来评价市场"。[①]这两个极端在表现形式上相反，但拒绝和否认协调原则这一点上却殊途同归了。

经济学要求必须对工程活动进行经济考量，但这绝不意味着可以仅仅进行经济学考量；同样的，伦理学要求必须对工程活动进行伦理考量，但这绝不意味着可以仅仅进行伦理学考量。那种拒绝对经济要素进行"外协调"的伦理学和那种拒绝对伦理要素进行"外协调"的经济学都是既在理论上存在许多错误又在实践中产生许多恶果的理论。在进行外协调时，必须既反对"经济学帝国主义"态度，同时也反对"伦理学帝国主义"态度。

协调意味着在差异、矛盾、对立中寻找恰当的结合点和妥协点，而不是以"帝国主义"或"绝对命令"的态度唯我独尊。里德说："经济上不合理的东西不可能真正是人道上正义的，而与人类正义相冲突的东西也不可能真

---

① 布坎南：《伦理学、效率与市场》，中国社会科学出版社，1991年，第3页。

正是经济上合理的。"[①] 里德的这个判断和观点不但具有重要而深刻的经济学意义而且同时具有重要而深刻的伦理学意义。

对于协调原则的意义和作用，一方面，应该承认从现象和表层看它确实是某种妥协和退让的表现，但在另一方面，又应该认识到它绝不是抛弃原则，因为它同时又是在实质和深层意义上守护原则和走向原则。

四、协调的基础与目的：共同体、共识和共赢

在理解和运用协调伦理学时，必须努力避免对协调原则和方法的形形色色的误解和滥用。这里的误解和滥用不但是指理论领域的误解和滥用，更是指现实生活中的误解和滥用。

协调伦理学特别强调了协调、商谈和程序的重要性，但这绝不意味着可以利用协调伦理学为权钱交易、暗箱操作、为富不仁等现象进行辩护。

协调原则意味着承认和突出"此人此时此地"性（时间空间上的"当时当地"性），但它绝不是否认普遍道德和普遍原则的。协调原则无疑意味着承认相对性，但这绝不意味着协调伦理学是一种相对主义伦理学。协调原则意味着承认和突出相对性，但它绝不是相对主义的。相对主义伦理学对一切原则都持怀疑和否定态度，而协调伦理学却明确承认并强调：任何协调都是在一定原则指引下、以一定的共识为基础、以一定的程序为过程的协调。

协调伦理学不但强调和重视地方性知识、具体的经验知识在协调过程中的作用、地位和重要性，而且十分重视共同原则和共识（共享知识、公共知识、共同知识）的作用和重要性。实际上，如果没有最低限度的共同原则和共识为前提和基础，协调过程就不可能进行。正是在承认协调必须在一定原则指引下和以一定的共识为基础这一点上，协调伦理学和相对主义伦理学分道扬镳了。

协调过程中往往免不了要进行某些妥协和退让。从伦理学角度看问题，所谓妥协和退让不但可能是"道德考量"对"其他考量"（如经济考量）的妥协和退让，而且也可能是"其他考量"（如经济考量）向伦理考量的妥协

---

① 恩德勒：《面向经济行动的经济伦理学》，上海社会科学院出版社，2002年，第38页。

和退让。这就是说，妥协和退让应该是双方面的，而绝不是单方面的。妥协和退让的结果或结论既可能是"伦理天平"稍稍向上倾斜，也可能是"伦理天平"稍稍向下倾斜。如果说今天有一些企业家在捐款救灾时"自愿"捐出更多的善款是经过协调后"伦理天平"稍稍向上倾斜具体事例；那么，今天人们在救灾时更加强调救灾人员必须"首先关注自身的安全"而不提倡"不管个人安危舍身救灾"的精神，这就是在经过协调后"重视生命原则"更加向上倾斜的具体事例了。

如果在以往的伦理学分析和研究中，伦理学家更加重视和强调的是伦理学原则和精神的不可妥协性，是伦理考量和非伦理考量之间的对抗性，那么，在当前的社会环境和时代条件下，经济学、伦理学、政治学、心理学、社会学等不同学科的分析和不同考量中，人们更加重视和强调的已经是交叉、协调和共享、共赢了。例如，对于效率和公平问题，在经济考量和伦理考量的相互关系上，主流思路已经不是在你死我活的对抗方式中考虑问题，而是在协调、共赢的思路和原则下分析和考虑问题了。

虽然在直接的含义上，协调是一个原则和方法问题而并不涉及目的问题，但由于协调必然要依据一定的标准并且追求一定的目的，这就使协调伦理学与机会主义伦理学有了截然的不同。协调伦理学绝不是无原则的机会主义，协调伦理学的精神实质和灵魂是要求在动机与效果之间、道义和功利之间、普遍原则和具体情景之间、伦理考量和非伦理考量之间、理想与现实之间保持必要的张力，努力兼顾、协调、共赢。

本文最后想对康德伦理学说几句话。康德伦理学在伦理学史上具有头等重要地位，这是无人可以否认的。鲍伊在《经济伦理学——康德的观点》一书中努力阐明康德的绝对命令伦理学在商业中贯彻不但是必要的而且是可能的。但认真研读该书后可以看出，作者实际上已经是在用协调伦理学的原则和方法改造和修正康德的绝对命令伦理学了。

有人说："道德哲学，在陪伴人类文明走过了几千年的风风雨雨后，在现时代遇到了许多的困境。这是社会历史文化状况迅速发展变化的结果。道德当然不可能在日新月异的世界中依然抱残守缺。""100年或150年前，道德还总是被认为适合于不变的、超人类的条件，现在当然已不会再有人信奉这一绝对化的理念。"① 当代道德哲学不同于古代和近代的道德哲学，它们有不同的时代环境、社会基础和立论前提。当代伦理学不是没有基础更不是要摈弃基础，而是仍然有其存在和发展的根本基础，但这个基础已经是存在于不同伦理学流派的对话与交融"之中"而不是超然事外了。工程伦理学、协调伦理学都正在成为伦理学王国对话的新成员，这是应该受到欢迎的。

---

① 高国希：《当代伦理学对道德基础的探索》，见樊浩、成中英，《伦理研究》，东南大学出版社，2007 年，第 193 页。

微观、中观和宏观工程伦理问题

——五谈工程伦理学*

本文是我计划写作的"工程伦理学系列论文"的第五篇。前四篇论文[①]中，分别阐述了有关工程伦理学的以下几个观点：①工程伦理学是实践伦理学，而不是所谓"理论伦理学"的单纯"应用"。②工程伦理学是重要的伦理学分支，我国的工程伦理学亟待发展和加强。③对工程伦理学的内容和本性可有"狭义"和"广义"两种理解。前者主要是指把工程伦理学理解为"工程师的职业伦理"，这种理解促成了工程伦理学这个学科在美国的兴起和蓬勃发展，并且在工程伦理学今后的发展中还要继续成为推进工程伦理学发展的重要内容和重要进路。而后者则更加重视和强调对"工程共同体"的决策伦理、政策伦理、制度伦理、管理伦理和工程活动的经济、政治、社会伦理问题的分析和研究。④由于任何工程活动都必然是集体活动，从而工程伦理学必然要把传统伦理学中的"个体伦理学"研究范式和研究进路转变为"团体伦理学"研究范式和研究进路。⑤在"绝对命令伦理学"和"协调伦理学"的分野中，就其本性、特征和基本研究方法而言，工程伦理学无疑属

---

* 本文原载《伦理学研究》，2010 年第 4 期，第 25～30 页。

① 李伯聪：《工程伦理学的若干理论问题》，《哲学研究》，2005 年第 3 期；李伯聪：《工程与伦理的互渗与对话》，《华中科技大学学报（社会科学版）》，2006 年第 20 卷第 4 期；李伯聪：《关于工程伦理学的对象和范围的几个问题——三谈关于工程伦理学的若干问题》，《伦理学研究》，2006 年第 6 期；李伯聪：《绝对命令伦理学和协调伦理学——四谈工程伦理学》，《伦理学研究》，2008 年第 5 期。

于协调伦理学。

本文将从另外一个角度——微观（micro）、中观（meso）和宏观（macro）的角度——对工程伦理学的内容和研究方法问题进行一些分析和讨论。

一、"微观"、"中观"和"宏观"的划分

所谓微观（micro）、中观（meso）和宏观（macro），本是经济学中的划分方法。有一本"经济学百科全书"说："'微观'一词的意思是小，微观经济学的意思是小范围内的经济学。诸如家庭、企业这一类个体单位的优化行为是微观经济学的基础。"与"微观"这个术语相"对应"，"'macro'一词是指广博，宏观经济学意指大规模的经济学。宏观经济学家关心的是诸如总生产、总就业量和总失业量、价格变化的总水平和速度、经济增长率等这样一些全盘性的问题。"① 在经济学领域和经济学分析方法中，由于个人和家庭是消费活动的微观主体而企业是生产活动的微观主体，于是，人们常常把微观经济学的研究对象界定为对个人、家庭和企业的经济学研究；而所谓宏观经济则被界定为对"国民经济尺度"——甚至是"世界尺度"——的经济学研究。后来，又提出了"中观"这个概念，用来指介于"微观"和"宏观"之间的"行业"和"区域"范围或尺度的经济现象、经济问题和经济理论。

受到经济学中"微观"和"宏观"之分的影响，伦理学界也有人提出和关注了伦理学领域的"微观"和"宏观"之分的问题。例如，在《工程中的伦理学》一书中，马丁和辛津格就说："微观问题涉及个人和公司所做的决策。宏观问题涉及更总体性的问题，如技术发展的方向、是否应该通过某些法律、工程职业协会和消费者团体的集体责任。在工程伦理学中微观和宏观问题都是重要的，并且它们常常是交织在一起的。"②

20世纪90年代以来，Goodpaster、Solomon等学者把"微观"、"中观"和"宏观"的三层次划分法引入了经济伦理学中。恩德勒说："为了尽可能

① 格林沃尔德：《经济学百科全书》，中国社会科学出版社，1992年，第287、764页。
② Martin M W，Schinzinger R. Ethics in Engineering，Boston：McGraw-Hill，2005：6.

具体地确认责任的主体，人们提出了三种性质上不同的行动层次：微观的、中观的和宏观的层次，每一层次都包含着怀有各自的目标、兴趣和动机的行动者。在微观层次上，研究的对象是个人为了把握和履行他或她的道德责任，他或她作为雇员或雇主、同事或经理、消费者、供应商或投资者做了什么，能够做什么，应当做什么。""在中观层次上，研究的对象是经济组织的决策和行动——主要是厂商，也包括工会、消费者组织、行业协会的等第的决策和行动。最后，宏观层次的研究对象包括经济制度本身以及工商活动的全部经济条件的是塑造：经济秩序与它的多种制度、经济政策、金融政策和社会政策等等。"①

近来，我国学者中也有人注意到了"微观"、"中观"和"宏观"这三个层次的划分。例如，陆晓禾认为，经济伦理学的研究对象"包括宏观经济制度、中观企业组织和微观经济行为者个人这三大行动层次上一切同伦理有关的问题。"② 谭伟东在《经济伦理学——超现代视角》中也认为："伦理可从微观、中观和宏观这三个层次和视角进行把握"，"微观伦理旨在界定和把握个体间的行为关系，中观伦理旨在界定和把握组织与产业的伦理关系，宏观伦理则是对社会、全局与国家乃至国际社会的道德伦理界定与处理。"③ 我国著名经济学家胡代光在为谭伟东这本书所写的"序言"中高度评价了这种分析伦理问题的新方法，认为此书中的"宏观与微观伦理体系无疑是个大胆的结构创新。这样一种次级学科体系的构建，完全有可能创新改写经济伦理学体系。"④

值得注意的是，在具体界定究竟那些主体是微观主体、那些主体是中观主体的问题上，经济学家和伦理学家的观察和界定出现了一些重要的区别。其间最值得注意的区别表现在：现代西方经济学都把对"企业"（厂商）的分析和研究划归"微观经济学"范围，而经济伦理学家——如恩德勒和陆晓禾等——却把对企业的伦理分析放在了"中观伦理"的范围中，而只承认可

① 恩德勒：《面向行动的经济伦理学》，上海社会科学院出版社，2002年，第131页。
② 陆晓禾：《主编前言》，见鲍伊，《经济伦理学——康德的观点》，上海译文出版社，2006年，第1页。
③ 谭伟东：《经济伦理学——超现代视角》，北京大学出版社，2009年，第148、213页。
④ 谭伟东：《经济伦理学——超现代视角》，北京大学出版社，2009年，胡代光序言第2页。

以把有关"个人"的伦理研究放在"微观伦理"的范围之中。这实在是一个十分重要的和耐人寻味的区别。之所以出现这个区别和差异,其最根本的原因大概就在于经济活动和伦理行为有不同的"基本单元"或"基本细胞"。更具体地说,个人一直是"伦理行为的主体",可是,现代社会中,个人却不是生产活动的基本细胞,现代社会的"基本生产细胞"是企业,这就决定了工程伦理学要以个人为"微观伦理分析"对象,而在经济学中,企业却成为了"微观经济分析"的对象。

微观伦理、中观伦理和宏观伦理的划分不但可以被看做是新的伦理分析方法,甚至还可以被看做是新的伦理研究范式。它不但可以成为经济伦理学、工程伦理学等若干伦理学分支学科的重要分析方法和研究范式,甚至有可能成为"一般伦理学"的重要分析方法和研究范式。

二、工程伦理学中的微观伦理问题

目前,国外工程伦理学微观研究的核心主题是研究"工程师职业伦理"问题。李世新说:"当前,美国的工程伦理学,主要从职业伦理学(professional ethics)的学科范式入手,结合案例研究,围绕工程师在工作实践中面临的道德问题和选择,开展了比较深入的研究。""按美国学者哈德斯彼兹(R. C. Hudspith)的观点,现在,美国的工程伦理学,主要还是集中在微观的层次上,即:从工程学会的伦理准则出发,主要面向工程伦理教学,围绕工程师个人的责任和义务,采用案例研究的方法,重点研究工程师在工程实践中可能碰到的伦理难题和责任冲突,解决工程伦理准则如何适用于具体的现实环境,以使工程师的决定和行为符合伦理准则的要求。"[①]

针对这种状况,本文想提出以下两点看法。

1)在工程伦理学微观伦理的研究中,对工程师职业伦理的研究无疑地应该占有一个特别重要的位置,绝不可轻视或忽视。

---

① 李世新:《工程伦理学概论》,中国社会科学出版社,2008年,第72、73页。

本文作者曾经在《关于工程伦理学的对象和范围的几个问题》[①] 中谈到了对工程伦理学的"狭义"理解（主要把工程伦理学当做工程师的职业伦理研究）和"广义"理解的区别，不赞成对工程伦理学仅作"狭义"的理解，但这绝不意味着否认工程师职业伦理研究的重大意义。虽然已有中国学者关注了工程师职业伦理问题的研究[②]，但我国伦理学领域对这个问题研究力量薄弱和研究成果偏少的状况并没有改变。我们完全承认：中国学者在进行工程伦理学研究时，那种"狭义工程伦理学"进路的研究不但是不可缺少的，而且其意义是绝不可低估的，尤其是，我们必须在研究"世界各国工程师职业伦理"的普遍问题的同时，大力加强对"中国工程师职业伦理"中出现和存在的许多特殊问题。

2）工程共同体的成员中包括工程师、投资者、工人、管理者和其他利益相关者。在工程伦理学领域，绝不能把微观研究主题仅仅局限于研究工程师的职业伦理问题，还必须进一步扩大视野，把对工程共同体其他成员——投资者、管理者、工人和其他利益相关者——的"工作伦理"和"生活伦理"的研究也包括进来。

工程活动不是"个体性活动"而是"集体性活动"。从事工程活动少不了工程师，可是，仅仅有工程师也是不可能从事现实的工程活动的。要从事工程活动，不但工程师是不可缺少的，而且投资者、管理者、工人和其他"利益相关者"也不可能"缺席"。以上这些不同"社会角色"的整体——可以称为"工程共同体"——就成为了从事工程活动的现实主体[③]。

这就是说，在谈到从事工程活动的"个人"时，我们不但必须看到工程师是从事工程活动的个体，而且必须同时看到投资者、管理者、工人和其他利益相关者也是工程活动中的有关个体，从而，在进行工程伦理学的微观伦理研究时，就不但必须研究工程师的职业伦理问题，而且必须研究工程共同体的其他成员——工人、管理者、投资者和其他利益相关者——的工作伦理和生活伦理问题。国外许多研究工程伦理学微观问题的学者，只看到了工程

---

① 李伯聪：《关于工程伦理学的对象和范围的几个问题——三谈关于工程伦理学的若干问题》，《伦理学研究》，2006 年第 6 期。
② 曹南燕：《科学家和工程师的责任》，《哲学研究》，2001 年第 1 期。
③ 李伯聪：《工程共同体研究和工程社会学的开拓》，《自然辩证法通讯》，2008 年第 1 期。

师职业伦理问题的重要性，而完全忽视了对工程共同体中的其他成员——工人、管理者、投资者和其他利益相关者——的工作伦理和生活伦理问题的研究，这实在是他们在研究视野和研究进路上的一个严重缺陷。中国学者在从事工程伦理学研究时，理所当然地需要弥补国外学者的这个缺陷。

总而言之，在工程伦理学的微观伦理研究中，不但工程师职业伦理的研究是不可缺少的，而且对"工人伦理"、"管理者伦理"、"企业家伦理"、"投资者伦理"和"其他利益相关者伦理"的研究也是不可缺少的，否则，工程伦理学的微观研究就会成为"残缺不全"的微观伦理研究。工程伦理学必须在继续重视研究工程师职业伦理的同时，大力加强对工程共同体其他成员的个体伦理问题的研究。[①]

本文在此想顺便强调研究"投资者伦理"的重要性。

投资者是工程活动中绝不可少的成员。在经济和哲学领域，我国已有学者关注了对资本问题的哲学分析和研究，在 2006 年召开的"全国资本哲学高级研讨会"上有人分析了资本诠释学、资本的逻辑、作为文化哲学的资本、资本的道德属性等问题。[②] 俞吾金说："马克思的资本诠释学表明，资本不仅是现代经济学的谜底，也是主体形而上学尤其是意志（或欲望）形而上学的谜底。"[③] 从工程伦理学的观点看，由于"投资者"是资本的人格化表现，对"投资者伦理"的研究也就势所必然地要成为工程伦理学中的一个重要问题。可是，工程伦理学却至今一直忽视了对"投资者伦理"的分析和研究。

如果说在一个世纪前，所谓"投资者"可以基本上"等同于"资本家，那么，在现代条件下，由于投资方式和有关制度环境的变化，不但投资者的人数和类型有了很大变化，而且投资者在企业中的地位和作用也今昔不同了。在投资者的类型方面，值得特别注意的是在 20 世纪后半叶，除了"传

---

① 应该注意，对于所谓"工人伦理"、"管理者伦理"、"企业家伦理"方面的某些问题，在"劳动经济学"和"经济伦理学"等领域已经有所涉及和有所研究。工程伦理学应该在借鉴其他领域的有关成果的同时，在这些问题的研究中做出自己的新贡献。

② 张维，鲁品越：《中国经济哲学评论（2006·资本哲学专辑）》，社会科学文献出版社，2007年。

③ 俞吾金：《资本诠释学》，见张维，鲁品越，《中国经济哲学评论（2006·资本哲学专辑）》，社会科学文献出版社，2007年，第6页。

统"的资本家、大投资者、机构投资者等等之外，新出现了股民和"基民"（参与"投资基金"的"普通人"）这样类型的投资者。

在 20 世纪，特别是 20 世纪后半叶，由于新的投资方式的出现，股民和基民人数激增，投资已经成为"大众"的活动和行为了。彻诺说："在 19 世纪以前，被视为投机者和职业赌徒群聚的大本营的股票交易所，和赌场没有任何区别，绝对看不到虔诚的上帝子民。现在中产阶级对股票的狂热成了一部罗曼史，过去所有的污名在股票市场摆脱了。投资股票和共同基金的人数，从 1929 年股市大崩盘时期的 150 万人，跳跃而上升至 50 年代早期的 600 万人，60 年代的 2000 万人，然而到当代已超过了 6300 万人（引者按：这段话写于 1997 年）。在这些人中间，又 2500 万人是在过去四个疯狂不定的年头进入市场的。"① 按照另外一本书提供的资料，"2000 年左右，美国证券投资基金只数从 1978 年的 505 只上升到 8171 只，仅仅持有人数量便从 1978 年的 870 万人上升到 24350 万人，增长了近 28 倍。"② 随着中国股市和基金的发展，中国的股民和基民的人数在最近不长的时间中有了飞速的增长。有报道说，2007 年，中国"基民"人数超过了 5 千万，股民人数超过了 1 亿。在当前的现实经济社会生活中，既有"大投资者和大资本家"，又有作为投资者的"普通股东和普通基民"。

在"投资"这个活动舞台上，不断上演着形形色色和惊心动魄的"戏剧"，投资舞台的风云变幻不但牵动亿万股民和基民的神经，甚至还牵动了整个社会的神经。所谓形形色色和惊心动魄的"戏剧"不但是指具有经济色彩、技术色彩和社会学色彩的"戏剧"，而且是指带有强烈伦理内容和浓厚伦理色彩的"戏剧"。因而，对于投资活动和投资者行为，就不但必须进行经济学、社会学和心理学分析，而且必须进行伦理学分析。

一般地说，由于工程投资活动首先是一种经济活动，这就决定了工程投资者不可避免地是一个"经济人"，可是，工程投资活动又不可能是单纯的经济活动，它不可避免地要带有伦理成分和伦理影响，这就导致工程投资者同时成为了一个"伦理人"。对于投资者来说，他必须努力兼顾和协调"经

---

① 彻诺：《银行业王朝的衰落》，西南财经大学出版社，2004 年，第 65 页。
② 许连军：《左手索罗斯右手巴菲特》，农村读物出版社，2007 年，第 5 页。

济人"和"伦理人"两种角色。只有那些能够兼顾和协调"经济人"和"伦理人"两种角色的工程投资者才是健康和健全的工程投资者，否则，他就不可避免地要沦落为可怜的"单面人"。

三、工程伦理学中的中观伦理问题

在工程伦理学中，所谓"中观伦理"主要包括对企业伦理、行业伦理、工程政策伦理、制度伦理、工程管理伦理、工程安全伦理、"工程项目伦理"等问题的分析、评论和研究。虽然这些伦理问题的分析和研究离不开对个人伦理问题的分析和研究，但它们的"性质"却不能简化或还原为"个人伦理"问题。换言之，在工程伦理学中，"中观伦理"与"微观伦理"是两种不同性质和不同类型的问题。提出和强调"中观伦理"这个概念，将有助于人们在面对复杂的工程伦理问题时，避免出现把一切问题都归结为"个体伦理"和"微观伦理"的倾向，有助于把一系列"中观伦理"问题凸显出来，有助于强化人们的"中观问题意识"和"中观研究自觉"。

在中观伦理的研究对象中，"企业伦理"是最重要的主题之一。应该承认，企业伦理是经济伦理学和工程伦理学的共同对象。因为，从经济分析和经济学理论方面看，企业是社会的"经济细胞"，而从工程活动和"工程哲学"的角度看，企业是从事工程活动的"基本主体"；于是，经济伦理学家和工程伦理学家便都要把关注的目光投向企业伦理问题了。

目前，在经济伦理学领域，对企业伦理问题的分析已经取得了相当丰硕的成果。

在西方伦理学领域，"经济伦理学"[①] 是与"工程伦理学"在 20 世纪 70 年代后半期大约同时蓬勃兴起的另外一门伦理学分支学科。

罗世范（Stephan Rothlin）和杨恒达说："若干年以来在中国，关于如何将英语术语'Business Ethics'翻译成中文有过一场争论。许多研讨会与开

---

① 唐纳森，邓菲：《有约束力的关系》，上海社会科学院出版社，2001 年，第 3 页。

会的结果,最恰当的中文翻译应该是'经济伦理学'。"① 好像是有意与工程伦理学进行分工,当西方的工程伦理学主要把研究重点放在研究工程师职业伦理问题上时,西方经济伦理学却把研究的重点之一放在了对企业伦理问题的研究上,并且取得了许多成果,特别是其关于企业社会责任的研究更受到了广泛的关注和产生了巨大的社会影响。

在对企业活动的研究中,一个核心问题是企业战略问题。"企业战略"是一个复杂的、需要进行多视角、多维度分析和研究的问题。对于这个问题,微观经济学和管理学都进行了本学科视角的分析和研究。在经济伦理学兴起后,企业战略也成了伦理分析的对象。有经济伦理学家认为,从利益相关者理论出发,可以划分出五种类型的企业战略:①特定利益相关者战略——使一个或一小撮利益相关者的利益最大化;②股东战略——使股东利益最大化;③功利主义战略——使所有利益相关者的利益最大化和使社会利益最大化;④罗尔斯战略——采取行动提高境况较差的利益相关者的水平;⑤采取行动,保持或创造社会和谐。② 弗里曼说:"宣称可以从利益相关者、价值和社会问题分析中得出五种一般战略,并不是说赞成这五种战略中的这一种或另一种。我认为,我们要老老实实地了解我们的企业战略是什么样子,这一点才是至关重要的。我们对于存在于组织生活中的价值还知之甚少,因此,我认为,说一个战略比另一个要好还有些为时过早。"③ 可见,在企业伦理研究领域,没有解决的问题是很多的,有待进一步深入探讨的空间还是很大的。

工程伦理学在研究企业伦理问题时,一方面应该注意借鉴经济伦理学的有关成果,另一方面,又必须努力作出自己的新分析和新贡献。工程伦理学一向关注研究工程师责任伦理问题,今后,如果能够把对工程共同体成员个人伦理责任的研究和企业责任伦理责任的研究结合起来,那么,对有关问题的研究是有可能取得许多新进展的。

除企业伦理外,行业伦理、工程安全伦理、地区关系伦理(如水利和其他工程开发中受益地区和受损地区关系协调中的伦理关系)等,也都是可以

---

① 罗世范,杨恒达:《经济伦理学译丛·导言》,见乔治,《经济伦理学》,北京大学出版社,2002年。
② 弗里曼:《战略管理——利益相关者方法》,上海译文出版社,2006年,第122页。
③ 弗里曼:《战略管理——利益相关者方法》,上海译文出版社,2006年,第129~130页。

和应该"归属"于"中观伦理"研究的重要研究课题。目前,在行业伦理研究方面,虽然已经取得了一些引人瞩目的成果,但似乎可以说仍然存在着对"行业伦理研究"这个"整体概念"重视不够和在具体行业伦理研究方面力量分布"严重不平衡"的现象。对某些行业(如"计算机伦理"、"通讯伦理"、"金融伦理"等)的伦理学研究已经颇有成就,而对另外许多行业"专题"的伦理研究则非常薄弱。对于所谓"行业伦理问题"的某些带有"一般性的问题"——例如行业不正之风、行业垄断、串谋、不正当竞争问题等——已经引起了伦理学家的关注,但也还有另外一些问题没有引起足够的关注。在我国当前的经济社会生活中,矿难屡发成为了政府、舆论、传媒、公众关注的焦点之一,如何从行业伦理和安全伦理的角度对有关问题进行深度分析、深度解读、深度研究,显然也应该成为伦理学界必须从事的重要工作之一。

四、工程伦理学中的宏观伦理问题

厉以宁说:"宏观经济学以整个国民经济活动作为研究对象,即以国民生产总值、国民生产净值和国民收入的变动及其与就业、经济周期波动、通货膨胀、财政与金融、经济增长等等之间的关系作为研究对象。"[①] 参考这个界定,我们可以把"宏观现象"和"宏观问题"界定为"国家"和"全球"尺度的现象和问题。宏观问题往往是综合性问题,对于宏观问题,不但需要进行经济学研究(宏观经济学),也需要进行伦理学研究(宏观伦理学)。

宏观伦理学中需要研究的问题很多。例如:国家工业化和发展道路、发展模式中的伦理学问题、产业革命中的伦理学问题、产业转移中的伦理学问题、全球气候变化中的伦理学问题等。

对于国家工业化道路和发展战略、发展模式等问题,"发展经济学"领域的学者进行了占据"主流位置"的研究工作,但"发展伦理学"领域的学者也发出了自己的声音。

应该指出,无论从广度方面看还是从深度方面看,宏观视野的伦理研究

---

① 厉以宁:《宏观经济学的产生与发展》,湖南人民出版社,1997年,第4页。

都亟待加强。马丁和辛津格在其《工程伦理学》中明确地谈到了微观伦理和宏观伦理这两个概念，从而表现了他们在对工程伦理学的学科性质的认识上超越了那种仅仅把工程伦理学界定为工程师职业伦理的局限性。可是，他们的这本优秀著作却未能按照微观伦理和宏观伦理的划分来展开分析，特别是对于宏观伦理问题的分析和揭示更明显地成为了这本优秀著作的一个缺陷。[①]

目前，经济全球化过程中的伦理问题和全球气候变化（注意：全球气候变化主要是近代以来全球性工程活动的"宏观结果"之一）过程中出现的许多伦理问题已经引起了广泛关注。

应该如何分析和认识这里出现的形形色色的宏观伦理问题呢？

例如，发达国家的一些学者大声疾呼地要求全人类共同承担起关切全球气候变暖的责任，这当然是正当的呼声。因为从问题性质和解决途径上看，这个问题都不是微观问题而是全球范围的宏观问题。可是，共同责任是否意味着"同等责任"呢？如果回顾和观察近现代全球性工程活动的进程和后果，那么，目前的现实状况显然是：发达国家正在享受进现代工程活动带来的高质量的生活，而发展中国家却不得不"分享"全球气候变暖等"环境恶果"。有鉴于此，伦理学家在面对这种情况、问题和形势时，就不能把"共同责任"解释为"在力度和程度上没有区别的共同责任"，而应该把它解释为根据不同情况而"在力度和程度上有区别的共同责任"。否则，就会在貌似合理的伦理分析中得出经济、政治、伦理上都不正当的结论。从这个角度看，在应对全球气候变化问题上，发达国家和发展中国家应该依据"共同而有区别的责任原则"来承担本国的国家责任，而不应按照"抽象的公平"或"无差别责任"的原则来承担本国的国家责任。

五、关于识别和研究"三观"伦理的能力和意识

马丁和辛津格在其所著《工程伦理学》中指出，学习和研究工程伦理学的基本目的之一就是要提高伦理意识（moral awareness），要能够熟练地识别出工程中的道德问题。他们还认为，工程伦理学中既有微观问题又有宏观

---

① Martin M W, Schinzinger R. Ethics in Engineering. Boston: McGraw-Hill, 2005.

问题，"在工程伦理学中微观和宏观问题都是重要的，并且它们常常是交织在一起的。"① 把他们的上述观点结合起来再参考"中观"这个概念，可以提出以下一个新观点：学习和研究工程伦理学的重要目的和内容之一，就是要在认识上提高关于工程伦理学中存在着微观、中观、宏观这三类互相交织的伦理问题的意识，应该能够熟练地在"三观""有分有合"中识别、分析和协调解决工程伦理学中的"三观"伦理问题。

微观、中观和宏观问题是三类问题，它们在层次、范围、性质和特征上都有重要区别。一方面，必须承认这是三类不同的问题，三者不能相互混淆、相互替代；另一方面，又必须看到三者是相互联系、相互渗透、相互作用、相互影响的，不能把它们割裂开来；同时，还要注意，在许多情况下，三类问题的界限也并不是绝对分明的，许多具体问题都难免在进行"三观""划分"时有一定的模糊性和交叉性。这就是说，一方面，在工程伦理学的研究中，需要有敏锐的眼光和能力，善于发现和识别微观、中观、宏观这三类不同层次或范围的伦理问题，另一方面，又要能够在"三观"的相互渗透、相互作用、相互交织中分析有关的工程伦理问题。否则，对许多工程伦理问题的分析就会难中肯綮，难以抓住"要害"。

以对于工程事故问题的伦理分析为例。我们看到，有些西方工程伦理学家往往特别注意以案例研究的方法和从工程师职业伦理的角度分析和研究这些问题。可是，一些中国学者往往会在欣赏他们进行案例研究的学术进路和学术风格的同时，对于他们的某些结论感到未中肯綮。究其原因，常常就在于其仅仅关注了微观分析（个人的伦理责任）而忽视了中观（包括整个共同体和制度层面）层次的分析，这就严重削弱了他们对有关问题所进行的伦理分析的中肯性，而其改进建议有时也未能切中要害。

在现代社会中，从事具体工程活动的"基本行为主体"是企业而不是工程师，工程师只不过是企业共同体中的一种"岗位"或"角色"而已。工程师必须承担他的"岗位责任"和"角色责任"，但他们没有能力而且也没有可能承担有关工程的全部社会责任。如果不能既从工程师、工人、管理者的微观伦理角度，又从企业和有关制度的中观伦理角度进行分析，并且把微观

① Martin M W，Schinzinger R. Ethics in Engineering. Boston：McGraw-Hill，2005.

分析、中观分析、甚至宏观分析结合起来，那么，对工程安全和责任问题的伦理分析是很难切中要害的。

无论是在工程伦理学的理论问题研究中，还是在工程伦理学的现实问题研究中，问题的关键往往都在于是否能够在微观、中观和宏观的相互联系、相互渗透和相互作用中认识和分析有关问题。问题的关键在此，问题的难点在此，解决问题的出路和途径也在此。

马丁和辛津格在其《工程伦理学》中强调了工程伦理学中的伦理理由、伦理论证和伦理困境方面的问题。一方面，可以看出，这些方面的许多问题的产生都来自微观、中观和宏观伦理的复杂关系，另一方面，我们又要看到这些方面的许多问题也只能在微观、中观和宏观伦理的复杂关系的折中和协调中寻求可能的"答案"。

对于所谓微观、中观、宏观伦理问题，本文作者只能满足于浅尝辄止，希望本文能够起到抛砖引玉的作用。

第三部

工程社会学

工程共同体中的工人 *
—— "工程共同体"研究之一

一、从工程和"工程研究"谈起

当前的时代不但是科学的时代和技术的时代,它更是工程的时代。在古代社会中,个体式、手工式、家庭式、作坊式的生产活动是基本的社会经济活动方式和生产活动方式;而在现代社会中,虽然也仍然存在手工方式的生产活动,但那已经不是现代社会的基础性和主导性的活动方式了,在现代社会中,组织化的、制度化的、工程化的活动成为了基本的和主导的经济活动方式和生产活动方式。工程活动是现代社会存在和发展的物质基础,如果没有现代工程活动现代社会就无法存在下去。现代社会的物质面貌与古代社会有了天渊之别,而现代工程就是造成这个变化的"造物主"。

在现代社会中,科学、技术和工程是三种不同的社会活动①,因而,从可能性上看,不但可能存在三个不同的哲学分支学科——科学哲学、技术哲学和工程哲学,而且可能存在三个不同的跨学科和多学科研究领域——science studies、technology studies 和 engineering studies。

---

* 本文原载《自然辩证法通讯》,2005 年 02 期,第 64～69 页。
① 李伯聪:《工程哲学引论》,大象出版社,2002 年,第 4 页。

我们知道：英文的 STS 既可能是 science，technology，and society 的缩写，但也可能是 science and technology studies 的缩写。容易看出：后者可以"分化"成为两个不同的领域——science studies 与 technology studies；实际上，这个分化目前已经"实现"了。

对于应该怎样在汉语中翻译 science studies 和 technology studies，目前我国学界存在着不同的看法，本文作者与李醒民、盛晓明等人意见大体一致，赞成将其译为"科学论"和"技术论"①。但对于 engineering studies，我仍赞成把它译为"工程研究"。

2004 年，中国科学院研究生院工程与社会研究中心出版了作为该中心年刊的《工程研究：跨学科视野中的工程》第 1 卷②，这是"工程研究"这个新领域的第一份年刊。李三虎说："'工程研究'目前虽然仍然还只是刚刚诞生的婴儿，但可以相信的是，它必将如'科学研究'（引者按：即 science studies）和'技术研究'（引者按：即 technology studies）一样日益成长壮大起来。"③

"工程研究"是一个范围极其广阔的研究领域，亟需研究的问题很多，而"工程共同体"就正是其中亟需研究的问题之一。

二、科学共同体、工匠共同体和工程共同体

虽然科学共同体这个术语不是库恩首先提出来的，但它却是因库恩的《科学革命的结构》而声名远扬的。

库恩在回忆和反思《科学革命的结构》一书时曾有一段"自白"："在这本书里，'范式'一词无论实际上还是逻辑上，都很接近于'科学共同体'这个词。一种范式是、也仅仅是一个科学共同体成员所共有的东西。反过来，也正由于他们掌握了共有的范式才组成了这个科学共同体，尽管这些成员在其他方面并无任何共同之处。作为经验概括，这正反两种说法都可以成

---

① 李醒民：《关于科学论的几个问题》，《中国社会科学》，2002 年第 1 期；贾撒诺夫等：《科学技术论手册》，"译后记"，北京理工大学出版社，2004 年。
② 杜澄、李伯聪：《工程研究：跨学科视野中的工程》，北京理工大学出版社，2004 年。
③ 李三虎：《工程研究：跨学科视野中的工程》，《中华读书报》，2004 年 11 月 3 日。

立。但我那本书里却当成了定义（至少部分如此），以致出现那么一些恶性循环，得出一些错误结论。"① 1969 年，库恩在为新版《科学革命的结构》写的后记中说："假如我重写此书，我会一开始就探讨科学的共同体结构，这个问题近来已成为社会学研究的一个重要课题，科学史家也开始认真地对待它。""我们能够、也应当无须诉诸范式就界定出科学共同体（黑体为引者所知）"。② 这就是说，库恩终于认定：他的理论体系的最基础的概念是科学共同体而不是范式。

学界对科学共同体已进行了许多研究，而"工程共同体"问题尽管非常重要，但目前却还是一个研究上的空白。

工程共同体和科学共同体是不同性质的社会共同体，它们的性质功能和结构组成都是大不相同的。

从性质上看，科学活动是人类追求真理的活动，科学共同体的目标从根本上说是真理定向的，科学共同体在本性上是一个学术共同体；而工程活动乃是人类为解决人与自然的关系问题和生存问题而进行的规模较大的技术、经济和社会活动③。在许多情况下，工程活动是经济和生产领域的活动，在另一些情况下也有一些工程是非赢利的、公益性类型的工程，但所有的工程项目都是在一定的（广义）价值目标指引下进行的。工程活动的本性决定了工程共同体不是一个学术共同体而是一个追求经济和价值目标的共同体。

从组成方面来看，科学共同体基本上是由同类的科学家（或曰科学工作者）所组成的；而在现代工程共同体中却不可避免地包括了多类成员：资本家、投资者、企业家、工程指挥人员、管理者、设计师、工程师、会计师、工人等。

现代的工程共同体也大不同于古代的工匠共同体。

工程活动并不是现代才出现的，必须承认，古代社会就已经有大规模的工程活动了。可是，从比较严格的观点来看，我们却不宜认为古代社会中从事工程活动的人的总体已经形成了一个工程共同体——至多我们可以承认古

① 库恩：《必要的张力》. 福建人民出版社，1981 年，第 291 页。
② 库恩：《科学革命的结构》. 北京大学出版社，2003 年，第 158 页。
③ 本文暂不涉及"社会工程"问题。

代社会中存在一个"暂态的"工程共同体。

在古代社会，大规模的工程活动不是基本的社会活动方式而只是"临时性"的社会活动方式。那时的工程项目（如修建一座王陵或兴修一个水利工程）都是以临时征召一批农民和工匠的方式进行的，在这项工程完成后，那些农民和工匠便要"回到"自己原来的土地或作坊继续从事自己原来的生产活动。在古代社会，集体从事大型工程建设活动只是一种社会的暂态，而分别从事个体劳动才是社会的常态。

在古代社会，虽然进行工程活动也必须进行设计，也必须有人进行工程指挥和从事管理工作，可是，那些从事这些工作的人，从社会分工、社会分层和社会分业的角度来看，其基本身份仍然是工匠或官员，他们还没有发生身份分化而成为工程师和企业家。这就是说，我们可以承认工程活动在古代社会已经存在，可以承认古代社会中存在着农民共同体和官员共同体，可是，一般地说，我们却不宜认为在古代社会中已经有工程共同体存在了。

我们的确实应该承认古代社会中那些从事个体手工劳动的工匠们组成了一个工匠共同体，可是，那个工匠共同体却没有而且也不可能具有进行大规模的工程活动的社会任务和社会职能，从而，我们也就不能认为这个工匠共同体组成了一个工程共同体。

应该肯定：工程共同体的出现和形成乃是近代社会的事情。在工业化和现代化的过程中，工程活动成为了社会中常态的活动，工程共同体的队伍愈来愈壮大，其社会作用也愈来愈重要了。

三、工人是工程共同体的一个绝不可少的基本组成部分

虽然中国古代早就有了"百工"之称，但那时的百工并不是现代意义上的工人——他们是手工业者。工人是在近现代社会中才出现和存在的。在马克思主义理论中，无产阶级和工人阶级是同一个概念，无产者和工人也是基本相同的概念。在马克思和恩格斯的时代，人们常常使用无产者一词，但后来的人们就更多的使用工人和工人阶级这两个词汇了。

恩格斯在《共产主义原理》一文中指出，无产者"不是一向就有的"。"无产阶级是由于产业革命而产生的"，无产者不但与奴隶和农奴有明显区

别，而且也不可与手工业者甚至手工工场工人混为一谈①。工人的主要特点是：①不占有生产资料，靠自己的劳动取得收入；②一般来说，工人是在"现场岗位"进行直接生产操作（常常是体力劳动类型的操作）的劳动者，除了类似后文将要谈的某些"灰领"的情况，工人的作业（中文的操作和作业都对应于英文的 operation）地点是工地、矿井等工作"现场"而不是管理活动所在的办公室。

许多学科——包括历史唯物主义、管理学、社会学、经济学、伦理学等——都在从不同的角度研究工人问题。虽然我们在工程哲学和工程研究领域中研究工人问题时不可避免地要借鉴和汲取其他领域的理论、观点和研究成果，但在工程研究领域中，我们还应该有"本身"的特殊研究观点和研究路数。

在《工程哲学引论》② 一书中，我把工程活动过程划分为三个阶段：计划设计阶段、操作实施阶段和成果使用阶段。从工程哲学和"工程研究"的角度来看，虽然我们不应把工程的三个阶段强行分割，但在现实生活中，确实又存在着许多仅仅停留在设计阶段而没有被实施的工程设计方案，如果一项活动仅仅停留在设计或设想阶段，那么它就不是一项"真正"的工程活动。如果我们可以在一定意义上承认"实际的"战争是从打响第一枪的时候开始而不是从制定战争计划的时候开始的，那么我们便同样有理由在一定的意义上承认工程进入实施阶段时才成为了一个"实际的工程"。根据这个分析，我们有理由说，在工程的三个阶段中"实施阶段"才是最本质、最核心的阶段，我们甚至可以说，没有实施阶段就没有真正的工程。

传统哲学是以研究 being（"是"或"存在"）为中心的哲学，而工程哲学是以研究 doing 或 making（"做"或"作"）为中心的哲学。由于在严格的意义上，正是在实施阶段中直接的 doing 才真正开始（或曰"正式出场"），而这个实施行动或实施操作又是由工人进行的，于是，工人也就成为了工程共同体中的一个关键性的、必不可少的组成部分。

记得陈毅元帅在 1962 年曾写过一首风趣幽默的短诗："一切机械化，一

---

① 《马克思恩格斯选集》第 1 卷．人民出版社，1972 年，第 210、214 页。
② 李伯聪：《工程哲学引论》，大象出版社，2002 年。

切自动化，一切按钮化，还得按一下。"这首诗形象生动地表明：即使在具有现代化生产设备的条件下，工人的直接操作活动在生产和工程活动中仍然占据和发挥着一种核心性的、必不可少的地位和作用。

在工程共同体中，工人和工程师、企业家、投资人一样，都是不可缺少的组成部分，他们各有不可替代的作用，那种轻视工人地位和作用的观点是十分错误的。

也许可以说，如果科学技术哲学共同体的成员仅仅把自己的研究视域集中在——甚至局限在——（狭义的）科学哲学之中，科学技术哲学共同体的成员是找不到一个可以通向研究工人问题的广阔天地的合适门径的，可是，当我们把工程哲学也纳入广义的科学技术哲学领域时（在当前我国的学科分类中，工程哲学是归类在"科学技术哲学"这个"学科名义"之下的），一个研究工人问题的大门和广阔天地就顺理成章地向科学技术哲学共同体敞开了。

四、工人是工程共同体中的弱势群体

在社会学和共同体研究中，所谓"分层"问题是一个重要问题。

科学共同体主要是一个学术共同体，所以，在对科学共同体进行分层时其主要根据是"学术标准"。可是，在对工程共同体的人员进行分层时，由于工程共同体的性质十分复杂，所以，人们有可能根据不同的标准对工程共同体的人员作出不同的分层。

工程共同体是一个在"内部"和"外部"关系上存在着多种复杂的经济利益和价值关系的利益共同体或价值共同体。这些经济利益和价值关系既可能是合作、共赢的关系，也可能是冲突、矛盾的关系。当冲突、矛盾的一面突出来时，在一定条件下，共同体中的弱势群体的利益就有可能受到程度不同的侵犯或侵害。

应该承认：在工程共同体中（更一般地说是在整个社会中），工人是一个在许多方面都处于弱势地位的弱势群体。工人的弱势地位突出地表现在以下三个方面。

1）从政治和社会地位方面看，工人的作用和地位常常由于多种原因而被以不同的方式贬低。几千年来形成的轻视和歧视体力劳动者的思想传统至今仍然在社会上有很大影响，社会学调查也表明当前工人在我国所处的"经济地位"和"社会地位"都是比较低的。

2）从经济方面看，多数工人不但是低收入社会群体的一个组成部分，而且他们的经济利益常常会受到各种形式的侵犯。在资本主义制度下，工人受到了经济上的剥削；在社会主义制度下，工人的经济利益也是常常受到各种形式侵犯的。在我国的具体情况下，下岗工人和农民工更成为了工人这个弱势群体中"更加弱势"的群体。近两年引起我国广泛注意的拖欠农民工工资问题就是严重侵犯工人经济利益的一个突出表现。

3）从安全和工程风险方面看，工人常常承受着最大和最直接的"施工风险"，由于忽视安全生产和存在安全方面的缺陷，工人的人身安全——甚至是生命安全——常常缺乏应有的保障。

一般地说，在科学研究活动中是不存在由于进行科学研究而导致的"科学家的生命风险"的。在科学研究和科学哲学中，风险问题不是一个特别重要或特别突出的问题。正如波普所指出的那样，在科学研究中，科学家以自己提出的科学假设的"死亡""代替"了自己的"死亡"[①]。可是，在工程活动中所可能出现的就是工人的实实在在的生命的死亡了。由于任何工程活动都不可避免地存在着风险，于是，在工程哲学和工程研究领域中风险问题就成为了一个特别重要和突出的问题。

在所谓工程风险中，包括施工风险和工程后果风险两种类型。为了应对施工风险，工程共同体必须把工程安全和劳动保护措施放在头等重要的位置上。如果说，在那些唯利是图的资本家的眼中，工人的劳动安全仅仅是一个产生"累赘"或"麻烦"的问题，那么，对于以人为本的工程观来说，"安全第一"就绝不仅仅是一个"口号"而是一个"原则"了。

与分层问题有密切联系但并不完全一致的另一个问题是共同体中的"亚团体"问题。一般地说，在一个共同体内部往往是不可避免地要存在一些"亚团体"的。于是，研究不同形式的"亚团体"的问题就成为了共同体研究中一个重要内容。

---

① 波普尔：《客观知识》. 上海译文出版社，1987年，第260页。

由于科学共同体是一个学术共同体，于是，在研究科学共同体时，人们关注最多的是"学派"这种形式的"亚团体"，而"学派"就正是由于科学共同体内部在学术思想和观点上存在分歧而产生的一种"亚团体"。在工程共同体中，由于它首先是一个经济活动的共同体，于是，这就出现了工会这种以维护工人的经济利益和其他利益（包括劳动保护方面的权益）为宗旨的"亚团体"。

在劳动经济学和劳动社会学领域中，已经有人对工会进行了许多研究，我们在研究工程共同体问题时，也应当注意把工会问题纳入研究视野才对。

2004年，我国出现了史无前例的"工人短缺"现象[①]。如果说，在过去的一段时间中，由于多种原因许多人常常有意无意地忽视了工人的地位和作用，那么，可以认为，"工人短缺"现象的出现实际上就是在以一种特殊的方式向人们大喝一声：工人是工程活动（生产活动）和工程共同体中的一个绝不可缺少的基本组成部分。

工人在科学共同体中只是一个边缘成分，在一定意义上甚至可以说是可有可无的成分，可是，在工程共同体中，工人就是支撑工程大厦的"绝不可缺少"的栋梁了。如果没有工人，不是工程大厦就要坍塌的问题，而是根本就不可能有工程大厦出现的问题。

已经有人指出：造成这种工人短缺现象的一个重要原因就是作为弱势群体的工人的各种权益在很长一段时期受到了严重的侵害。我们高兴地看到：一些工厂正不得不以承诺增加工资的方法招收工人进厂。有学者还指出：这种状况可以成为我们重新认识工人的地位和重视保护工人权益的一个有利契机。

五、灰领"出场"和后福特制需要有"新工人"的启示

在我国近期突出出来的工人短缺现象中，以高级工（高级技术工人）的短缺最为严重，有调查材料说，目前在我国高级工已经成为比工程技术人员

---

① 白青锋、郑勇：《大厦不可少栋梁——技术工人短缺现象透视》，《工人日报》，2004年9月13日。

更加紧缺的人才，有人甚至发出了"现在聘请高级工比聘请硕士和博士生还难"的慨叹①。在不少企业，高级工的短缺已经成为了一个制约企业生产发展的瓶颈。

如果说高级工或高级技工这个词还是一个"传统词汇"，那么，包括高级工在内的"灰领（Gray Collar）"就是一个新概念、新词汇了。

"灰领"是一个标志"蓝领"（体力劳动者）和"白领"（脑力劳动者）"中间""位置"的隐喻。有人说，"灰领"是指具有较高知识层次、较强创新能力、掌握熟练技能的人才，是既能动脑又能动手的复合型技能人才。"灰领"中既包括在制造企业生产一线从事高技能操作的高级技工、数控机床操作人员，又包括在"高科技产业"、"文化产业"从事数字化设计、动漫设计、游戏制作、数字音乐制作、多媒体制作等工作的人员。

"灰领"人员所体现的"既能动脑又能动手"的特点，从社会发展的角度来看，是意义深远的。在历史上，早就有人提出了消除脑力劳动与体力劳动的对立、实现人的全面发展的伟大理想。我绝对无意说在"灰领"身上已经实现了先贤的这个理想，但"灰领"给予我们的启示显然绝不仅仅是经济领域的启示而是可以别有深意的。

在消除脑力劳动与体力劳动的对立、实现人的全面发展方面，劳动者"知识化"应该是一个最重要和最基本的方面和方向。应该承认，虽然"灰领"在某种程度上体现了"既能动脑又能动手"的精神，但"灰领"在整个社会中毕竟只是人数很少的一部分，目前对"灰领"的要求还不是对社会上的多数人的要求。在这方面，应该更加引起我们注意的是在后福特制中对"一般工人"所提出的新要求，我认为，后福特制的出现——包括它对出现"新工人"所提出的要求——是一件应该给予特别注意和具有深刻社会意义的事件。

有人认为，在最近一百多年世界经济和产业的发展中，在生产方式或生产模式方面出现了两个有历史意义的"分水岭"，出现了三种不同类型的"生产模式"。

第一次产业革命后出现了现代工厂制度，在很长一段时间中，主导的生

---

① 文婧、王小波：《中国制造面临灰领断层》，《经济参考报》，2004年3月14日。

产模式是使用机器进行单件生产，这是现代生产模式的第一阶段。20 世纪初，福特制的出现成为现代生产方式发展中的一个分水岭，现代生产由此进入了以"大规模生产"为主要特征的第二阶段。半个世纪后，由于"灵捷制造（Agile Manufacturing）"、"精益生产（Lean Production）"、"后福特制（Postfordism）"的出现，现代生产模式进入了其发展的第三阶段①。

对比这三种生产模式的不同特点不是本文的任务，本文所关注的乃是由于生产模式的变化而"派生"的对工人的要求的变化。

一个非常吊诡并且似乎不合逻辑的现象是：与福特制这个生产模式方面重大进步相伴随的竟然不是"提高"了对"工人水平"的要求，而是"最大限度"地"降低"了对"工人水平"的要求。在单件生产模式下，工人必须具有比较多样的技术能力，在全部生产活动中他们承担了比较重要而多样的作业任务；可是，在福特制中，在大规模流水线生产中，工人只承担了非常简单化的作业任务，他们只要有很低的技术水平和能力就可以"上"流水线工作了。正像德鲁克所指出的："十九世纪的没有技术的工人只是一个辅助工。他是真正的工人的必要助手，但没有一个有技术的人会把他叫做'工人'。""真正的工人，乃是具有一切能工巧匠的自豪感、理解力，以及技术和身份的匠人。"可是，在福特制的生产模式中，"没有技术的机械式操作的工人是真正的工人。能工巧匠倒成了辅助者"，流水线上的工人"既不懂得汽车工作的原理，也不拥有什么别人几天之内学不会的技术。他不是社会中的一个人，而是一台无人性的高效率机器上一个可随意更换的齿轮。"②

令人感到欣慰的是：这种在生产模式的"水平提高"时反而降低了对工人水平的要求的反常趋势，由于精益生产或后福特制的出现而得到了扭转，因为在精益生产或后福特制中，又大幅度地提高了对工人水平的要求。与福特制不同，精益生产或后福特制"必须依赖劳动者专用性知识和能力的长期积累"，要求教育培训员工具有多方面的技能，要求充分挖掘其潜力，调动

---

① Piore M J，Sabel C F. The Second Industrial Divide. New York：Basic Books. 1984；麻省理工学院工业生产率委员会：《夺回生产优势》，军事科学出版社，1991 年；沃麦克等：《改变世界的机器》，商务印书馆，1999 年；刘刚：《后福特制研究》，人民出版社，2004 年，第 41、44 页。
② 德鲁克：《工业人的未来》，上海人民出版社，2002 年，第 84 页。

其工作热情①。

虽然我们还不能对后福特制这种生产模式对工人所提出的要求作不切实际的过高评价，但它毕竟扭转了福特制那种以降低对工人的知识要求为代价来"提高生产力"的"方向"，对于这个"方向"的扭转，无论如何我们都是应该给予高度评价的。尤其是，由于后福特制所提出的是应该"普遍"提高"一般工人"的素质和水平的要求（而不是仅仅提高少数工人的"水平"），我们就更应该给予特别的重视和高度评价了。

工人是劳动者的一个组成部分。在现代社会中，工人是工程共同体的一个组成部分。从古代的手工工匠到现代的产业工人，从福特制下的工人到后福特制下的工人，再到未来生产模式和未来社会中的工人，工人在社会中的地位和作用以及工人自身的"水平"和特点，都在不断地发生变化。

在工人问题时，我们不但要关心眼前的、现实性的种种问题，而且要研究历史性的和面向未来的问题。我们知道，马克思是高度关注人的全面发展问题的，从这个角度看，现代社会中开始显现出来的普通工人向"知识化"方向逐步迈进的趋势，其社会意义和历史意义都是十分深远的。

---

① 刘刚：《后福特制研究》，人民出版社，2004年，第41、44页。

关于工程师的几个问题 *
——"工程共同体"研究之二

在现代社会中,工程共同体具有非常重要的作用,工程社会学的一项基本内容就是要研究有关工程共同体的种种问题。工程共同体主要由四类人员——工人、工程师、投资人(在特定社会条件下是"资本家")和管理者——构成。在工程活动中,这四类人员各有其特殊的、不可替代的重要作用。如果把工程共同体比喻为一支军队的话,工人就是士兵,各级管理者相当于各级司令员,工程师是参谋部和参谋长,投资人则相当于后勤部长。从功能和作用上看,如果把工程活动比喻为一部坦克车或铲车,那么,投资人的作用就相当于油箱和燃料,管理者可比喻为方向盘,工程师可比喻为发动机,工人可比喻为火炮或铲斗,其中每个部分对于整部机器的功能都是不可缺少的。

本系列论文的第一篇①论及了有关工人的一些问题,本文将着重讨论有关工程师的若干问题。已有学者指出,虽然工程师在社会生活中发挥了非常重要的作用,可是,对工程师问题的哲学研究、历史研究和社会学研究却极其薄弱。1961 年,《工程社会史》一书出版时,有人评论说,这本书涉足了

---

* 本文原载《自然辩证法通迅》,2006 年 02 期,第 45~51 页。
① 李伯聪:《工程共同体中的工人——"工程共同体"研究之一》,《自然辩证法通讯》,2005 年第 2 期。

一个"被一般历史学家令人震惊地忽视了的领域"①。1974 年，雷（John B. Rae）在就任美国技术史学会主席的致辞中说，他讲话的主题就是要"正式宣布工程师在历史上是被忽视的人物并且建议纠正这个缺陷"②。法国学者佩兰说："在法国……除了极个别的情况外，那些声称专门研究科学技术史的研究中心把 95% 的精力花在了科学上，花在技术上的只有 5%。"③ 这种状况显然是亟须改变的。与工程师有关的问题很多，本文只能涉及很有限的几个问题，并且只能进行浅尝辄止的议论，希望能够抛砖引玉，引出更深入的分析和研究。

一、"工程师"的词源和工程师"队伍"的发展

让我们先对工程师这个词语的历史演变以及工程师这个职业的历史发展进行一些考察④。从词源上看，英文的 engineer（工程师）是从古拉丁文 ingenero 演变而来的。在中世纪，ingeniator 被用来称呼破城槌（battering rams）、抛石机（catapults）和其他军事机械的制造者，但有时也用于称呼其操作者。后来，由这个称呼行动者的名词演变出了动词"to engineer"和动名词"engineering"。到了 18 世纪，工程师被用来称呼蒸汽机的操作者。

第一个工程师的职业组织 the French military cops du genie 成立于 1672 年。1755 年出版的约翰逊英语词典把工程师定义为"指挥炮兵或军队的人"，1828 年出版的韦伯斯特英语词典说"工程师是有数学和机械技能的人，他形成进攻或防御的工事计划和划出防御阵地"。对比这两本词典，值得注意的是，后者不那么强调工程师是操作者而更加强调工程师是"形成计划"的人——尽管仍然只限于军事防御工事方面。而到了更晚近的时期，工程师和军人的联系就更加弱化了。第一本 18 世纪的工程手册是炮兵用的工程手册，第一个授予正式工程学位的学校于 1747 年在法国成立，也是属于军事的。

---

① Armytage W H G. A Social History of Engneering. Cambridge：The M I T Press，1961：封面折页。
② Reynolds T S. The Engineer in America. Chicago：The university of Chicago Press，1991：27.
③ 舍普等：《技术帝国》，三联书店，1999 年，第 89 页。
④ Mitcham C. Thinking through Technology. Chicago：The university of Chicago Press，1994：144～148.

1802 年成立的美国西点军校（the U. S. Military Academy at West Point）是美国的第一所工程学校（the first engineering school）。

约翰·斯米顿（John Smeaton，1724～1792）是第一个称自己为 civil engineer（可直译为民用工程师，但通常译为土木工程师）的人。1742 年，他到伦敦学习法律，后来参加了皇家学会，开始研究科学，十八世纪五十年代后期他从事建筑，重建了艾底斯顿灯塔。1768 年，他开始称自己为 civil engineer 以便从职业来源和工作性质上都与传统的"军事工程师"相区分。

所谓 civil engineer，其所指的范围在英国和欧洲大陆有所不同，在英国所指范围较窄——指设计道路、桥梁、供水和卫生系统、铁路等等的人，而在欧洲大陆的法国，ingenieur civil 至今仍指那些不是受雇于国家的工程师。

在汉语中，虽然工程一语是古已有之的，但工程师——作为 engineer 的译语——却是在洋务运动时期才开始出现的。杨盛标和许康先生已有专文考证汉语中工程和工程师的演变①，此不复述。

以上是以"词语"为关注中心而进行的分析和考察，如果我们不是以词语为关注中心而是以"对象"为关注中心，那么我们会注意到：作为一个特殊的工作和职业群体的工程师是随着近现代产业革命和经济发展的进程而逐步分化、形成、出场并发展壮大的。

在研究许多理论问题和现实问题时，我们不但需要注意重视运用语言分析的方法，进行必要的词源学分析和语义演变研究，而且应该更加注意运用"直面实事本身"的现象学方法和着重研究事物历史演变的进化论方法。如果运用这两种方法考察工程活动和工程师角色的历史演进，我们可以看到：古代社会中已经开始进行大规模的工程活动了。例如，古埃及的金字塔、古罗马的竞技场和中国古代的大运河都是古代的工程奇迹。可是，在古代社会，大型工程建设活动只是当时社会的"暂态"，而分别从事个体劳动才是社会的"常态"。那时的工程项目（如修建一座王陵或兴修一个水利工程）都是以临时征召一批农民和工匠的方式进行的，在工程完成后，那些农民和工匠便要回到自己原来的土地或作坊继续从事自己原来的生产活动了。所

---

① 杨盛标、许康：《工程范畴演变考略》，见刘则渊、王续琨主编，《工程·技术·哲学》，大连理工大学出版社，2002 年。

以，从职业或身份的角度看，在古代社会的工程活动中，担任工程操作任务的劳动者只能被定性为临时从事工程劳动的农民或手工业者，他们还不是现代意义上的职业工人。

如果从另一方面看问题，古代的工程活动也是必须有人进行设计和管理的，所以，当我们从功能观点看问题时，我们也有理由把在古代工程活动中从事设计和技术指导与管理工作的人员"追认"为"工程师"——正像虽然"科学家"这个名词迟至 1833 年才出现，但我们仍然可以承认古代也有"科学家"一样。

职业工程师的出现和形成是近现代社会经济发展、工程活动规模扩大、科学技术进步、社会分工细密的结果。人们看到，中世纪的工匠在近现代进程中发生了一个意义重大的职能和职业的分化。在现代的工程活动中，由于工匠的分化和许多其他因素和过程共同作用的结果，逐渐形成和出现了现代社会中的工人、工程师、资本家、管理者等不同的阶级或阶层。

在工程师职业形成的过程中，除了其他因素外，工程教育（特别是高等工程教育）的兴起和发展发挥了非常重要的作用。

第一次产业革命后，机器生产逐步取代了手工生产，规模较大的工程活动方式逐渐取代手工生产方式成为了社会的主要生产活动方式。从 18 世纪起，在先进的工业化国家开始大量兴建民用工程，后来，工厂制度迅速发展，大公司日益增多，在这个过程中，作为拥有一定科学知识并拥有专门技术和工程知识的工程师阶层日益壮大，工程师与仅仅具有实际操作技能的工匠（craftsman）或工人（worker）成为了两个不同的职业和阶层。

如果说在第一次产业革命之后，出现了工人人数急剧增加的现象和工程师人数显著增加的现象，那么，工程师人数的急剧增加则基本上是发生在第二次产业革命及其以后时期的现象。莱顿（E. D. Layton）认为可以把工程师职业在 19 世纪美国的发展历程分为两个阶段①。有人估计，1816 年美国大约只有 30 名工程师，由于运河、铁路等大规模民用公共工程的兴建，到了 1850 年，美国已经有了 2000 名工程师。1880～1920 年是美国工程师职业发

---

① Layton E T. The Revolt of the Engineers. Baltimore：The Johns Hopkins University Press，1986：2、3.

展的黄金时期，推动这个时期对工程师职业需求的主要是工业界的大公司，在这 40 年中，工程师的人数增加了约 20 倍——从 7000 人增加到 136 000 人。到了 20 世纪，1950 年美国工程师的人数超过了 50 万，1990 年更高达 200 万。在 1900 年，美国每 10 000 工人有 13 个工程师，而 1960 年增加到了每 10 000 工人有 128 个工程师[①]。

二、工程师的职业特征与工程知识问题

工程师的职业性质和特点问题是一个复杂问题，本文将着重从工程师、投资人和工人的相互关系中进行一些简要的分析。

工程师与工人的关系是设计者、技术指导者、技术管理者与技术操作者的关系，而工程师与投资人（资本家或工程的"所有者"）的关系则是"雇员"与"雇主"的关系。这里先谈前一方面的一些问题，后一方面的问题稍后再进行讨论。

工人和工程师都是被雇佣的劳动者，这是二者相同之处。二者的区别是：工程师是白领的知识劳动者，工人是蓝领的体力劳动者。工程师必须拥有专业性很强的工程知识（如设计知识），而工人主要地只拥有操作能力（这显然是一种简略的说法，这里权且把工人所拥有的知识合并在操作能力之中），于是，这就形成了工程师与工人之间的界限或分野。

除了从与工人的关系中认识工程师的职业特点外，我们还需要从工程师与科学家的关系中认识工程师的职业性质和职业特点。科学家和工程师都是知识劳动者，这是二者的相同之处，二者的区别是：科学家拥有的知识主要是科学知识，而工程师拥有的知识主要是工程知识——包括设计知识、工艺知识、研发知识、设备知识、生产加工知识、技术管理知识、安全生产知识、维修知识、质量控制知识、产品知识、市场知识、相关的社会知识等等，所以，工程师和科学家也成了两种不同类型的社会职业和工作岗位。

科学思维方式与工程思维方式是两种不同的思维方式，科学知识和工程

---

① Reynolds T S. The Engineer in America. Chicago：The university of Chicago Press，1991：173.

知识是两种不同类型的知识，它们既有一定的联系，同时又在性质上有很大区别。

设计知识是一种典型的工程知识，设计活动是工程活动中的一个关键性和特征性的环节。从工程的观点来看，设计工作、设计能力、设计成果具有极大的重要性，可是，从科学的观点看，由于在设计工作——包括某些卓越的设计工作——中可能仅仅采用或运用了不多的"新发现的科学知识"，在许多情况下甚至完全没有采用或运用最"新"的科学知识，所以，按照科学知识的评价标准，设计工作的成果是没有什么"科学价值"的。莱顿说："从现代科学的观点看，设计什么也不是；可是，从工程的观点看，设计就是一切。"[①] 他的这个常被引用的观点尖锐地指出了科学知识和工程知识是两种不同性质的知识，它们具有不同的评价原则和评价标准。这两种知识只有性质、作用的不同，而没有"水平""高下"之分。如果有人硬要以评价科学知识的标准去评价工程知识，并据此而贬低工程知识，那就要犯张冠李戴、南辕北辙的错误了。

有一种流行观点认为：在现代社会中，工程知识仅仅是科学知识的"应用"，这种观点在很大程度上否认了工程知识的独立地位，是一种已经产生了很多误导的观点。

美国工程师文森蒂根据自己作为一个航空工程师的实践经验，深刻体会到工程知识在性质、内容、作用上都与科学知识大不相同，于是，他撰写了《工程师知道什么以及他们是怎样知道的》一书。我国学者张华夏和张志林在《技术解释研究》中注意到了文森蒂等人的观点并对文森蒂等人的观点进行了介绍[②]。

美国技术哲学家皮特赞成莱顿和文森蒂的观点，"认为工程知识和一般说的技术知识构成一种离散的不同于科学知识的知识形式。"在《工程师知道什么》一文中，皮特明确指出："没有事实根据说科学和技术每一个都必须依靠另一个，同样也没有事实根据说其中一个是另一个的子集。"他甚至

---

① Beder S. The New Engineer. South Yarra：Macmillan Education Australia PTY Ltd，1998：41.

② 张华夏、张志林：《技术解释研究》，科学出版社，2005 年，第 118～138 页。

认为："相对于科学知识来说……工程知识被证明要比科学知识更加可靠得多"。[①]

文森蒂认为，所谓运行原理（operational principle，亦可译为"操作原则"）和常规型构（normal configuration）突出地表现了工程知识与科学知识的不同，因为尽管"它们可以用科学发现来加以分析，有时它们甚至由科学发现的触发而产生。但它们不能以任何方式包含于科学发现之中，或由科学发现指示出来。""所有的工程设计知识……都是一种手段，它最终服务于事物应当是怎样的"。在科学活动中，科学家应用知识的目的是为了取得新的科学知识，在这里知识本身就是目的；而在工程活动中，工程师运用工程知识的目的却是为了实现工程实践的目的；于是这就形成了知识的"两种用途"。

著名美国技术哲学家皮特在《工程师知道什么》一文中观点鲜明地批评了那些在贬义上讽刺工程知识是"烹饪手册（cookbook）知识"的错误观点。皮特认为可以把工程知识说成是"烹饪手册"形式的知识，但这绝不意味着这是"低级"的或不可靠的知识。他指出：工程知识的基本性质和基本特点是"它是任务定向的"，"因为它是任务定向的，并且因为真实世界的任务都会碰到各种各样的意外，如材料、时间构架、预算等问题，我们知道什么时候一项工程任务是成功或者是不成功"，工程知识"在'真'的某种意义上说必定是真的"。皮特认为："按照我们提出的科学标准，工程知识似乎更加可靠、更加可信，具有更强的活力。"对于皮特的这个观点，大概会有许多人持有异议，也许一种更恰当的"立场"和"观点"是明确地承认工程知识与科学知识是"相并列"的两种不同类型的知识，各有特点和重要性，人们可以不必在工程知识和科学知识之间强行划分"高下"或"那个更可靠"。

工程知识问题是一个广泛涉及和影响哲学、历史学、教育学、经济学、心理学、社会学等许多方面和领域的大问题。美国学者哥德曼认为，工程活动提出了一系列新的认识论问题，工程合理性不同于科学合理性，工程有自己的知识基础，绝不应和不能把工程知识归结为科学知识。他指出：不但在

---

① 张华夏、张志林：《技术解释研究》，科学出版社，2005年，第133、138页。

认识史上科学不是先于工程的，而且在逻辑上科学也不是先于工程的；不但古代是这样，而且现代社会中也是这样。[1][2]

在现代社会中，工程师是工程知识的主要"创造者"和"负载者"。在人类的知识"总量"和知识"宝库"中，从数量上看，工程知识是数量最大的一类知识；从作用上看，工程知识不但是与工程实践联系最密切的知识，而且它还是工程实践赖以进行的思想前提和知识基础，对于人类的生存具有头等重要的意义。

容易看出，在整个知识论研究领域中，对工程知识问题的研究应该成为最重要、最基本的内容之一，可是，目前的实际情况却是：很少有学者"关注"对工程知识问题的研究，以至工程知识问题至今仍是"知识论"王国中的一片广袤无垠的"处女地"，这种状况显然是必须改变的。

三、工程师的职业困境和工程师的职业责任问题

工程师的职业特点不但表现在工程师与工人的关系中，而且表现在他们与雇佣其服务的公司的关系中，并且正是在这后一方面的关系中，工程师的职业性质、职业特征、职业自觉、职业责任问题才加倍凸显了出来。

值得特别注意的是：从历史上看，工程师在认识自身的"职业性质"和"职业定位"时曾经发生过"眼光迷离"、"游移不定"的现象，而在工人、资本家、科学家、政治家这些职业或阶层"身上"却没有出现类似的现象——这就形成了一个耐人寻味的对比。

工人和资本家处于经济利益对立的两极，因而双方都不会在"自身"的"阶层认同"上出现眼光迷离、左右摇摆的情况，可是工程师却既不是工人又不是资本家。另一方面，由于另外的许多原因，政府官员和科学家在自身的职业或职务认同上，也没有出现眼光迷离、左右摇摆的情况，而工程师却既不是政府官员又不是科学家。

---

① Durbin P T. Critical Perspectives on Nonacademic Science and Engineering. Bethleham：Lehigh University Press，1991：121~142.

② Durbin P T. Broad and Narrow Interpretations of Philosophy of Technology. Dordrecht：Kluwer Academic Publishers，1990：142、143.

从社会学和社会哲学的角度看，工程师不但在整个社会的网络关系中而且在工程共同体的内部网络关系中都处于了吊诡性的关系和地位中，这就使得不但工程师自身而且使其他人在认识工程师的真正"位置"和社会作用问题时都容易陷入某种眼光迷离、左右摇摆、莫衷一是的地步。

谢帕德把工程师称为"边缘人（marginal men）"，因为工程师的地位部分地是作为劳动者，部分地是作为管理者；部分地是科学家，部分地是商人（businessmen）[①]。莱顿说"工程师既是科学家又是商人。""科学和商业有时要把工程师拉向对立的方向"[②]，这就使工程师在"自身定位"时难免会陷于某种"困境"。

从近现代历史上看，科学家和商人在认识自己的社会目标时都没有出现"眼光迷离"的情况。关于商人的情况这里无需多谈，以下仅简单谈谈科学家。从制度化角度来看，"统一"的近现代科学家"队伍"和科学的"伦理传统"主要是由"英国皇家学会传统"和"法国科学院传统""汇流"而形成的，前者在其历史初期主要代表了"业余科学家"即"自由（非雇佣）科学家"的传统或"身份"，后者虽然代表了领取薪金的"职业科学家"，可是由于科学家领取的是"国家（或"代表国家"的"皇帝"）的薪金"，这就使科学家虽然接受了薪金而仍能基本保持自己的"自由地位"，于是，科学家就比较"顺利"地确立了自身的伦理原则和伦理立场，确立了科学家应该"忠诚于全人类和全社会"的目标和宗旨。

可是，工程师遇到的情况和条件就与科学家大不相同了。在现代经济和社会制度下，大多数现代工程师是受雇于不同类型公司的，这种"公司雇员"的身份和位置使工程师在接受公司薪金时"顺理成章"地"接受"和"认可"了自己要"忠诚"于受雇的公司这个"条件"和"伦理原则"，于是"忠诚于雇主"就成为了工程师群体的一个重要的"职业道德原则"。而这个职业道德原则又难以避免地使工程师在形成自己的职业自觉意识和认识自己的"独立的职业责任"和"真正的社会责任"时，出现了"眼光迷离"的

[①] Beder S，The New Engineer. South Yarra：Macmillan Education Australia PTY Ltd，1998：25.

[②] Layton E T. The Revolt of the Engineers. Baltimore：The Johns Hopkins University Press，1986：1.

现象。

很显然，所谓"眼光迷离"只能是暂时的现象，作为一个群体，工程师队伍必然要深入追问自身究竟应该承担何种社会责任。

耐人寻味的是，与工人阶层在 19 世纪初发生过"标志""自身觉悟"的卢德运动类似，工程师界在 20 世纪初发生了所谓的"工程师的反叛"（the revolt of the engineers）。从时间上看，后者比前者晚了大约一百年；从斗争形式上看，前者采取了经济斗争和社会对抗的形式，后者采取了在"美国机械工程师协会"中进行"制度内"斗争的形式；但二者都成为了标志一个特定阶层在"职业自觉"方面的重要事件。库克（Morris L. Cooke）领导了"工程师的反叛"，他"革命性"地提出了工程师的社会责任和职业自主问题，他认为"忠诚于大众和忠诚于雇主是对立的"，"工程有着伟大的未来，可是，工程被商业主导却是对社会的可怕威胁"[①]。可是，由于多方面的原因，上述两个"运动"最后都以失败告终了。

应该强调指出，在美国机械工程师协会中出现的"反叛"不是偶然的事件，意义更加深远并且值得人们更加关注的是在大约同时出现的以泰罗（他曾任美国机械工程师协会主席）为代表的"科学管理运动"[②]和苏联出现的以帕尔钦斯基为代表的"专家治国"运动[③]，而后者的失败更加沉痛，因为许多工程师因此付出了生命的代价。

本文不可能哪怕是比较简略地分析和评价以上谈到的这些事件，我在此仅着重指出：自 20 世纪初开始，工程师在认识自身的职业性质、职业责任和职业伦理原则方面进入了一个新阶段——工程师不但应该"忠诚"于雇主而且更应该"忠诚"于"全社会"的原则被明确地肯定了下来，工程师的社会作用和社会责任的问题被空前地突出了出来。

虽然在直接意义上，上述几个事件都失败了，但它们开始迈出的前进步伐却没有——而且不可能——被停止或终止。1998 年，出版了《新工程师》

① Layton E T. The Revolt of the Engineers. Baltimore：The Johns Hopkins University Press，1986：159.
② Layton E T. The Revolt of the Engineers. Baltimore：The Johns Hopkins University Press，1986；Beder S. The New Engineer. South Yarra：Macmillan Education Australia PTY Ltd，1998.
③ 万长松、陈凡：《苏俄技术哲学研究的历史和现状》，《哲学动态》，2002 年第 11 期。

一书，书中说："工程职业好像到了一个转折点。它正在从一个向雇主和顾客提专业技术建议的职业演变为一种以既对社会负责又对环境负责的方式为整个社群（the community）服务的职业。工程师本身和他们的职业协会都更加渴望使工程师成为基础更广泛的职业。雇主也正在要求从他们的工程师雇员那里得到比熟练技术更多的东西。"[①]

应该承认，关于工程师究竟应该在社会进步中发挥什么作用的问题、关于工程师怎样才能把忠诚于其雇主的要求与工程师对大众的责任统一起来等问题都还不是已经完全"解决"了的问题，可是，这并不妨碍我们肯定自 20 世纪初期以来，在工程师的社会责任和伦理自觉方面，已经在认识上和制度上取得了一些重大的、实质性的进步，虽然在这个"领域"中那种"反叛性"、"革命式"的事件也许难以再次发生，但这里将不断地出现"改良性"的进步则是完全可以预期的。

四、工程师的社会声望和社会地位问题

在本文最后，我想谈谈工程师的社会声望和社会地位问题。

《共产党宣言》说："资产阶级在它的不到一百年的统治中所创造的生产力，比过去一切世代创造的全部生产力还要多、还要大。自然力的征服，机器的采用，化学在工业和农业中应用，轮船的行驶，铁路的通行，电报的使用，整个大陆的开垦，河川的通航，仿佛用法术从地下呼唤出来的大量人口，——过去有哪一个世纪能够料想到有这样的生产力潜伏在社会劳动里呢？"[②] 从《共产党宣言》发表到现在，又过去了一百多年，在此期间出现了电气化革命、个人计算机、宇宙飞船、互联网等马克思和恩格斯想象不到的"奇迹"，世界的物质面貌、思想面貌、制度安排再次大变样了。

现代工程塑造了现代社会的物质面貌，创造了许多古人无论如何也想象不到的人间奇迹。在现代化和全球化的进程中，在建设现代社会的过程中，

---

① Beder S. The New Engineer. South Yarra：Macmillan Education Australia PTY Ltd，1998：x.

② 《马克思恩格斯选集》第 1 卷，人民出版社，1972 年，第 256 页。

工程师发挥了某种无可置疑的关键性作用，从而工程师也为自己赢得了一定的社会声望和社会地位，这是必须肯定和无可否认的。

可是，如果从另外一个角度和根据另外一个标准观察问题，那么正如《新工程师》① 和《社会中的职业工程师》② 两本书所分析的那样，我们又会看到在社会上存在着工程师的社会作用被忽视和低估的现象——虽然工程师对社会有巨大贡献但却未能获得其本来应有的社会地位和社会声望。

谈到工程师，许多人大概都会情不自禁地想到科学家或企业家。从人数上看，工程师的人数要比科学家或企业家多得多，从社会作用上看，工程师与科学家、企业家各有重要的社会作用，人们不应任意轩轾，不应抑此扬彼或抑彼扬此。可是，由于多种原因作用的结果，目前的实际情况却是社会在对待企业家、科学家和工程师的问题上出现了明显的"不平衡现象"。在理论研究方面，工程师的重大社会作用被严重忽视和低估了；在社会声望和社会影响方面，工程师工作的性质和意义未能被社会充分了解和理解，工程师的社会声望被严重地"折扣"和"转移"了。

1980 年，英国发表了芬尼斯通报告（the Finniston Report）。该报告尖锐指出尽管工程师对社会福利和财富有很大贡献，可是，他们却缺少应有的承认。美国工程院的一项调查发现：许多人未能区别科学家、技术员和工程师，不能自然而然地把工程与技术创新联系起来。尽管阿波罗飞船实实在在是工程成就，然而许多人仍然把这些成就归功于科学家而不是工程师③。我国技术哲学的领军人物陈昌曙教授说："在一些场合，人们常常把科教兴国的'科'就看做是科学，技术不过是科学的应用，工程不过是技术的应用。与之相关，人们也往往把尊重人才主要看作是重视科学家，或还要敬佩杰出的发明家，工程师则可能不很被看重，通常是名不见经传。即使是高级人才，教授的名声常大于'高工'，工程院院士的威望略逊于科学院院士。在

教育观念上，不少人自觉地认为，一流人才应学理，二流人才可学文，三流人才去学工。"① 中国工程院徐匡迪院长在 2002 年科协学术年会讲演时说："今天，当孩子们被问到长大想做什么时，很少有孩子说想当工程师，这件事情本身就值得我们忧虑。"

这就是说，当前在世界上——包括我国在内——还严重存在着工程师的社会作用不被了解和理解、社会声望偏低的现象，工程师未能成为对青少年有强大吸引力的职业。应该强调指出：这种状况如果不能扭转，其后果将是十分严重的。

为何出现这种现象呢？这是有其深刻、复杂的理论原因、历史原因和社会原因的。

从理论方面看，一些似是而非的观念则相当流行，对于工程活动的本性和工程师的社会作用等重大理论问题还远未"正本清源"。许多人都习惯性地把技术说成是科学的应用，又把工程说成是技术的应用，于是工程的"独立地位"就被否定了，工程成为了科学的"二级""附属物"。在这种观点的影响下，有些人只承认科学的创造性（这一点是必须承认并且也是无人能够否认的），而几乎完全否认了——至少说是严重低估了——工程活动中的创新性和创造性。在许多人的心目中，工程活动只是一种乏味的、执行性的、没有创造性的活动，而这种对工程活动和工程师工作性质的严重误解正是产生许多"派生误解"的重要原因。如果我们不能明确地从理论上解决工程活动的创造、创新性、"本位性"、"本原性"问题，则工程活动是很难不被误解为科学的"二级""附属物"的。

从社会和文化根源上看，在几千年的阶级社会中，无论是在东方还是在西方，生产劳动的实践活动一直是被轻视和被贬低的，传统思想和文化的积淀形成了一种"只重视理论而轻视实践"的无形力量。美国学者哥德曼曾经对西方文化传统中的这个弊端进行了相当深刻的哲学反思和哲学反省②，我国现代建筑学家、中国营造学社创始人朱启钤也痛感中国历代"道器分途、

　　① 陈昌曙：《重视工程、工程技术与工程家》，见刘则渊、王续琨：《工程·技术·哲学》，大连理工大学出版社，2002 年，第 28 页。
　　② Durbin P T. Broad and Narrow Interpretations of Philosophy of Technology. Dordrecht：Kluwer Academic Publishers，1990：125～152.

重士轻工"的传统观念负面影响之深。[①] 在这种强大的传统势力的"覆盖"和影响下，作为生产实践的工程活动和从事工程实践活动的工程师这个职业是难免要受到某些轻视甚至贬低的。

在 20 世纪 80 年代，英国曾经针对英国工业是否衰退和英国工程职业的状况问题进行过一场大辩论。有人认为这方面出现问题的一个深层原因就存在于英国的文化之中。钱德勒爵士说："非常独特，英国是一个具有反产业文化（anti-industrial culture）的工业化国家。"[②] 其实，英国并不是存在这种情况的一个唯一的特例。在中国，人们也常常会感受到类似的文化氛围。例如，抗日战争期间，浙江大学工学院学生因院长在社会上没有名气，要求撤换院长，竺可桢校长在他的日记中感慨万千地写道："……所谓知名人士无非在各大报、杂志上作文之人，至于真正做事业者则国人知之甚少。即如永利、久大为我国最大之实业，但有几人能知永、久两公司中之工程师侯德榜、傅尔分、孙学悟?"[③] 这种传统文化积淀下来的观念至今在社会上仍有无形而强大的影响。

应该承认，造成工程师社会地位和社会声望偏低的原因是多方面的，从工程师自身方面看，也确实存在不少问题——包括业务水平、职业伦理等多方面的问题。工程师如果不能认真解决自身队伍中实际存在的资质混杂、职业道德混乱等弊病，工程师的社会地位和社会声望问题也是不可能真正解决的。《社会中的职业工程师》一书认为，工程职业迄今还没有完全满足成为一种"真正的"职业（a "true" profession）的 4 条标准[④]。

应该强调指出：工程师的社会作用和地位的问题绝不是工程师一己的私利或小团体的私利的问题，它是一个事关产业兴衰和工程师职业能否有力吸引优秀青少年的大事。我们应该深入研究和正确阐明工程师的社会作用和地位问题，应该使工程师像企业家和科学家一样在社会中获得应有的声望，我

---

① 杨永生编：《哲匠录》，中国建筑出版社，2005 年，第 8 页。

② Collins S，et al. The Professional Engineer in Society. London：Jessica Kingsley Publishers，1989：25.

③ 郭世杰：《从科学到工业的开路先锋》，杜澄、李伯聪，《工程研究》第 1 卷，北京理工大学出版社，2004 年，第 178 页。

④ Collins S，et al. The Professional Engineer in Society. London：Jessica Kingsley Publishers，1989：32.

们应该从理论研究、政策导向、教学教育和舆论宣传等多个方面来扭转当前实际存在的某种程度的轻视工程师的现象。

在谈到工程师的声望问题时，我们应该特别注意所谓工程大师的问题。在我国，华罗庚等科学泰斗对于科学的发展和提高科学家的社会声望发挥了非常重要的作用，同样的，我们也应该深入研究詹天佑、侯德榜等工程泰斗、工程大师的作用，充分发挥工程泰斗和工程大师的超常创新能力、卓越典范作用和领导潮流能力。我们的时代正在迫切呼唤新时代工程大师的涌现。

工程共同体研究和工程社会学的开拓[*]
——"工程共同体"研究之三

工程是直接生产力。工程活动是人类最基本的社会活动方式。工程活动不但深刻地影响着人与自然的关系，而且深刻地影响着人与人的关系、人与社会的关系。工程社会学就是一个以工程活动为基本研究对象的社会学分支学科。在工程社会学的理论研究方面，"工程共同体"研究占据了一个核心性的位置。

英文的 community，通常被翻译为"社区"、"社群"或"共同体"，而 communitarianism 常被翻译为"社区主义"、"社群主义"或"共同体主义"。

共同体（community）这个概念首先是由亚里士多德提出来的。亚里士多德《政治学》开篇的第一句话便是"我们看到，所有城邦都是某种共同体，所有共同体都是为着某种善而建立的"①。亚里士多德认为最先形成的共同体是家庭，由家庭而形成村落，由村落而进一步形成城邦共同体。1887年，德国社会学家梯尼斯出版了《社群与社团》，对共同体问题进行了比较系统的论述。1917 年，英国社会学家麦基弗出版《社群：一种社会学研究》，进一步拓展了对共同体的认识。20 世纪 80 年代，在西方的学术界，"社群主义"学术潮流异军突起，引人注目。作为社会学领域的一种学术思潮，社群

---

　*　本文原载《自然辩证法通讯》，2008 年 01 期，第 63～68 页。
　①　颜一编：《亚里士多德选集·政治学卷》，中国人民大学出版社，1999 年，第 3 页。

主义视野中的"社群"或"共同体"不但包括了国家那样的"大共同体",而且包括了教会、社区、协会、俱乐部、同人团体、职业社团、等级、阶级、种族等"中间性共同体"①。本文不涉及社群主义与自由主义的论争和共同体的一般理论,本文关注的"焦点"只是一个特殊类型的共同体——工程共同体②。

在研究工程共同体问题时,库恩关于"科学共同体"的理论可以成为一个特别重要的"理论资源"和"参照系"。由于工程共同体和科学共同体是两个"平行"或"对应"的概念,工程社会学和科学社会学是两个"平行"或"对应"的学科,本文也就适当地注意了运用对比分析的方法。

一、从科学共同体和科学社会学谈起

虽然科学共同体这个概念首先是由英国科学家和哲学家博兰尼(M. Polanyi)提出来的③,但这个概念真正引起普遍重视、不胫而走、广泛流行,主要还是应该"归功"于库恩。

在库恩的科学哲学和科学社会学理论中,"范式"和"科学共同体"是两个最重要的概念。在最初写作《科学革命的结构》一书时,库恩曾经把"范式"和"科学共同体"当做两个可以互相解释或互相"定义"的概念。他说:"一种范式是、也仅仅是一个科学共同体成员所共有的东西。反过来,也正由于他们掌握了共有的范式才组成了这个科学共同体","作为经验概括,这正反两种说法都可以成立。但我那本书里却当成了定义(至少部分如此),以致出现那么一些恶性循环"。④ 1969 年,库恩在为新版《科学革命的结构》写"后记"时,重新审视了这个问题,他说:"假如我重写此书,我会一开始就探讨科学的共同体结构,这个问题近来已成为社会学研究的一个

---

① 俞可平:《社群主义》,中国社会科学出版社,1998 年。
② 应该注意和需要强调指出:科学共同体和工程共同体都是多义词,在不同的情况和语境下,既可以用于指称"总体",又可以用来指称总体中的某些不同的"部分"。
③ 博兰尼:《自由的逻辑》,吉林人民出版社,2002 年,第 57 页(按:scientific community 被译为"科学团体")。
④ 库恩:《必要的张力》,福建人民出版社,1981 年,第 291 页。

重要课题"，"我们能够、也应当无须诉诸范式就界定出科学共同体"①。这就是说，库恩终于认定：他的理论体系的最基础的概念是科学共同体而不是范式，而"科学共同体"则不但是一个属于科学哲学范畴的概念，更是一个属于科学社会学范畴的概念。

科学社会学这个学科的奠基人是美国学者默顿。1938 年，默顿出版了博士论文《17 世纪英格兰的科学、技术与社会》，这本书成为了科学社会学的奠基之作。

令人遗憾的是，由于多种原因，科学社会学的学术方向在很长时间内一直受到冷落。在 1990 年，默顿曾经感情复杂地回忆了科学社会学大约半个世纪的发展历程："如果说，在 20 世纪 30 年代初，科学史还刚刚开始成为一个学科，那么，科学社会学最多只能算是一种渴望。当时在全世界，少数孤独的社会学家试图勾勒出这样一个潜在的研究纲领的轮廓，而实际在这一粗略设想的领域从事经验研究的人就更是屈指可数了。这种状况持续了相当长的一个时期。""直到 1959 年，美国社会学学会中只有 1% 的会员把更广泛的知识社会学算作是他们相当关心的一个领域，自己承认是科学社会学家的人数更是稀少"。②

卡特克里夫说："在 20 世纪 70 年代中期之前，对科学社会学的兴趣一直没有真正以制度化的方式联合起来。除了少数例外，如默顿、巴勃和本-大卫，一般社会学家既不关心作为重要课题的科学也不关心作为重要课题的技术。然而，到了 20 世纪 60 年代后期和 70 年代早期出现了足够的兴趣，这时，面对着仍然不感兴趣的美国社会学学会，由于美国社会学学会规定有 200 个成员就可以建立一个有特殊研究兴趣的分会，一批学者就在 1975 年建立了一个新的独立的科学的社会研究学会（Society for the Social Studies of Science，即 4S）。默顿担任了第一任主席"。③

斯托勒在为默顿的论文集《科学社会学》一书所写的"编者导言"中提到了库恩和《科学革命的结构》一书。斯托勒指出，科学共同体是"科学社会学的基本概念"，他又说："从社会学角度讲，在科学社会学能够着手处理

　　① 库恩：《科学革命的结构》，北京大学出版社，2003 年，第 158 页。
　　② 默顿：《科学社会学》，商务印书馆，2003 年，"代中译本前言"第 ii、iii 页。
　　③ Cutcliffe S H. Ideas, Machines, and Values. Lanham：Rowman & Littlefield Publishers：23.

一系列其他问题前，有必要确定科学共同体的界限并探索它在社会中的地位的基础。"[①]

历史常常是富于"戏剧性"的。正是在这个 20 世纪 70 年代中期，以成立 4S 学会为标志，似乎开拓科学社会学的"寂寞"的"探索之旅"就要由"林间小路"进入"宽广而常规的大道"的时候，科学社会学发展的"风向"（或者说"潮流"）却出人意料地出现了巨大变化——以"背离"默顿的科学知识观为基本特点之一的"科学知识社会学"学派崛起了。

4S 学会的成立和科学知识社会学的崛起可以被看做是科学社会学的发展进入第二阶段的标志。

如果说科学社会学目前已经有了大约 80 年的历史和经历了两个发展阶段，已经提出了一系列有重大影响的理论观点，并且早已成立了专业的学术组织；那么，与之相比，工程社会学目前还仅仅处于酝酿期或胚胎期中。

如果我们"直面实事本身"，那么，容易看出：无论从学术理论发展逻辑来看还是从社会现实生活需要来看，人们都应该努力把"工程社会学"建设成为一个与"科学社会学"并立的社会学分支学科，应该早日使二者成为可以"比翼双飞"的学科。

默顿指出，在研究科学活动时，应该把科学哲学、科学史、科学社会学以及其他相关的学科结合起来进行综合研究，这个观点对于研究工程活动也是同样具有指导意义的。

二、工程共同体和科学共同体的若干对比

在进行开创工程社会学的理论建设时，一个首要问题是必须正确认识"工程共同体"的基本性质与特征。

工程共同体和科学共同体是两个虽然有密切联系（绝不能否认这种联系）但却又性质迥异的共同体。我们可以从二者的对比中更清楚地认识二者的基本性质和特征。

---

① 默顿：《科学社会学》，商务印书馆，2003 年，"编者导言"第 12、13 页。

1. 从共同体的基本目的或核心目标方面看

科学共同体——作为一个整体——的基本目的或核心目标是追求真理，是探索、发现、提出和论证新的科学概念、科学事实和科学规律，是建立、改进和发展新的科学范式、科学理论，是努力越来越接近"真理"；而工程共同体——作为一个整体——的基本目的或核心目标是实现社会价值（首先是生产力方面的价值目标，同时也包括其他方面——政治、环境、伦理、文化等方面——的价值目标），是为社会生存和发展建立"物质条件"和基础。

应该强调指出：上述关于科学共同体基本目的的概括虽然与科学社会学发展"第一阶段"的"主流观点"基本一致、相互吻合，但与新兴起的科学知识社会学的"主流观点"却是有矛盾和冲突的。

默顿提出科学共同体有四条规范（或曰"精神特质"，ethos）：普遍主义、公有主义、非牟利性和有组织的怀疑主义。欧阳锋说："在默顿那里，'disinterestedness'一词的最基本、最广泛的含义是'非谋利性'或'超功利性'。""非牟利性"规范的合理性突出表现为它可以保证科学系统的自主性和有助于科学制度目标的实现。"它既反对科学家利用科学谋求个人私利，也不主张科学家刻意将他们的工作运用于工业、军事等领域中，主张科学家的中心任务是扩展真知，为科学而科学。""'为科学而科学'的信念体现了一种非功利的、超功利的科学理想主义。""'为科学而科学'规范对纯科学是适用的，而且是命令性的，但在应用科学中，该规范的适用有很大的局限性，只能作为倡导性规范，起引导作用。"[1]

应该承认，默顿关于科学共同体"非谋利性"的观点是一个有争议的观点，有些学者，特别是新兴起的"科学知识社会学"的许多学者更与之大唱"反调"，甚至公然提出"传统的科学精神气质观念都必须放弃"[2]。但许多科学家、哲学家和社会学家仍然坚持认为：虽然默顿的基本观点必须进行某些修正，人们不应僵化、教条化、绝对化、简单化地认识和解释默顿的观点，但默顿观点的核心精神原则却是无论如何也不能放弃和不可能被推翻的。

---

① 欧阳锋：《默顿的科学规范论研究》，厦门大学 2006 年博士论文，第 123、131、134 页。
② 马尔凯：《科学与知识社会学》，东方出版社，2001 年，第 95 页。

从根本上说，科学共同体以追求真理为基本目的，科学共同体本质上是一个"非牟利性"的、"超功利性"的共同体，正是在这个"基本点"上，它与"明确"、"公然"地以"谋求功利"、"追求功利"为基本目的的工程共同体形成了鲜明的对比。

2. 从共同体的"成员"或"组成成分"方面看

一般地说，科学共同体由科学家（或者说"科学工作者"）所组成，于是，科学共同体就成为了一个由"同类成员"（即科学家）所组成的"同质成员共同体"；而工程共同体却是由工程师、工人、投资者、管理者、其他利益相关者等多种不同类型的成员所组成的，这就使工程共同体成为了一个"异质成员共同体"。

必须强调指出的是：虽然可以承认"科学共同体基本上是由科学家所组成的"，但却绝不可类比或类推性地认为"工程共同体基本上是由工程师所组成的"。在现代社会的工程活动中，工程共同体的不同成员各有其自身特定的、不可缺少的重要作用。

在工程共同体中，工程师无疑地是一个重要组成部分[①]，我们甚至可以说在工程共同体中工程师还成为了具有某种"标志"性作用的成员。从构词关系来看，在许多语言中，工程和工程师都是"同词根"的词汇，而"工人"、"资本家"、"管理者"这些词汇和"工程"之间却没有类似的"构词关系"。

已有国外学者对有关工程师的许多问题进行了相当深入的分析和研究[②]，这些成果我们是必须认真汲取和借鉴的。可是，某些国外学者在研究工程活动时，只注意了工程师的作用，而往往忽视甚至"遗忘"了工程共同体其他成员——特别是工人——所发挥的作用。在一些学者的心目中，工程活动被"简化"为或"归结"为工程师的活动，工程活动被"等同于"工程师的活动，工程共同体甚至被"简单化"地"等同于""工程师共同体"，这就不正

---

① 李伯聪：《关于工程师的几个问题》，《自然辩证法通讯》，2006 年第 2 期。

② Collins S，et al. The Professional Engineer in Society. London：Jessica Kingsley Publishers，1989.

确了。在研究科学共同体时，人们可以完全不考虑工人问题；可是，对于工程共同体来说，工人就成为了一个绝不可缺少的组成部分了。[①]

工程共同体中的另外一个重要组成成员是投资者。如果没有一定的投资，任何工程都不可能成为"现实"的工程，而只能是仅仅存在于设计师的头脑中或存在于图纸上的东西。如果可以把工程师和工人理解为工程活动中"技术要素"的"人格化"，那么，对于工程活动来说，投资者就是"资本要素"的"人格化"了。在谈到"当前"的投资者的时候，人们不但必须注意"大投资者"（包括资本家和法人机构）的作用，而且必须注意"小投资者"的"集体"的力量。从历史上看，在 20 世纪之前的近现代经济发展中，资本家和银行家曾经是最重要的投资者。可是，在 20 世纪后半叶情况发生了很大变化：普通的"民众投资者"的集体力量终于导致了"积土成山"的效果。彻诺说："恐怕摩根时期的大亨很难想象，将来有一天，由数以千万计的市井小民所汇聚而成储蓄基金，会成为华尔街资金的主要来源。在一个世纪间，华尔街的大宗金融已经被零售金融取代了。犹如农民冲破牢笼，占领皇宫。小额投资人从股票市场上渺小而容易上当的角色，转变为大多数行情的推动力量。"[②]

由于工程活动是集体性、团体性的活动，在工程活动中管理者也是必不可少的。对于管理者的地位和作用本文就不再饶舌了。

在 1963 年，有人提出了利益相关者（stakeholder）这个新概念。Stakeholder 是 stockholder（股东）概念的泛化[③]，据此，有必要在工程共同体的组成成员中，再增加"其他利益相关者"这个"时常变动、边缘模糊、组成复杂"但又绝不可忽视的"成分"。现代工程共同体主要是由工程师、工人、投资者、管理者、其他利益相关者组成的。工程共同体的复杂性不但表现在它存在着复杂的"内部关系"方面，而且表现在它与社会的其他共同体存在着复杂的"外部关系"方面。

在工程共同体内部，各个成员和组成部分之间既存在着各种不同形式的

---

① 李伯聪：《工程共同体中的工人》，《自然辩证法通讯》，2005 年第 2 期。

② 彻诺：《银行业王朝的衰落》，西南财经大学出版社，2004 年，第 63 页。

③ Martin M W, Schinzinger R. Ethics in Engineering. Boston：McGraw-Hill, 2005：29；弗里曼：《战略管理——利益相关者方法》，上海译文出版社，2006 年。

合作关系，同时又不可避免地存在着各种形式和表现程度不同的矛盾冲突关系。在工程共同体的内部网络与分层关系中，既存在着合作与信任、领导与服从类型的关系，也可能存在着歧视与不信任、摩擦与拆台之类的关系。通过共同体成员和内部各组成部分之间的协调、谈判、博弈，工程共同体既可能成为一个和谐的或比较和谐的共同体，也可能是一个内部关系比较紧张甚至濒临瓦解的共同体。此外，在工程共同体的外部关系方面，也存在着类似的复杂情况。

3. 在对比科学共同体和工程共同体时，应该特别重视研究和分析二者在"组织形式"或"制度形式"方面的不同

在这方面，科学共同体主要的组织形式是"科学学派"、"研究会"和"自然科学的门类、学科、亚学科共同体"等，而工程共同体的组织形式就要更加复杂了，由于这个问题特别重要，本文以下就把这个问题单列出来进行专门分析和讨论了。

三、工程共同体组织形式的两大类型

工程共同体的"组织形式"或"制度形式"主要有两大类型。

工程共同体的第一个类型是"职业共同体"（可称为"类型Ⅰ"）。例如，工人组织起了工会，工程师组织起了各种"工程师协会"或"学会"，有些国家的雇主组织起了"雇主协会"。

可是，上面谈到的这类"工程职业共同体"都不是而且也不可能是具体从事工程活动的共同体，实际上，它们也不是为了从事工程活动而组织起来的。

那些可以具体承担和完成具体的工程项目的工程共同体是工程共同体的第二个类型（可称为类型"Ⅱ"）。它们是由各种不同成员所组成的合作进行工程活动的共同体，我们可以把这种类型的工程共同体称为"进行具体的工程活动的共同体"，简称为"工程活动共同体"。

上文谈到没有工人、没有工程师、没有投资人、没有管理者就不可能完成工程活动，可是如果"仅仅有工人"，或者"仅仅有工程师"，或者"仅仅有投资人"，或者"仅仅有管理者"，也都不可能进行和完成具体的工程活动。在现代社会中的一般情况下，必须把工程师、工人、投资者、管理者以一定方式结合起来，分工合作，以企业、公司、"项目部"等形式组织在一起才可能进行实际的工程活动。如果没有企业、公司、"项目部"等组织和制度形式，"工程活动"是不可能进行的，于是，它们就成为了工程共同体的第二种类型的组织形式和制度形式。

上述"两种不同类型"的"工程共同体的组织形式"（或曰"亚共同体"）在性质和功能上都是有根本区别的。工会和工程师协会等"职业共同体"（"类型Ⅰ"）的基本性质和功能是维护"本职业群体"成员的各种合法权利和利益，它们不是而且也不可能是"具体从事工程活动"的"共同体"；而企业、公司、"项目部"等"工程活动共同体"（"类型Ⅱ"）的基本的性质和功能是"把不同职业的成员组织在一起""具体从事工程活动"，它们要"调和"、"兼顾""不同职业群体"的权利和利益而不能仅仅"代表""某一个职业群体"的权利和利益。

为什么不同职业的、"异质"的个人"可以联合"和"必须联合"成为一个"工程活动共同体"才能进行工程活动呢？这是一个大问题，本文将仅从以下两个方面进行一些简要的分析。

第一，从认知和心理方面看，"个人"和"社会"可以对一个"工程活动共同体"产生"内部认同"和"外部认同"。

共同体是由个人组成的，如果个人没有对某个共同体的某种形式的最低限度的认同，那么，这个共同体是无法形成和存在的——这是共同体的"内部认同"问题。此外，共同体又只是整个社会的一个组成部分，于是这就出现了社会对该共同体的"外部""承认"或"认同"的问题。如果没有"社会"的"外部认同"（可以具体表现为"法律"的、"社会习惯"的、"其他社会团体"的"认同"），一个共同体也是无法在社会中"存在"的。

第二，从经济、组织、制度等方面看，任何工程活动共同体都必须建立起维系本共同体的纽带，正是这些纽带把不同的个人维系在一起使之成为了一个"工程活动共同体"；如果连接纽带基本断裂，那么这个"工程活动共同体"就要"解体"了。

对于工厂、公司、"项目部"等"工程活动共同体"来说，其维系纽带主要是：①精神-目的纽带，更具体地说就是某种形式或类型的共同目的，它有可能仅仅是一个"共同的短期目标"，但也可能是"长远的共同目标"，甚至是共同的价值目标和价值理想。②资本-利益纽带，所谓资本不但是指货币资本（金融资本）更是指物质资本（特别是指机器设备和其他生产资料）和人力资本，而这里所说的利益则是指经济利益和其他方面利益的获得和分配等等。③制度-交往纽带，包括共同体内部的分工合作关系、各种制度安排、管理方式、岗位设置、行为习惯、交往关系、"内部谈判"机制等等。④信息-知识纽带，包括为进行工程建设和保持工程正常运行所必需的各种专业知识、"知识库"、指令流、信息流等等。

如果这些纽带的功能发挥得好，共同体就会处于"优良"状态，成为一个"好"的共同体；否则，这个共同体就会处于不同程度的"病态"之中，在极端情况下，还会导致这个共同体的"瓦解"和"终结"。必须特别注意，"工程活动共同体"由于"项目完成"而"正常解体"的情况更是可以经常看到的。

工程共同体是依靠和运用一定的"纽带"把"分立"的"个人"或"亚团体"结合成一个集体或团体的。有了一定的、必要的纽带，工程共同体才可能成为一个有适当结构和功能的"社会实在"或"社会实体"。

四、工程共同体研究的若干方法论问题

最后，本文想涉及工程共同体研究中的几个方法论问题。

1. 关于"直面实事本身"的现象学方法和"语言分析"方法

在 20 世纪的西方哲学中"现象学"和"语言哲学"影响巨大。前者提出了"面对实事本身"这个振聋发聩的"口号"，后者以强调进行"语言分析"而独树一帜。

由于任何学术研究都必须运用语言，于是，"语言分析"便自然而然地成为了一个重要的学术研究方法。可是，决不能错以为"语言"这个"中介本身"就是"世界本身"，绝不能以对"语言"的分析和研究"替代"对"世界本身"和"实事本身"的研究。

近代著名英国哲学家培根在《新工具》一书中提出了"四假相"说。他认为存在着四种"扰乱人心的假相"：种族假相、洞穴假相、市场假相和剧场假相。其中，市场假相是"一切假相中最麻烦的一种假相，这一种假相是通过词语和名称的各种联合而爬进我们理智中来的"。可以看出，培根所说的"市场假相"实际上就是"语言假相"。培根明确指出，词语有可能在不同程度上歪曲现实，由于存在这种假相，"因此我们看见学者们的崇高而堂皇的讨论结果往往只是一场词语上的争论。"① 在进行工程社会学研究的时候，必须对这种"语言假相"保持高度的警惕。由于多种原因，人们在这个领域进行语言表达和语言交流的时候，经常会出现许多不同形式的"词不达意"、"言不尽意"、"以词害意"、"张冠李戴"、"移花接木"、"名实不符"、"南辕北辙"的现象，这就使人们不但在"日常语言"中而且常常在"学术语言"中落入各种语言陷阱之中。

在进行工程哲学和工程社会学研究的时候，由于这个领域中目前还没有一套已经约定俗成的术语，这就使得在进行"语言交流"时有可能出现更加浓厚的"语言迷雾"，使许多人在"语言迷雾中""迷失客观世界的对象本身"。在进行工程哲学和工程社会学研究时，人们必须把"聚焦""实事本身"放在第一位，把"直面实事本身"当做首要的方法论原则和要求；而绝不能错以为"语言本身"就是"世界本身"。

由于当前人们对于"工程"、"工程共同体"等"基本词汇"还没有"共同"和"一致"的解释，这就使得在进行工程社会学研究时，人们不得不面对更加浓厚的"语言迷雾"。针对这种状况，必须特别注意把"面对实事本身"的方法和"语言分析"的方法"有机结合"起来，运用这个"两结合"的方法"冲破语言迷雾"、"识别语言假相"、"跳出语言陷阱"，在"学术探索"中开辟新路。应该努力运用中国传统智慧所倡导的"得意忘言"的精神和方法，努力在"直面实事本身"中辨析意见分歧，不但重视语言分析的方法而且重视"本质直观"的现象学方法，绝不能在理论探索和学术讨论中"死于句下"。

---

① 培根：《新工具》，见北京大学哲学系外国哲学史教研室，《十六−十八世纪西欧各国哲学》，商务印书馆，1975 年，第 20 页。

胡塞尔不但倡导"面对实事本身"的精神和方法,而且提出了"生活世界"和"主体间性"的概念,塞尔提出了"社会实在"这个新概念①。在研究工程活动和工程共同体时,"面对实事本身和生活世界"、"面对制度实在和社会实在"、"面对社会人和主体间性"应该成为三个基本的理论原则和方法论原则。

2. 关于经验研究和理论研究

工程社会学的理论研究是重要的。如果没有一定的工程社会学理论前提或基础,工程社会学的经验研究——包括调查研究、案例研究、历史研究等——就会因为没有一定的理论框架和理论指导而无法进行,许多人甚至会因为"没有理论"而"想不到"需要进行工程社会学领域的经验研究。另一方面,如果不进行工程社会学的"经验研究",工程社会学的理论研究就无法建立本身的现实基础,工程社会学这个学科就难以"脚踏实地"地前进和发展。工程社会学应该在"理论研究"和"经验研究"的良性互动中不断地前进和发展。

3. 关于跨学科研究方法运用的问题

工程活动是科学(特别是"工程科学")要素、技术(特别是"工程技术")要素、经济要素、社会要素、管理要素、制度要素、政治要素、伦理要素、心理要素、美学要素等许多要素的集成,对工程活动不但必须进行社会学角度的研究,而且必须进行经济学、管理学、哲学、伦理学、历史学等其他角度的研究。除了工程社会学之外,目前还存在着——或应该存在——其他一些以工程为研究对象的学科,如"工程科学"、"工程哲学"、"工程管理学"、"工程经济学"、"工程伦理学"、"工程心理学"、"工程美学"、"工程史学"等。工程社会学要想走上学科发展的康庄大道,在"内部"必须处理好理论研究与经验研究的关系,在"外部"必须处理好工程社会学和工程科学、工程哲学、工程管理学、工程经济学、工程伦理学、工程心理学、工程史学等学科的关系。只有这两方面的关系都处理好了,工程社会学才能够有更健康、更迅速、更深入的发展。

---

① Searle J R. The Construction of Social Reality. New York:The Free Press. 1995.

工程活动共同体的形成、动态变化和解体

——"工程共同体"研究之四*

人类活动的主体可以划分为两大类型：个体主体和团体主体。

在社会生活中，每个人都是一个独立的主体，这就是个人主体；同时，一定数量的个人也可能以一定的方式组织、结合起来而形成一个集体性（团体性）的主体，这就是团体主体。

无论个人主体或团体主体，都是历史进程中的一个"有限性"的存在。

西方存在主义哲学家曾经强调"每个人"——每个个体——都是一个独特的、有限的"存在"。在研究工程活动共同体时，完全可以把这个观点推广到对工程活动共同体这种团体形式的"主体"的认识上。

本系列论文的第三篇《工程共同体研究和工程社会学的开拓》① 指出，工程共同体有两个基本类型：① "类型Ⅰ"是由同一"职业"的人员所组织起来的"工程职业共同体"（包括工会、工程师协会或学会、雇主协会等）；② "类型Ⅱ"是由不同职业成员组织起来的"工程活动共同体"（包括企业、公司、"项目部"、"指挥部"等）。二者在目的、性质、功能和"成员组成"上都有根本区别。本文将涉及二者之间的另外一个显著区别——在共同体的"持续时间"、"常规寿命"、"生老病死"的"一般过程"方面的区别。

---

* 本文原载《自然辩证法通讯》，2010 年 01 期，第 16、40～44 页。
  ① 李伯聪：《工程共同体研究和工程社会学的开拓——"工程共同体"研究之三》，《自然辩证法通讯》，2008 年第 1 期。

一般地说，工程职业共同体是持续时间比较长——换言之就是"寿命"比较长——的共同体，而工程活动共同体则是持续时间比较短——换言之就是"寿命"比较短——的共同体。

许多工会、工程师协会都有百年以上——甚至更长时间——的"常规寿命"，而作为工程活动共同体的企业、公司、"项目部"、"指挥部"——特别是后一种组织形式——往往就只有比较短的"寿命"了。如果说工程职业共同体的"平均寿命"（或"预期寿命"）——尽管还缺乏翔实具体的统计数据——大概要超过一二百年，而工程活动共同体的"平均寿命"（或"预期寿命"）——尽管也缺乏翔实具体的统计数据——大概不会超过一二十年①。二者的"寿命差距"大概可以达到十倍以上——甚至可能是百倍以上。

如果说在现代社会中"百年寿命"的"工会"和"工程师协会"都是"常规现象"，那么，不但项目部都是"短命"的，而且许多公司的"寿命"也不长，虽然现代社会中也有延续百年以上的"长寿公司"，但那些都是公司中的"例外现象"，而不是"常规现象"。

为何形成了这种区别呢？其根本原因在于这两类共同体有着大相径庭的性质、功能、目的和"组织原则"。如果说工程职业共同体以"职业的同一性"和"维护本职业人员的职业伦理与集体利益"为"本身"的"存在基础"，那么，工程活动共同体就是以工程实践的"当时当地的特殊性"和"从事与完成具体工程实践活动"为"本身"的"存在基础"了。只要"该种职业"仍然继续存在并且其职业人群有组织起来的"要求"，则相应的"职业共同体"就会继续其"常规寿命"。而对于工程活动共同体来说，由于具体的工程实践活动是"当时当地"的"个别性"的存在，不但项目完成之后该"项目共同体"就必然面临解体的命运，而且由于多方面的原因，一个公司的"寿命"常常也不会太长。

由于从"现象方面"看，工会与工程师协会的"解体"是社会中的"罕见"现象，而企业和项目部的"诞生"与"解体"是社会中的"常规"现象，这就迫使我们不得不认真研究工程活动共同体的"生命周期"问题了。

---

① 特别是在以"项目共同体"作为工程活动共同体的典型形式进行寿命研究的时候，其"平均寿命"就要更"短"了。

正像每个"个人"都要经历一个独特的"出生—成长—死亡"的过程一样，作为团体主体的工程活动共同体——无论是项目共同体还是企业——也要经历一个类似的过程。由于本文讨论的现象过于复杂，在以这样一篇短文的篇幅讨论这个问题时，显然不得不在进行分析时对"问题情景"进行很大的简化，这是需要事先加以申明的。

工程活动共同体的生命周期或寿命历程可以粗略地划分为三个阶段：①酝酿和诞生阶段；②发育和生存阶段；③解体阶段。本文以下就按照这个顺序对其进行一些简要分析和讨论。

一、工程活动共同体的酝酿和诞生

从生理学角度看问题，可以认为人的出生是一个自然过程。可是，工程活动共同体的产生却绝不是一个自然过程，而只能是一个有目的的社会性过程。

工程活动共同体是在社会环境（背景）中以个体为前提和基础而形成的。

如果把一项工程活动比喻为一台戏剧，那么，一个相应的工程活动共同体就成为了"演出""这个戏"的"演员集体"。

剧情有一个发展变化的过程，演员出场也要有一定的先后顺序。如果说酝酿和诞生阶段是剧情发展的第一阶段，那么，倡议者、委托者和领导者成为了工程活动舞台上的最初的"出场者"。

1. 倡议者、委托者和领导者

正像在胚胎阶段，从严格意义上说，还不能认为一个新生命已经诞生一样，同样的，从严格意义上说，工程活动共同体在酝酿阶段还没有正式形成。

虽然这个酝酿阶段仅仅是工程活动这出戏剧的"序曲"、"编写脚本"或"导引"，可是，这个"序曲"、"编写脚本"或"导引"阶段的重要性是毋庸置疑的——正像胚胎阶段的重要性毋庸置疑一样。

在这个阶段，其基本任务和活动内容就是要为未来的工程活动确定活动目标（共同体目标）和确定剧情大纲（操作方式和操作程序）。

自然过程是没有目的的过程，而工程活动却是有目的的过程。工程活动的目的是要满足人的某种具体需求，更具体地说就是"特定主体"的在"当时当地"的需要。

人是什么？有哲学家把人定义成为"有需求"、"有欲望"的动物，因为人从本性上看只能是和必然是具有一定社会需求的"存在"。

如果说刚出生的婴儿还仅仅有吃、喝等天生的生理需求，那么，在现代社会中，人的需求就绝不仅仅是那些天生的生理需求了。应该注意，即使是吃和喝这样乍看起来似乎是"天生"的需求，在人类超越了"茹毛饮血"阶段后，也变成带有"社会性"的需求了。

《现代汉语词典》把"需求"解释为"由需要产生的要求"，又把"需要"解释为"对事物的欲望或要求"，把"要求"解释为"提出具体愿望或条件，希望得到满足或实现"。由此可见，"需求"与欲望或愿望的满足有密切的联系。

人的需求、愿望可以划分为"当前有可能实现的愿望"和"当前没有条件实现的愿望"两大类。那些"当前没有条件实现的愿望"可以成为"理想"的对象、艺术创作的对象，而不能成为工程活动的目标；只有那些"当前有可能实现的愿望"才能够成为工程活动目标。

哲学分析和思考告诉我们：任何工程活动的目标和工程活动共同体的目标都必须是"可能世界"中的"可能存在"，而不是"现实世界"中的"现实存在"，因为任何"现实的存在状态"都不能成为工程活动的目标。

德国技术哲学家德韶尔提出了关于"第四王国"（The Fourth Realm）的理论[1]。"第四王国是指全部已存在的解决方案形成的总和。这些方案不是由人创造出来的，而是在发明过程中获得的。"[2] 从哲学角度看，德韶尔的"第四王国"实际上就是包括了一切"可能事件"和"可能对象"的"可能性王国"。如果借鉴德韶尔的这个观点，工程活动的第一步就成为了要在"可能

---

[1] Dessauer F. Technology in its proper sphere. In: Mitcham C, Mackey R. Philosophy and Technology. New York: The Free Press. 1983.
[2] 王飞：《德韶尔的技术王国思想》，人民出版社，2007年，第154页。

世界"中"发现"与"确定"（按照我们通常使用的术语，也就是"想象"或"设计"）一个合适的工程活动目标的过程。

如果说发现或"看到""现实世界"的存在物需要运用人的"生理眼睛"，那么，"发现"或"看到""可能世界"里的"目标物"或"可能存在状态"就需要运用人的"精神之眼"了。

正如我们应该承认不同的人有不同的"生理视力"一样，我们也必须承认不同的人有不同的"精神视力"。

在工程活动中，有一个必须注意的重要现象就是：由于多方面的原因（包括有不同的"精神视力"），社会中不同的个人在"可能世界"中看到的图景是有很大差别的，因而，不同的个人所能够"发现"或"确定"的工程活动"目标"也是非常不同的。

在某些情况下，有人可能异于常人而看到了某个可能的工程活动目标，换言之，他能够在其他人没有想到的时候首先"发现"或"提出"某个工程活动目标。例如，法国工程师 Albert Mathieu-Favier 于 1802 年首先提出兴建英法海底隧道工程[①]，于是，他就成为了这个工程的"倡议者"。应该强调指出的是：提出任何一项工程活动"倡议"——如首先"倡议"需要在某个国家或某个地区兴建第一个乃至第二个甚至第三个、第四个纺织厂的人——都是这里所说的"倡议者"。

工程活动是必须在组建起一个一定规模的集体后才能完成的活动。工程活动的倡议者虽然先于其他人"看到"了——或更准确地说——"发现"了——某个工程目标，但"倡议者"知道仅仅依靠自己的力量是没有可能实现这个目标的，于是，他就必须采取下一个步骤：努力寻找和说服一个工程活动的"委托人"。

所谓工程活动的委托人就是不但拥有"资本"——包括"权力"和"特定能力"在内的广义的"资本"——并且愿意和决心利用和投入相应的"资本"（包括金融资本和权力形式或其他形式的"社会资本"）委托他人进行相应的工程活动的人。

---

① Collins S，Ghey J，Mills G. The Professional Engineer in Siciety. London：Jessica Kingsley Publishers：78.

在许多情况下，工程活动的"委托人"是拥有"货币资本"的人（投资者，资本家），但也可能是拥有其他必需的"社会资本"的人。

可是，对于英法海底隧道工程来说，这个"委托人"就不能单纯是某个大资本家，而必须是国家统治者了。于是，Albert Mathieu-Favier 就向拿破仑提出了这个"工程倡议"。起初，拿破仑批准了这个倡议，后来，他又否决了这个倡议。

在随后的一百多年中，维多利亚女王、拿破仑三世、撒切尔夫人、密特朗总统都曾经面对是否批准以某种方式委托兴建英法海底隧道工程的问题。

1980 年，英国政府宣布不反对私人公司修建跨英吉利海峡的隧道。1985 年，多家公司参加英法海底隧道工程的投标。1986 年，英国的隧道集团和法国的欧洲隧道公司关于英法海底隧道工程的设计中标。

Albert Mathieu-Favier 最初的倡议是修建一条通行马车的隧道（那时火车还没有发明出来），而 1985 年的工程方案已经是要修建一条双向的火车隧道了。

具体的工程活动形形色色、多种多样。相应地，对于不同的工程活动来说，其具体的"倡议者"和"委托人"的出现方式、表现形式和具体特点也是多种多样的。

在某些情况下，倡议者和委托人是不同的个人。但也常常出现倡议者和委托人"合二而一"的情况：倡议者同时就是委托人，委托人同时就是倡议者。

从所发挥的作用和具体功能上看，倡议者和委托人是两种不同的社会角色，二者分别代表和发挥着不同的作用和功能。即使是对于上述倡议者和委托人"合二而一"的情况，也不妨碍我们把倡议者和委托人看成是两种不同的"社会角色"。

委托人是工程活动的委托者但常常不是工程活动的行动者、实行者、操作者。

当工程活动必须由一个团体来实行的时候，委托者不能直接同未来"全体的""工程活动实行者"进行关于委托条件的谈判，而只能同未来的工程活动的领导者进行谈判和约定。

在现代社会中，这个"委托环节"或"委托过程"往往是通过"招标"

和"投标"的方式来进行的。

通过招标环节而"中标者"，一般来说，就是要实际完成该项工程活动的"领导者"或"领导者"的"代表者"。

2. "领导者"和"工程实施共同体"的"设立"

上文已经指出：委托者常常并不是工程活动的实际行动者（实施者、操作者、完成者），一般地说，实际进行工程活动的"行动者"是另外一个"接受委托"的"共同体"，本文以下将其称为"工程实施共同体"。

需要说明：对于所谓"工程活动共同体"，不但在理论上常常难以准确界定其确切范围，而且在现实生活中不同的人在不同语境中对其常常有不同的理解和解释，其内涵和外延不但非常模糊，而且常常发生游移和变化。例如，在进行广义解释时，"工程活动共同体"应该把各种"工程利益相关者"都包括在内，而在进行狭义解释时，也可能仅仅把"工程活动共同体"解释为"工程实施共同体"。

现代社会中，"工程实施共同体"的常见组织形式是企业或项目部。建立"工程实施共同体"的第一步是选择或确定领导者。虽然也有工程实施共同体的领导者只有一个人的情况，但也常常存在领导者是一个集体——领导集体——的情况。

对于某些特大型工程来说，在完成决策程序后，往往要正式设立或组建一个机构（团体）来承接和完成这项工程。例如，为了实施三峡工程，在全国人民代表大会于 1992 年通过了实施三峡工程的有关决议后，正式成立了"三峡总公司"作为实施三峡工程的"行动者"。

在很多情况下，工程活动的实施者是已经存在的企业或公司。一般地说，在一个公司对某个工程项目投标成功后，如果这个项目的规模不需要该公司投入其全部力量，那么，它往往要设立一个"工程项目经理部"之类的机构来负责完成该项目的工作和任务。

对于一个特定的"工程实施共同体"的生命历程来说，如果说上面谈到的倡议、委托、招标都是"胚胎期"的活动，那么，工程项目经理部的正式设立或"挂牌成立"① 就意味着一个"工程实施共同体"的"正式诞生"了。

由于从生理学角度看，人的诞生是一个自然过程，所以，自然人的自然出生是不需要"出生证"的；可是，对于工程实施共同体这样的社会性存在来说，它的出生就必须有一个"出生证"了。

对于工程实施共同体的诞生来说，如果该共同体采取了"新公司"的形式，那么，它就必须按照"公司法"的要求取得法定的挂牌资格，完成有关的挂牌手续。如果"该共同体"采取了在"一个现有的公司内部"设立"项目经理部"之类的形式，那么，它也需要按照有关的公司制度或其他习惯性要求取得某种形式的"挂牌资格"，完成与其相应的某种形式的"挂牌手续"。

完成"挂牌手续"就是取得了新工程活动共同体的"出生证"。而获得"出生证"意味着和标志着一个新的工程活动共同体取得了"社会承认"、"社会认可"和"社会认同"。

对于一个自然人的出生来说，人们不会在识别一个新主体的诞生方面出现什么困难，所以，自然人不需要有"出生证"。可是，对于一个新社会活动共同体的诞生来说，为了其他社会主体（包括个人主体和集体主体）便于正确地进行社会识别，这就需要有一个形式性的"出生证"了。

取得了这个必需的社会承认和社会认同之后，这个共同体在其以后的"生存活动"中才能够比较顺利地进行有关的工程活动。

如果没有必需的"社会承认"和"社会认同"，一个共同体就不可能在社会中自立和自处，它就无法取得其他共同体的承认和认可。而如果没有其他社会共同体的承认和认可，它在社会中就寸步难行，它就什么事情也干不了。

如果我们把"挂牌设立"作为工程活动共同体的正式诞生，那么，挂牌后的工程实施共同体就可以类比为一个"新生儿"。与"充分发育"的共同体相比，它虽然还不成熟，但它应该已经"具体而微"。更具体地说，在这

---

① 在本文的分析中，"挂牌设立"和"设立"在含义上并没有什么根本性的区别，使用"挂牌设立"这个术语的目的是为了突出"设立"在"形式"方面的特征。但这里的所谓"挂牌设立"，其含义也绝不是单纯指在某年某月某日举行了一个"挂牌仪式"。

个时候，工程活动共同体的"领导核心"应该已经成形（当然不排除以后会发生领导核心的变化和改组），共同体的各种"维系纽带"（见本系列文章第三篇）也已经有了某种雏形甚至大体成形。

对于工程活动的实施状况和工程活动共同体的"生命质量"[①] 来说，领导核心和共同体维系纽带具有特别重要的意义，但对这些问题的进一步分析已经不是本文的任务了。

二、工程活动共同体"成员网络"的动态变化

正像人出生之后要进入发育期一样，工程实施共同体在正式诞生之后，也要及时地进入它的"发育成长期"。

在发育成长期中，工程实施共同体不但增加了人数，更重要的是其成员结构发生了变化。

随着工程活动发展中不同阶段的推移和变化，工程实施共同体的成员结构也要随之发生相应的变化。

对于工程活动的阶段划分，很难给出一个普遍适用的模式。出于不同的考虑和根据不同的标准，不同的工程可能要经历具体特点差异很大的工程阶段。

如果仅从"基本建设"的角度看工程活动（即把工程活动的范围局限在"基本建设"阶段），工程活动可以划分为启动性目标确定和决策、招标和投标、运筹设计、实施、安装、试车、验收等阶段。但如果从更大的时间尺度来看问题，从工程活动的全过程来看问题，就必须把工程运行和工程废弃也考虑进来，于是，工程活动的"全过程"就要包括以下一些基本阶段："决策""设计"、"实施""安装"、"工程运行"、"工程废弃"等。

很显然，在工程活动的不同阶段，为完成相应的任务，工程活动共同体的成员结构必须发生相应的变化，这就是工程活动共同体成员结构的动态变化。

---

① 正像个人有其"生命质量"问题一样，一个共同体也有其"生命质量"问题——既有"健康的共同体"，也有"病态的共同体"，甚至"严重病态的共同体"。

工程活动是实践活动。虽然必须肯定工程活动是有目的、有领导、有管理的活动，但这并不妨碍我们肯定另外一个观点：任何工程任务都必须通过具体的操作活动才能实现和完成，工程活动的"主体"或"本题"就是"工程操作"。

　　任何工程活动都是必须通过操作者的操作活动才能完成的。

　　上文谈到了工程活动的委托者和领导者，但他们都不是工程活动的直接操作者。要想真正开始工程活动的实施，就必须在工程实施共同体中吸收操作人员。

　　工程活动的操作是系统性的操作。就操作工人而言，不同的工程项目在工种数量、工种配置、每个工种的工人的数量等方面必然有不同的要求。反过来，由于操作人员数量和分工的差异和工艺流程的不同，这又必然会对不同层级管理人员的"配备"（如高级管理人员、中层管理人员和基层管理人员的数量和比例）提出"反要求"。

　　在现代工程活动中，工程师有举足轻重的作用。根据不同的工程活动任务的要求，不同的工程活动共同体中，对工程师的人员结构的要求也不可能是一样的。

　　这就是说，在进行工程活动时，工程实施共同体的规模，特别是内部分工合作（不但是指工人之间的分工合作而且更是指管理者、工程师、工人等各种不同岗位之间的分工合作）的模式，也可能是大不相同的。

　　在工程的不同阶段，由于工作任务的不同，工程实施共同体的内部结构必然也会发生变化，甚至是很大的变化。例如，在设计阶段、土建阶段、设备安装阶段、试车阶段这些不同的阶段中，其工程实施共同体的具体组成必然是大相径庭的——这就是工程实施共同体的动态变化。

　　每个工程实施共同体都是一个复杂的、由不同职能和岗位的人员（包括委托者、领导者、管理者、工程师、会计师、工人、勤杂人员、其他人员等）组成的成员网络。所谓"工程实施共同体网络的动态变化"就是指工程实施共同体的成员网络随着工程活动的进程而在网络规模、内部结构、外部关系、整体和局部职能等方面发生变化的过程。

三、工程实施共同体的解体

正像每个人都有其生命的终点一样，每个具体的工程活动共同体在经历了其胚胎期、诞生期、发育成长期后，也必然会有其生命的终结期。

许多工程实施活动都是有比较明确的"工期"的活动。随着工程的完成和"工期"的结束，工程实施共同体——就其作为一个承接具体项目的共同体而言——也要解体了。

对于企业形式的工程活动共同体来说，其承接的工程项目常常是一项接一项的。虽然"A项工程活动"终结了，但"B项工程活动"又开始了，于是，通过这种持续的工程活动，企业的"生命力"就得到了持续的保持。只有到了没有工程项目可干的时候，才是企业需要解体的时候。应该注意，对于这种现象和情况，如果从"项目共同体"的角度来看问题，人们仍然可以说：在从事"A项工程活动"的"项目共同体"解体后，又出现了一个从事"B项工程活动"的"项目共同体"——尽管这已经是"企业内部的项目活动共同体"了。

与工程实施活动的过程有"正常终结"和"非正常终结"相对应，工程实施共同体也有"正常解体"和"非正常解体"这两类不同的解体方式。

工程实施活动的"非正常终结"与工程实施共同体的"非正常解体"之间有着看似简单、实际却并不那么简单的关系。这里既可能出现因为工程实施活动的"非正常终结"而导致工程实施共同体的"非正常解体"的情况（如由于出现重大事故导致了工程活动的"非正常终结"，随后又进一步导致了工程活动共同体的"非正常解体"），又可能出现由于工程实施共同体的"非正常解体"而导致工程实施活动的"非正常终结"（如由于工程实施共同体内部发生不可调和的冲突而导致工程活动共同体的"非正常解体"，于是工程活动也就不得不"非正常终结"了）。此外，在工程实施过程中也可能出现由于某种原因而发生"工程实施共同体""替换"的情况（如由于某种原因而发生"中途""更换""施工单位"的情况）。

与工程实施共同体的"非正常解体"不同，所谓"正常解体"就是指由于顺利完成工程活动而"宣布"的该共同体的结束或解体。在很多情况下，工程实施共同体的非正常解体都是不良的解体现象。①

　　中国有一个成语说，要善始善终。在判断一个工程实施共同体的优劣时，不但要看它的诞生期和发育期的状况，而且要看它能否有一个良好的终结和解体——让各有关方面都满意或比较满意地结束。

　　这里不拟具体分析和评论什么才是良好的解体。但在现实生活中，很多人都看到过——甚至经历过——工程实施共同体非正常解体的情况。

　　导致工程实施共同体非正常解体的原因和非正常解体的方式可能是多种多样的。例如，经济破产、内部发生不可调和的冲突等。既然这种非正常解体的现象是社会生活中难以避免出现的社会实际事件或社会情况，这里就有了一个一旦出现了非正常解体应该怎么办的问题。

　　对于上述情况，经济学已经把它作为破产现象进行了许多研究，但从社会学角度看问题，对于这种工程实施共同体的非正常解体的现象，显然仍有许多需要继续深入研究的问题。

　　在工程社会学中，对"工程活动共同体"的研究是一个基本主题。本系列论文对这个主题进行了一些初步分析和考察，切望其他学者能够有更深入的新研究。

_____

　　① 这里不讨论那种由于某项工程是一项危害社会的工程，从而该"工程实施共同体"的"早日""非正常解体"反而是一种"好事"这种特殊情况。

工程共同体中的"岗位"和"岗位人"*
——"工程共同体"研究之五

以企业和项目部为主要组织形式的工程活动共同体(以下简称为工程共同体)是由异质成员组成的共同体。一方面,我们必须承认每个个人都是独立的个体,都有其作为"独立个体"的本位("本位人");另一方面,每个个人在工程共同体内又占有一定岗位,成为了"岗位人"。于是,应该如何认识和分析本位人和岗位人的关系就成为了工程哲学和工程社会学的一个重要问题。

一、自我的"本位"和工程共同体中的"岗位"

塞尔的《社会实在的建构》① 出版后,"社会实在"问题引起了许多关注和讨论。《略论社会实在》② 一文简要论述了以企业为主要表现形式的工程活动共同体也是一种社会实在或制度实在。自然实在和社会实在最根本的区别在于前者没有"意图"、"承诺"和"认同"等因素,而社会实在却与"意图"、"承诺"和"认同"密切联系在一起。

---

* 本文作者为李伯聪、海蒂,原载《科学技术哲学研究》,2010 年 03 期,第 57~62 页。
① 塞尔:《社会实在的建构》,世纪出版集团、上海人民出版社,2008 年。
② 李伯聪:《略论社会实在——以企业为范例的研究》,《哲学研究》,2009 年第 5 期,第 104~110 页。

从社会哲学观点看，"个体"和"集体（共同体）"都是"社会实在"。而其区别是：从语言学的代词方面看，所谓"个体"就是"我"、"你"、"他（她）"，而"集体（共同体）"就是"我们"、"你们"、"他们"；从哲学方面看，与"个体"有关的基本概念是"自我"和"自我本位"，与"集体"有关的基本概念是"共同体"（本文主要讨论"工程活动共同体"）和"共同体本位"。

　　共同体是由个体组成的集体。个体在共同体中各自占据一个特定的"岗位"。岗位这个概念与社会学中的"角色"概念基本一致，其主要区别在于"岗位"主要用于"工作"性场合，而角色则可以广泛适用于一切场合，但这个区分也不是绝对的。为叙述和分析的方便，本文把"作为自在、自为个体的个人"称为"本位人"，把在共同体中占据一定"岗位"并发挥相应功能的个体称为"岗位人"。在共同体中，各个个体都是以"岗位人"的方式存在的。在社会生活中，任何个体都是"岗位人"和"本位人"的统一。

　　从"来源"或"出现"过程上看，"本位人"是经过"生育过程""出现"的，以企业为主要存在形式的工程共同体是经过"创业"过程"出现"的，而"岗位人"则是通过"招聘"过程使"本位人""换位"而"出现"的。

　　亚当·斯密在《国富论》中讨论了分工问题[①]，可是，人们往往仅从技术和生产力角度对其进行分析和理解，其实，分工便意味着不同的岗位，意味着工程共同体中的成员成为了"岗位人"。

　　虽然中外哲学家对"自我"和"个体"问题进行了许多研究，但却很少有人研究"个体"的"位格"（"本位"和"岗位"）和存在方式或存在形态问题。

　　由于本位人是通过生育过程而形成的，所以，"我"对于我的"本位（人）"没有选择的权利和选择的自由，可是，对于"我"的"岗位"，对于作为"本位人"的"我"能够成为什么样的"岗位人"，"我"就有进行选择的权利和自由了。

　　在现代社会中，本位人往往通过企业的招聘过程而"变位"成为工程共同体中的"岗位人"。"招聘"是"工程共同体"（作为"本位"的"集体"）

---

① 亚当·斯密：《国民财富的性质和原因的研究》（上卷），商务印书馆，1994年，第5～16页。

和"个体"（作为"本位"的"个体"）互动和博弈的过程。如果"工程共同体"和"个体"可以通过招聘环节而达成"协议"，双方各自作出相应的"承诺"，本位人便可以"变位"为"岗位人"而"上岗"了。

在工程哲学和工程社会学中，本位人和岗位人的动态关系是一个重要问题。20 世纪末期以来，塞尔、图莫拉等西方学者在"社会认同"、"集体意向"、"集体接受"、"集体承诺"、"集体态度"等问题的研究中取得了许多进展[①]，但他们往往仅关注个体和共同体的"结构性关系"而忽略了"动态性关系"。

从动态观点看问题，"岗位人"在共同体中的"出场"、"在场"与"退场"就凸显出来了。

二、"岗位人"的"出场"、"在场"与"退场"

正像一个角色在舞台上有出场、在场和退场一样，岗位人在一个工程共同体中也有其"出场"、"在场"与"退场"。

1. 招聘、应聘和"角色出场"

人的活动可以划分为两类：个体活动（特指集体之"外"的个体活动）和集体活动。在集体活动中，个体不再是独立的个体，而是"集体的一名成员"，占有集体中的一个岗位，承担一定的岗位责任，成为了一个"岗位人"，或者说一个集体中的一个"角色"。

在没有加入企业这个集体之前，个体的存在状态是"本位人"状态。本位人是未分化状态的、具有多方面发展潜力的、具有全面活动能力的个体。许多社会科学理论，如霍布斯的"自然状态"假设和罗尔斯的"无知之幕"假设，往往都假定"人"（如果使用本文的术语实际上就是"本位人"）是同质的个体。

与同质的本位人不同，岗位人是异质的——即差别化的——个体。无论

---

① Schmitt F F. Socializing Metaphysics：The Nature of Social Reality. Oxford：Rowman ＆ Littlefield Publishing.

现实生活的观察还是理论分析都告诉我们：岗位人只能是而且必然是处于分化状态的、承担实际的特定岗位工作的个体。在共同体中，岗位人之间是分工并且合作的关系。

在现代社会中，我们可以把企业比喻为存在于"本位人海洋"（以下亦称为"社会海洋"）中的一艘航船，又可以把它比喻为一个舞台。"工程项目"便是这个舞台要上演的剧目。企业的每个成员都扮演一定的角色，而其他的本位人就成为了"舞台"下面众多的"观众"（有关心演出并且和"演员"产生"互动"的观众，也有不关心演出的观众）。

通过招聘和应聘这个环节，本位人从"社会海洋"中登船成为了企业航船上的一名船员，本位人"换位"为岗位人。成为岗位人就意味着他（她）在工程活动项目这个剧目中承担了一定的演出任务，占据一个岗位，发挥一定的功能。

一方面，在许多情况下，由于对任何岗位都有一定的要求和标准，并不是随便任何一个人都能够合乎岗位要求和成为某个特定的角色；另一方面，由于任何岗位都对"在岗者"有一定的要求和限制，也并不是随便任何一个人都愿意成为某个特定的角色。前者是涉及招聘和应聘双方的条件、可能性和能力方面的问题，后者是涉及双方的自由意志、目的、愿望方面的问题。

由于任何一个岗位都只是整体中的一个岗位，于是，企业在进行岗位招聘的时候，就不但需要针对不同的岗位提出不同的岗位要求，而且还必须同时提出统一的"集体目的"方面的要求。对于企业整体来说，所有的岗位目标都必须从属于企业的"集体目的"或"整体目的"。如果不能把对不同岗位的要求统一和整合为企业的集体目的或整体目的，企业就会成为一盘散沙，企业也就不可能成为一个具有"整体性"的企业。

上文谈到本位人在一定意义上被假定为是同质的、无差别的个体。可是，一旦进入招聘和应聘这个环节或场境，本位人就成为了具体的"应聘者"（即"求职者"），成为了"差别化"的"求职者"。

不同的求职者不但有不同的能力和潜力，而且必然有不同的个人目的和要求。一般地说，个人目的和集体目的之间、个人能力与企业要求之间不可能是完全一致的，而必然是存在一定的差别、差距甚至矛盾、冲突的。

于是，招聘和应聘的过程便不可避免地成为了一个招聘者和求职者互相搜寻、选择、谈判、博弈和"制定协议（契约）"的过程。

如果通过谈判，个体方的条件、目的和要求与集体方的条件、目的和要求能够互相调和、弥合差距而求得某种契合，招聘和应聘便同时成功，一个本位人便可以与企业签约（书面契约或口头契约）而成为一个岗位人。于是，一个本位人就"变位"或"换位"而成为了一个岗位人。

应该强调指出：个体与集体双方通过招聘谈判而"完全"弥合双方在条件、目的、愿望和要求方面的差距几乎是不可能的。在这里，双方通过招聘谈判所达成的只能是某种"重叠共识"。

从语义分析方面看，任何重叠共识都只是而且必然是部分重叠的共识。而从谈判过程和结果方面看，尽管谈判双方不可能达成意见完全重合的共识，但谈判的成功就意味着双方的认识已经有了一定程度的重叠，否则，谈判就要破裂，应聘者就不可能签约上岗而成为一个岗位人。

应该注意，在"招聘"谈判取得成功的时候，在不同的情况和场合下，招聘方和应聘方所达成的重叠共识的"程度"可能是非常不同的，它可能是很高程度的重叠共识，也可能仅仅是最低限度的重叠共识。

招聘和应聘活动绝不仅仅是一个认识性或知识性的过程，它同时还是一个具有经济性、社会性、法律性等多方性质或维度的过程。

招聘和应聘谈判的成功不但意味着双方达成了必需的"重叠共识"，而且同时意味着双方达成了必需的"重叠承诺"和"重叠认同"。

所谓重叠承诺不但包括招聘者对应聘者的承诺（岗位委托承诺和其他承诺），而且包括应聘者对招聘者的承诺（岗位接受承诺和其他承诺）。

在重叠认同的含义中也同样地既包括招聘方对应聘方的一定的认同，也包括应聘方对招聘方的一定的认同。

如果通过谈判而达到了所必需的"重叠共识"、"重叠承诺"和"重叠认同"这"三大重叠"，招聘和应聘便取得成功，求职者上岗，一个岗位人（或曰一个角色）便"出场"了。

一个角色出场的时候，上述"三大重叠"所达成的重叠程度可能是多种多样的。由于不可能取得完全重叠就意味着双方在许多方面仍然存在差距和矛盾。而如果从双方仍然存在差距和矛盾方面看问题，"三大重叠"的非重叠部分就是"三大差距"："共识差距"、"承诺差距"和"认同差距"。

根据"三大重叠"的重叠程度——从另一方面看就是"三大差距"的差距程度——的不同，角色的"出场"既可能是一个比较完美的出场，也可能是平庸的出场，甚至可能是"暗藏险情"的出场。在角色出场时，不但大材小用或小材大用的情况经常出现，而且双方都有可能因为采取"机会主义"态度而为岗位人的上岗埋下不良的伏笔。

2. "在场"的岗位人和岗位人的"忠诚"问题

从招聘和应聘成功一直到解聘或辞职，这是岗位人或角色的"在岗"阶段或曰"在场"时期。

在场的岗位人获得了岗位授权，承担了特定的岗位责任。他（她）承担了做好岗位工作的义务，同时也获得了与岗位责任相应的权力。例如，门卫拥有了根据有关规定检查进出人员的权力，质量检查员拥有了不允许不合格部件进入下一道工序或不允许不合格产品出厂的权力，等等。

在认识岗位权力的性质和来源时，应该特别注意的是：它既不是天赋权力（天赋人权），也不是来自"本位人"的"自身能力"（虽然具有相应的自身能力是一个前提条件）的权力，它是与岗位相伴随而拥有的权力，是"岗位人"拥有的权力。

按照伦理学（特别是职业伦理学）和有关制度的要求，岗位人应该敬业爱岗，忠于职守。

"忠诚"是一个重要的伦理学范畴。在中国古代的伦理学传统中，忠诚问题的焦点是对国家的忠诚、对君主的忠诚、对家庭的忠诚和对朋友的忠诚等。在现代社会中，除"对国家的忠诚"和"对朋友的忠诚"之外，另外一个忠诚问题——对企业（'集体'）的忠诚和对岗位的忠诚——被突出了。

"对企业的忠诚"和"对国家的忠诚"是两个既有类似之处又有许多区别的问题。应该承认，目前在伦理学中，对后者的研究较多而对前者研究较少，可是，前者却是一个在内容上更加具体、在日常生活中更常遇到，而且其表现形式更加复杂多样、在现象形态上更加千变万化的问题。

首先，忠诚不但是心理和态度问题，同时也是一种行为。在严格的意义上，作为思想、意识和内心状态的忠诚是只有"本人"才能够真正知道和真正体验到的，然而，他人也可以通过其行为或其他方面的表现来间接感受和推定其忠诚。

上文谈到，岗位人在通过招聘谈判而上岗时，必然达成了重叠共识、重叠承诺和重叠认同这"三大重叠"。这"三大重叠"就是岗位人忠诚的前提和基础。

由于"三大重叠"并不否认同时还存在某种程度和某些方面的共识差距、承诺差距和认同差距这"三大差距"，对于不同的上岗者来说，由于这"三大差距"具体状况的不同便导致了岗位人在上岗时对企业和岗位的忠诚程度出现了差别。

不同的岗位人在忠诚的程度上可能是大相径庭的。在忠诚程度上，既可能表现为无保留的极端忠诚，也可能仅仅是最低限度的忠诚，甚至会出现那种"身在曹营心在汉"的情况，而"中规中矩"的忠诚则成为了一般情况下的忠诚。

忠诚问题是一个非常复杂的问题，这里不但存在着"忠诚度"可能发生变化的问题，而且存在着忠诚行为的表现形式可能多种多样和相应的忠诚行为能否被认可的问题。

在忠诚问题研究领域，赫希曼的《退出、呼吁和忠诚》是一本富于启发性的著作。诺贝尔经济学奖获得者阿罗评论说："赫希曼教授的书虽不是长篇大论，但新意迭起。经济学家一直假定，终止需求可以抚慰人们对某企业产品的不满情绪，而政治家们则倾向于在组织内部采取可能的抗议。赫希曼认为，这两种机制可以并行发挥作用，并通过分析和举证，完美地论述了二者的交互作用所具有的令人深感意外的含义。这一理论可以清楚地解释很多当代重要的经济与政治现象。赫希曼的通篇论述对很多社会和文化形态都极富参考价值。"[①]

赫希曼在《退出、呼吁和忠诚》一书中花费了很多篇幅分析和研究消费者对企业产品的"退出、呼吁和忠诚"，这实际上是"组织外部的人员"在"忠诚"方面的问题。对于本文讨论的主题来说，我们更关注的是"组织内部成员"的"忠诚"问题。

上文谈到，忠诚的一般表现是"中规中矩"的忠诚，换言之，就是"思

---

① 赫希曼：《退出、呼吁和忠诚》，经济科学出版社，2001年，封底页。

不出其岗"的"在岗忠诚"。如果岗位人出于"岗位职责之外"的"忠诚心理"和"整体性忠诚心理"而采取"呼吁"类型的行为，那就是"越岗忠诚"了。

在现实社会中，并不是所有的岗位人都遵守对于忠诚的规范性要求，于是就出现了形形色色的忠诚缺乏甚至不忠和背叛现象。

如果我们把岗位粗略地划分为管理岗和操作岗两大类，那么，对于操作岗上的岗位人来说，最常见的"忠诚缺乏"现象是消极怠工，而对于管理岗上的岗位人来说，最常见的"忠诚缺乏"现象是官僚主义。

忠诚的最基本的要求是忠于职守，而消极怠工和官僚主义都损害了这个基本要求，成为了失职的表现。

每个岗位人都拥有一定的岗位权力，当出现岗位人的忠诚缺乏甚至不忠现象时，岗位人便会故意地不行使岗位权力或滥用岗位权力了。如果说贪污受贿是管理岗上的典型不忠现象，那么监守自盗就是操作岗上的典型不忠和背叛现象了。

在许多情况下，导致岗位人滥用岗位权力的原因常常是岗位人的忠心被冷漠甚至不忠所取代，规范的"岗位心"被私利的"本位心"所取代。

"重叠共识"、"重叠承诺"和"重叠认同"是岗位人上岗的前提和基础，"忠诚缺乏"甚至"不忠"意味着"单方面"地破坏了"重叠共识"、"重叠承诺"和"重叠认同"这"三大重叠"——特别是破坏了岗位人的"岗位承诺"。

岗位人处于"在岗"状态时，"本位人"并没有消失而且也不可能完全消失。在"本位人"、"岗位人"和"作为社会实在的集体本位"这个"三角关系"中，有许多重要而复杂的关系问题需要我们深入思考和研究，这里就不能多谈了。

3. 从岗位人回归本位人："角色退场"

一个人不可能永远占据某一个岗位。本文不讨论转岗这种情况，以下就直接讨论岗位人向本位人的回归问题。

当岗位人"离岗"，不再具有某个企业或某个项目部"成员"的身份，这就是"角色退场"，岗位人回归为本位人。虽然岗位人回归本位人的具体原因、方式和路径可能是多种多样的，但大体而言，可以分为正常方式和非正常方式两大类。

岗位人向本位人回归的正常方式是指由于常规原因或正常原因而形成的"离岗"，如岗位合同到期、工程项目结束等。而岗位人向本位人回归的非正常方式则是指以辞职、解职、开除等方式形成的离岗。

一个岗位人的下岗也就是一个角色的"退场"。在中国传统的戏剧理论中，不但讲究"好角色"需要有一个"好"的"出场"，而且讲究需要有一个好的"退场"。

对于一个岗位工作来说，理想的状况应该是：由于招聘方和应聘方达成了较高程度的"重叠共识"、"重叠承诺"和"重叠认同"，使得角色有一个好的"出场"；在出场（即"上岗"）后，更重要、更关键的是应该有一个好的"在场"表现；最后，应该有一个好的"退场"。

要全面达到"出场好"、"在场好"并且"退场好"的要求绝不是一件容易的事情。在很多情况下，岗位人都是在心怀某种程度或某种形式的遗憾（包括"出场遗憾"、"在场遗憾"或"退场遗憾"）而"退场"的。

三、从阴阳观点看本位人和岗位人关系

在本文最后，我们想运用中国传统医学和古代哲学的阴阳范畴对本位人和岗位人的关系进行一些分析和阐释。

在中国古代哲学和传统中医理论中，阴和阳是一对基本范畴。《老子》第42章云："万物负阴而抱阳，冲气以为和。"[1]《素问·阴阳应象大论》云："阴阳者，天地之道也，万物之纲纪，变化之父母，生杀之本始"[2]。《素问·阴阳离合论》云："阴阳者，数之可十，推之可百，数之可千，推之可万。万之大，不可胜数，然其要一也。"[3]传统中医根据阴阳理论对人体的生理和病理现象进行了全方位解释，我们则希望能够运用阴阳理论对本位人和

---

[1]　任继愈：《老子绎读》，北京图书馆出版社，2007年，第94、95页。
[2]　郭霭春：《黄帝内经素问校注语译》，天津科学技术出版社，1981年，第29页。
[3]　郭霭春：《黄帝内经素问校注语译》，天津科学技术出版社，1981年，第44页。

岗位人的关系进行一些有启发性的说明和解释。

依据阴阳理论考察本位人和岗位人的关系，可以得出以下几个要点。

1）作为社会实在的个体是"独立个体"和"角色岗位"的统一体，是本位人和岗位人的阴阳统一体。

《素问·生气通天论》云："阴者，藏精而起亟也；阳者，卫外而为固也"①。《素问·阴阳应象大论》云："阴在内，阳之守也；阳在外，阴之使也。"② 准此，在统一的个体实在中，角色岗位是"阳位"，独立个体是"阴位"；本位人是"阴位"，岗位人是"阳位"。人们可以而且必须从本位人和岗位人的阴阳统一中认识社会中的每个个体。

2）在阴阳统一的个体中，阴和阳——即本位人和岗位人——是相互渗透、相互作用的。

《素问·天元纪大论》云："阳中有阴，阴中有阳。"③ 本位人和岗位人绝不是两种互不相干、互相排斥的状态，而是在岗位人状态中必然渗透着本位人的"底色"，而本位人的"社会基因"也不可能离开岗位人的"表型"而"抽象存在"。个体的"本位人基因"必然通过一定的方式影响其岗位表现，而岗位人也必然通过"岗位活动"和"岗位表现"参与对"本位人动态基因"的建构。

3）如同医学中生理上阴阳平衡的破坏会导致病态一样，在人性和社会领域，本位人和岗位人阴阳平衡关系的破坏也要导致"异化现象"或其他"病态现象"的出现。

这里所谓的"异化现象"，既包括滥用岗位权力谋取私利和仅仅把岗位人当做工具使用之类的现象，也包括由于失业或下岗而"游离"在集体之外等现象。应该强调指出，失业现象意味着一个人失去了自我的存在价值而成为一个社会中的"游魂"，这本身便是一种严重的异化现象。以往学者在研究异化现象时，往往忽视了对失业这种形式的异化现象的研究，这是一个需要弥补的缺陷。

---

① 郭霭春：《黄帝内经素问校注语译》，天津科学技术出版社，1981年，第19页
② 郭霭春：《黄帝内经素问校注语译》，天津科学技术出版社，1981年，第36页。
③ 郭霭春：《黄帝内经素问校注语译》，天津科学技术出版社，1981年，第381页。

在本位人和岗位人的关系上，畸形的岗位人压倒正常的本位人或畸形的本位人压倒正常的岗位人都是由于阴阳失衡而导致的异化现象。

方法论个人主义只承认本位人的存在而否认岗位人的存在。从阴阳统一的人性论观点看，其实质就是忽视了岗位人的重要性，把"本位人和岗位人阴阳统一"的个体片面地解释为"纯阴而无阳"（只见本位人而不见岗位人）的个体。而方法论整体主义只承认"集体本位"的存在而忽视了岗位人的深处还存在着一个"本位人"，从阴阳统一的人性论观点看，其实质就是把"本位人和岗位人阴阳统一"的个体片面地解释为"纯阳而无阴"（只见岗位人而不见本位人）的个体。

人性问题是哲学和社会理论领域的一个重大问题。从以上分析中可以看出，我们可以把"本位人和岗位人阴阳统一"的观点看做分析人性问题的一个新的分析框架。

例如，在"华盛顿——美国第一任总统"这个个体实在中，"美国第一任总统"是一个"岗位人"，如果"华盛顿"不再占据"美国第一任总统"这个"岗位"，"纯本位人""华盛顿"就不是"华盛顿——美国第一任总统"这个"个体实在"了。同样的，在"比尔·盖茨——微软总裁"这个个体实在中，"微软总裁"是一个"岗位人"，如果"比尔·盖茨"不再占据"微软总裁"这个"岗位"，"纯本位人""比尔·盖茨"也就不是"比尔·盖茨——微软总裁"这个个体实在了。

另一方面，一个具体岗位不可能必然与某一个具体本位人一直联系在一起。我们完全可以设想：在2000年A公司由甲任总裁，B公司由乙任总裁；而在2001年，却是B公司由甲任总裁，而A公司由乙任总裁。A公司总裁和B公司总裁是两个不同的岗位，从2000年到2001年，甲和乙的岗位人身份发生了变化。可是，我们又必须承认甲和乙二人的"本位人"身份保持着连续性。换言之，在上述情况下，"本位人—岗位人阴阳统一"的"阳性""岗位人"发生了变化，而在"本位人—岗位人阴阳统一"的"阴性""本位人"并没有变化发生。这也就是所谓"阴在内，阳之守也；阳在外，阴之使也。"[①]

应该再次强调：对于一个正常的成年人来说，只有岗位人才是他（她）

---

① 郭霭春：《黄帝内经素问校注语译》，天津科学技术出版社，1981年，第36页。

的正常的——甚至是必然的——"阳性"生存形式和生存状态。游离在集体之外的"本位人"——即处于失业状态的"本位人"——是异化状态的"强阴性""本位人"。

如果为了解释和叙述的方便，我们把走上工作岗位前的状态广义地称为"预备岗"，把退休后的状态广义地称为"退休岗"，那么，每一个个人的"大全"便都成为了"本位人—岗位人"的"阴阳统一"的"个体实在"，在这个"本位人—岗位人的阴阳统一"的"个体实在"中，没有任何一个阶段是"纯阴无阳"的，也没有任何一个阶段是"纯阳无阴"的。

"我"、"你"、"他（她）"都是"本位人—岗位人的阴阳统一"的"个体实在"。在"我"、"你"、"他（她）"的相互认知和相互关系中，在个体和集体的相互认知和相互关系中，在认知和对待个体实在时，如果不从"本位人–岗位人的阴阳统一"中认知和看待"个体实在"，那就必然要出现这样或那样的错误。

此外，本位人和岗位人的关系还可以运用中国传统哲学中的"体用"范畴进行分析，限于篇幅这里就不再展开分析了。

工程创新与工程演化

工程创新：聚焦创新活动的主战场 *

一、引　言

最近，我国青藏铁路工程、探月工程等重大工程的巨大成就引起了全国各界的关注。从创新研究的角度观察这些工程成就，其最重要的理论启示就是：工程创新是创新活动的主战场。

在创新研究领域中，"工程创新"是一个亟待大力开拓和加强研究的新课题。在本文中，我们将着重分析和论述以下几个基本观点。

1）工程活动是社会存在和发展的物质基础，是直接生产力。

2）在国家创新系统和建设创新型国家的过程中，研发活动是整个创新活动的侦察和前哨战场，而工程创新是整个创新活动的主战场。在创新之战中，最关键的问题是"侦察分队"和"主力部队"的协调配合问题。必须强化在"工程创新"这个"主战场"上决胜负的观念。

3）必须从"全要素"和"全过程"的观点认识工程创新。在工程活动的"全要素"和"全过程"中都会遇到多种壁垒和陷阱。

4）科学发现和技术发明的对象以"可重复性"为基本特征，其社会评

---

* 本文原载《中国软科学》，2008 年第 10 期，第 44～51、64 页。

价规范是只承认"首创性"，即只承认第一个发现者或发明者的贡献和功绩；而工程活动——即工程项目——的对象却以"唯一性"和"当时当地性"为基本特征。

二、从科学、技术、工程三元论看工程

在现代社会中，科学、技术、工程都是重要的活动方式。科学技术是第一生产力，工程是直接生产力。作为直接生产力，工程活动是社会存在和发展的物质基础，如果工程活动停止了，社会就要崩溃、瓦解。

"科学、技术、工程三元论"认为：科学、技术、工程是三种不同的对象和三种不同类型的社会活动，它们虽有密切联系，但绝不可混为一谈①。

科学、技术、工程的主要区别是：①活动内容和性质不同：科学活动以发现为核心；技术活动以发明为核心；工程活动以建造为核心。②三种活动的"成果"有不同的性质和表现形式：科学活动成果的主要形式是科学理论，它们是全人类的共同财富，是"公有的知识"；技术活动成果的主要形式是发明、专利、技术诀窍等，它们往往在一定时间内是"私有的知识"；工程活动成果的主要形式是物质产品、物质设施，一般来说，它们就是直接的物质财富本身。③活动主角不同：科学活动的主角是科学家；技术活动（此处主要指技术发明）的主角是发明家；工程活动的主角是工程师、管理者、投资者和工人。④"科学共同体"、"技术共同体"和"工程共同体"是三种不同类型的共同体。⑤制度安排不同：科学活动、技术活动和工程活动有不同的制度安排、制度环境、制度运行方式和活动规范，有不同的管理原则、发展模式和目标取向，有不同的演化路径。⑥管理方式和评价标准不同：科学、技术和工程有不同的管理方式和评价标准。

肯定科学、技术和工程在性质上有根本区别，绝不意味着可以否认它们之间有密切的联系。相反，由于肯定了科学、技术和工程是三种不同的社会活动方式，这就更突出了它们之间的"相互转化"关系。而无论是从理论上

---

① 李伯聪：《略谈科学技术工程三元论》，见杜澄，李伯聪，《工程研究（第1卷）》，北京理工大学出版社，2003年，第42~53页。

看还是从现实方面看，这个"转化"关系才真正是核心和关键之所在，而那种把科学、技术和工程混为一谈的观点反而是在理论上"取消"或"消解"了三者之间的"转化关系"。我国长期存在的所谓科学技术与经济"两张皮"的现象，其根本症结就是没有解决好这个"转化"关系问题。

三、工程活动的"全要素"和"全过程"

任何具体的工程活动都是技术要素和"非技术要素"——包括经济要素、政治要素、资源要素、管理要素、社会要素、制度要素、伦理要素、心理要素等多种要素——的系统集成，在许多情况下非技术要素甚至要发挥更重要的作用。于是，"全要素"观点就成为了认识和分析工程活动的一个必然要求。

工程的基本活动单位是"项目"。虽然在许多情况下，项目的界限可能不太清楚，项目重叠、交叉等复杂现象更令人眼花缭乱，但这都不妨碍"工程活动以项目为单位"这个一般性观点的正确性。

美国学者马丁和辛津格认为，一个"完整"的工程项目应该包括以下步骤或内容：从"任务启始"（initiation of task）和设计（design）开始，中间经过生产制造（manufacture）、建造（construction）、质量控制和检验（quality control/testing）、广告（advertising）、销售（sales）、安装（installation）、产品使用（use of the product）、维修（repair）、监控社会和环境效果（monitoring social and environmental effects）等环节，最后还要完成包括废品循环利用（recycling）和废料废品处理（disposal of materials and wastes）等在内的"最后任务"（final tasks）[①]。据此，在认识工程活动时，我们不但必须坚持工程活动的"全要素"观点，而且必须坚持工程活动的"全过程"观点。

从"全过程"的观点看问题，一个工程不但必须设计得好、开工得好、建设得好、生产得好、运行得好、产品销售得好、维修工作好、"环境界面"友好、"社会界面"友好，而且还必须把废品、废料处理好，工程运行得好，

---

① Martin M W，Schinzinger R. Ethics in Engineering. Boston：McGraw-Hill，2005：16、17.

工程"终结"得好，这才算一个真正的"好"工程。

在现实的工程活动中，"各种要素"和"具体阶段"的状况可以出现错综复杂的交叉和分合，这就形成了实际工程活动中复杂多姿、变态多端的种种工程活动现象。

四、再谈技术和工程的相互关系

虽然上文介绍科学技术工程三元论时已经涉及了技术和工程的关系，但本文还是想对这个问题再进行一些单独的分析和讨论。

在有些人的心目中，技术就是工程，工程就是技术，好像二者没有什么区别。可是，实践经验和理论分析都告诉我们：工程活动绝不仅仅是技术活动，"单纯技术观点"的"工程观"或"工程定义"是不恰当的。

在认识技术和工程的相互关系时，一方面必须承认"没有技术就没有工程"，从而不但必须承认技术要素在某些情况下可以是工程活动的决定性因素，而且必须承认任何工程都必须有其必需的"技术前提"和"技术基础"；另一方面，又必须同时承认"没有纯技术的工程"，从而不但承认"非技术要素"在某些情况下是工程活动的决定性因素，而且承认任何工程都必须有其必需的"非技术的前提要素"和"非技术的基础要素"（如经济前提和经济基础）。以往人们常常强调工程活动的非技术要素中，有时经济要素或政治要素——而不是技术要素——可以成为工程的决定性要素，现在人们愈来愈深刻地认识到在一定情况下环境要素也可以成为工程活动的决定性要素。

根据关于工程活动的"全要素观"和"全过程观"，不但那种"单纯技术观点的工程观"是错误的，而且那种"单纯经济观点的工程观"也是错误的。在工程活动中，如果企业家受到"单纯技术观点的工程观"或"单纯经济观点的工程观"的"迷惑"，不能正确认识和处理工程活动的全要素性和全过程性这个工程活动的核心和灵魂问题，其后果有可能是灾难性的。例如，不久前曾经轰动一时的"铱星系统"就是一个在技术上获得巨大成功而在工程上遭到惨痛失败的典型案例。这个"铱星系统"曾经被发达国家的科技界公认为重大的科技成就和梦想般的进展。可是，转瞬间风云突变，"铱星系统"在市场上遭受残败,最后因背负 40 多亿美元债务而正式破产。可以说,"铱星系统"就是一个"在技术上取得成功"而"在工程上——首先是工程的经济维度——遭遇失败"的典型事例。

大体而言,在认识和处理技术与工程的关系时,以下几个方面的问题是必须特别注意的。首先,必须正确认识和处理工程活动中技术要素和非技术要素的相互关系。对于不同的工程项目来说,有时技术要素是工程成败的关键要素,而在另外的情况下,非技术要素——如政治要素或经济要素——可能是工程成败的决定性因素。而无论在哪种情况下,我们都可以说,能否正确处理技术因素与非技术因素的相互关系常常是决定工程成败的一个关键因素。第二,必须正确认识和处理"技术引导和限定工程"(如喷气发动机技术"引导"航空工程的发展)与"工程选择和集成技术"(如京沪高速铁路是否应该选择磁悬浮技术)的关系。第三,必须正确认识和处理技术的"可重复性"与工程活动的"唯一性"的关系。第四,从哲学和思维方法方面看,必须深刻认识和领悟技术作为"可能性条件和可能性空间"与工程作为"现实过程和现实存在"的关系。必须认识到:如果不能扩大技术"可能性条件和可能性空间"的范围,患了近视症,甚至沦为鼠目寸光,工程活动就必然失败;另一方面,如果缺乏现实感和现实主义态度,缺乏在现实空间中施展身手的能力,患了好高骛远症,甚至流于虚幻浮夸,工程活动也必然失败。

五、工程知识和科学知识的关系

在应该如何认识工程活动本性和特征的问题上,国内外都有许多人把工程活动简单地看做是科学技术的单纯"应用",这个观点表现在认识论和知识论领域,就是有许多人认为"工程知识只是科学知识的应用"。在许多人的心目中,工程只不过是"科学的应用"罢了,工程知识仅仅是科学知识的"派生知识"或"导出知识"。于是,工程活动的创新性、创造性就被贬低甚至消解了,工程知识成为了比"头等"的科学知识低一等的"次等知识",工程类知识的独立性、创新性、创造性也就被严重贬低了。

工程知识的性质如何,工程知识与科学知识的关系究竟如何呢?

对于工程知识的性质和特点，有三点是必须特别强调的。第一，在人类的知识"总宝库"中，工程知识是数量最大的一个组成部分。第二，从知识分类和知识本性上看，工程知识是"本位性"的知识而不是"派生性"的知识。第三，工程知识是可靠的知识，那种认为"科学知识可靠而工程知识不可靠"的观点是站不住脚的。

美国学者小布卢姆旗帜鲜明指出工程是自主的，尖锐地批评了那种把工程定义为科学的观点，他说："工程不可能是一种科学。设计工程项目（engineering projects）的目的并不必然是为了生产出知识。首先，这些项目经常是不受控制地被设计出来的，因而，关于因果关系的假说经常也就很难被验证。其次，从这些项目获得的知识仅仅部分地可以转移到其他情况之中，因为工程系统如此复杂以至于每个项目都可以被认为是独一无二的（unique），并且因此在本质上和自然而然地成为了一次实验。"①

美国学者哥德曼认为，工程有自己的知识基础，绝不应该和不能把工程知识归结为科学知识。他指出：不但在认识史上科学不是先于工程的，而且在逻辑上科学也不是先于工程的。不但古代是这样，而且现代社会中也是这样。哥德曼尖锐地批评了西方哲学根深蒂固地轻视甚至歧视实践的传统，他坚决反对把工程简单化地说成是科学的应用②。美国职业工程师文森蒂在其名著《工程师知道什么以及他们是怎样知道的——航空历史的分析研究》一书中，结合具体案例的分析无可辩驳地阐明了决不能把工程知识归结为科学知识③。

工程知识和科学知识是两类不同性质和类型的知识，美国技术哲学家皮特批评了那种在贬义上讽刺工程知识是"食谱知识"的错误观点。他认为"没有事实根据说科学和技术每一个都必须依靠另一个，同样也没有事实根据说其中一个是另一个的子集。""工程知识是任务定向的"，"工程知识是一

---

① Broome T H. Bridging gaps in philosophy and engineering. In: Durbined P T. Critical Perspectives on Nonacademic Science and Engineering. Bethlehem: Lehigh University Press, 1991: 273.

② Goldman S H. The social captivity of engineering. In: Durbined P T. Critical Perspectives on Nonacademic Science and Engineering. Bethlehem: Lehigh University Press, 1991.

③ Vincenti W. What Engineers Know and How They Know It. Baltimore: John Hopkins Press, 1990.

· 270 | 工程哲学和工程研究之路

种更加可靠的知识形式"，它"更加可信，具有更强的活力。"① 雷彤说："从现代科学的观点看，设计什么也不是；可是，从工程的观点看，设计就是一切。"② 设计知识在本质上是工程知识而不是科学知识，设计工作在工程活动中常常发挥决定性作用。由于不少人错误地认为工程知识仅仅是科学知识的"应用"，设计知识不是具有创造性的知识，这就直接导致了设计工作常常未能受到应有的重视反而被轻视和贬低的不良后果。

工程知识与科学知识既有联系又有区别，二者都是重要的。那种轻视和贬低工程知识的作用与重要性的观点在理论上是错误的，在实践上是十分有害的。

六、"唯一性"和"当时当地"的"独特个性"是工程活动的本性和灵魂

从哲学上看，主体和活动是两个密切联系但却并不等同的概念。任何活动都要依托一定的主体，任何主体都会从事一定的活动。科学研究活动的主体是科学家，工程活动的主体是"工程活动共同体"。在现代社会中，"工程活动共同体"的最常见的组织形式就是企业或项目部。

从哲学的角度看，工程活动的实质和灵魂就是它具有"唯一性"和"当时当地"的"独特个性"。上文引用的小布卢姆的那段话中，已经谈到了这一点。我国陈昌曙教授也指出，工程项目——如青藏铁路工程、南京长江大桥工程——的突出特征就是它具有"一次性"或"唯一性"③。

任何工程活动都是在具体时间和具体空间中进行的实践活动。由于时间进程是"不可逆"的，并且工程活动的"地理空间"状况（包括资源条件等等）和"社会空间"状况（即"社会环境"，如政策、法律、文化环境等）都是"不均匀"的，由于时空环境和条件的变化必然在不同程度上影响工程

---

① 皮特：《工程师知道什么》，见张华夏、张志林，《技术解释研究》，科学出版社，2005年，第129～139页。
② Beder S. The New Engineer. Macmilan Education Australia PtyLtd. 1998：41.
③ 陈昌曙：《重视工程、工程技术与工程家》，见刘则渊，王续琨，《工程·技术·哲学（2001年技术哲学研究年鉴）》，大连理工大学出版社，2002年，第29、30页。

的活动主体，这就使工程活动的目的、边界条件、约束力量、推动力量、方法、路径等等都要发生变化。总而言之，工程活动必然是因人、因时、因地而变化的，而因人、因时、因地而变化的结果就是任何工程活动都必然要成为"不可完全重复"的活动，即成为了具有"唯一性"的活动。例如，武汉长江大桥建成后，又建设了武汉长江二桥和武汉长江三桥，这是三个不同的工程项目，其中的每一个工程项目都是不可重复的、独一无二的工程。武汉长江二桥是"唯一"的武汉长江二桥，武汉长江三桥也是"唯一"的武汉长江三桥。

工程是一种"活动"，工程项目的实施是一个"事件"。哲学家认为，"事件"是本体论的最小单元，它的最大特点就是具有唯一性。著名哲学家怀特海说："一个现实事件被剥夺了所有可能性……它绝不会再次发生，本质上，它恰恰就是它自己——该地和该时。一个事件正如就是它所是的东西，即正好表明它如何联系另外的东西，并且不是别的任何东西。"①

由于工程活动的实质和灵魂是其所具有的唯一性和当时当地的独特个性，这也就使"必须创新"成为了对工程活动的"绝对要求"。

就其本性或基本特征而言，科学发现和技术发明的基本特征是其结果必须具有"可重复性"——在第一次发现或发明之后，其他人可以进行第二次、第三次乃至第 N 次重复，凡不具有"可重复性"者皆不能被承认为科学发现或技术发明。

科学发现和技术发明成果的可重复性来自科学知识和技术方法所具有的"普适性"。这个可重复性带来了许多好处，但它同时也在科学社会学和技术社会学维度上带来了许多矛盾。为了恰当认识和处理这些矛盾和困难，科学社会学和技术社会学中提出了关于认定科学发现和技术发明时必须要求它们具有"首创性"的标准。

关于科学发现和技术发明必须具有"首创性"的要求实际上就是在社会学维度上只承认第一个发现人或发明人的发现功绩或发明功绩，只承认"第一人"是科学领域的"发现者"或技术领域的"发明者"。

根据这个首创性准则或标准，在科学研究领域就不再承认对同一科学定

---

① 陈奎德：《怀特海过程哲学的演化》，上海人民出版社，1998 年，第 54 页。

律（或科学事实）进行"第二次"、"第三次"、"重复发现"时也算是完成了一项"科学发现"；在技术发明领域也不再承认"第二次"、"第三次"、"重复发明"也是完成了一项"技术发明"。

科学发现和技术发明只承认"第一"的结果就是只有"第一个"发现者才可以戴上"发现者"的"桂冠"，只有"第一个"、"发明者"才可以拥有"发明权"。在技术史上，一个许多人都熟悉的典型事例就是虽然贝尔和格雷"同时"、"各自独立"地发明了电话，但终因贝尔在向专利局递交专利申请时比格雷早两个小时而成为了该发明专利的"唯一"拥有人。

大概是由于受到了关于科学发现和技术发明必须具有首创性要求的影响，有些学者在认识和评价创新活动时，在创新理论中也提出了一个相应的观点，认为"创新"的含义虽然不等于"第一次"科学发现或"第一次"技术发明，但它应该是而且必须是"第一次""商业应用"。

这个观点是否正确或恰当呢？

我们认为，这个关于只有技术发明的"第一次"商业应用才能被称为创新的观点和评价标准是不正确的。因为，工程活动与科学发现、技术发明具有不同的本性，工程活动（更具体地说就是工程项目）的基本特征是其具有唯一性，即不可重复性。需要强调指出，"唯一"和"第一"在含义上是有根本区别的。"第一"是相对于"第二"而言的，"第一"之后是"第二"、"第三"等等。而"唯一"就是"唯一"，独一无二的"唯一"，"唯一"之前没有"第一"，"唯一"之后没有"第二"。

科学知识（如科学定律）和技术方法（如新的技术发明专利）必须具有可重复性，可重复性与"普遍性"或"普适性"互为表里；工程活动（工程项目）具有唯一性，不可重复性与唯一性互为表里。

在科学领域中，其他人可以在首次科学发现之后，通过科学传播、交流或学习的方法"重复发现"——即"普遍掌握"——"已经发现"的科学知识。在技术领域中，其他人可以在合法条件下，第二次、第三次、乃至第 N 次"重复使用"由于别人的首创而"已被发明"的技术。

应该怎样认识和评价这些"重复性"工作呢？

一方面，必须承认所有这些重复性工作都已经不是科学发现或技术发明性质的工作，但在另一方面，也绝不能否认其作用，这些"重复性"工作或活动在另外的领域中也是具有重要意义的。例如，科学教育的基本内容就是要对以往的科学发现、科学知识、科学理论进行必要的"重复"（第 N 次重复），有谁能否认科学教育的重要性呢？

一般地说，重复性工作在科学领域属于科学验证、科学交流、科学传播、科学教育等范畴；而在技术领域，技术转移、技术转让、技术获取、技术学习也都是"技术重复"性质的活动。从社会学的角度看，必须通过这些"重复性"的活动，科学发现和技术发明的社会性才能真正得到实现。如果科学发现仅仅只有发现者一个人知道而没有任何重复性的知识传播，技术发明仅仅只有发明人一个人掌握而没有任何重复性的技术传播，那么，对于这样的发现和发明，在社会学意义上简直可以说它们是"等同于""不存在"的。

上文指出不能简单地把工程看做是科学技术的单纯应用（因为工程活动中还有比科学技术的单纯应用更深、更高层次的东西），但这个观点绝不是否认工程活动中必然有对科学技术知识的"应用"性质的内容或成分。

工程活动中对技术知识的"应用"，可以是第一次应用，但也可能是第二次应用、第三次应用乃至第 N 次应用。对于这种技术知识在工程中得到应用的情况，是否只有第一次应用（商业应用）才具有重要意义，其后次数的应用就没有意义或意义不大呢？

实际上，在经济现实和社会现实生活中，人们常常见到某些技术的第一次应用社会意义和社会影响不大，反而是第二次应用、第三次应用甚至次数更靠后的应用产生了更重大的意义和影响。

工程创新的本质是集成性创新。集成性工程创新和首创性技术发明是两个不同的概念。在进行集成性工程创新时，不但不可能在技术领域全部都运用首创性的技术，而且完全有可能在进行技术集成时连一项首创性技术也没有包括进来，但即使在后一种情况下，也无妨于集成活动可以具有突出的创新性。

当具有可重复性的技术发明以集成的方式"重复应用"在具有唯一性的工程项目中时，由于各种条件和环境的变化，完全可能出现某项技术发明在"第 N 次"应用时在新的集成环境和条件下出现"腐朽化为神奇"或"画龙点睛"的效应。在进行技术集成时，往往会在多项"平常技术"之间出现协同和放大效应，或在"技术原态"与"应用场"之间出现的"变态"效应或"场效应"，凡此种种，都要形成"集成飞跃"的现象或结果。这就是说，即使某种技术或某些技术的第一次应用没有出现重要影响或结果，那也完全可能在其后的"非第一次""应用"中形成了重要作用与效果——这就是工程的集成性创新与技术发明的不同和分野了。

由于工程创新的本质是集成性创新，而不同工程要素的不同结合往往都意味着必须进行某种程度或某种形式的"集成性创新"，于是，那种仅仅把创新定义为新发明的"第一次商业性应用"的观点就是不恰当的观点了。技术发明和工程创新是两个不同的概念，技术发明的成功和工程创新的成功也是两个不同的概念。技术发明的第一次商业应用有可能取得成功，但并不必然取得成功。工程创新者必须高度关注技术领域的新发明，他们绝不会放弃以运用新发明的手段取得工程创新成功的机会，但他们关注的焦点始终是集成性工程创新的成功问题，而不仅仅是新技术的第一次商业应用问题。人们不但必须关注新技术的第一次商业应用时出现的种种问题，而且必须更加关注在技术的"非第一次应用"和"集成创新"中出现的种种问题。

七、在工程创新的全要素和全过程中都会遇到壁垒和陷阱

由于唯一性是工程活动的内在本性，这就决定了工程活动必须进行创新，换言之，必须创新乃是对工程活动的内在命令和必然要求。

目前，创新已经成为了响彻云霄的时代强音。故步自封、不敢创新，不可避免地要成为时代的落伍者。可是，创新者和管理者也必须清醒地认识到：创新可能成功（包括巨大的成功）；但也可能失败（包括惨痛的失败）。

我国的许多国有企业在 20 世纪八九十年代进行了技术改造。从技术层面看，技术改造无疑是技术进步和追求创新的表现，可是，在这个技术改造浪潮中，许多人困惑地看到了"不搞技术改造是等死，搞技术改造是找死"的现象。这不能不使一些人感到某种理论的困惑和现实的迷惑。在国外，克

里斯腾森于 1997 年出版了《创新者的困境：当新技术引起伟大公司失败的时候》①。这本书的出版使人们注意到创新者并不必然永远头戴胜利的桂冠，他们也有陷于困境的时候。

对于创新活动，我们的基本立场、观点和态度无疑是乐观主义的，但我们主张谨慎的乐观主义，不赞成廉价、盲目的乐观主义。

从哲学上和实践上看，工程创新的过程就是创新者从"可能性空间"走向"现实世界"的过程，工程创新之路是一条充满不确定性的道路，它可能通向成功，也可能走向失败。

工程创新之路是一条壁垒重重和陷阱重重的艰难道路。从理论上看，我们可以把"突破壁垒和躲避陷阱"作为一个认识和分析工程创新的新模式。这个模式的优点是可以"对称"地分析和解释创新的成功和失败：从正面看，任何创新的成功皆可归因于能够胜利地突破壁垒和躲避陷阱；从反面看，任何创新的失败皆可归因于未能成功地突破壁垒或躲避陷阱。

需要强调指出：在另外一个维度上，壁垒和陷阱与创新成败的关系又是不对称的：从正面看，成功者必须突破"所有壁垒"和躲开"所有陷阱"；而从反面看，却是"一个壁垒"前的失败或"一个陷阱"中的落难就可能断送整个创新。

壁垒和陷阱的区别在于：壁垒不但常常明确而有形地矗立在创新者的面前，而且还是必须花费力气才能越过的（为行文简便，本文的"突破壁垒"一词兼指或包括越过、突破或绕过等不同的含义）；而陷阱则不但是隐蔽的，而且常常并不需要花费什么特别的力气就会掉进去（为行文简便，本文的"躲避陷阱"一语也兼指或包括对陷阱的识别、越过、避开、跳出等不同的含义）。

有些人在第一道壁垒前就倒下了，有些人在中途止步了，更有人未能突破最后一个不算大的壁垒，功亏一篑，最终还是失败了，令人扼腕叹息。突破壁垒常常很困难，而躲避陷阱也绝不是容易的事情。如果我们把工程创新的过程比喻为一出戏剧，那么，人们看到：创新戏剧的一种典型情节模式就

---

① Christensen M C. Innovator's Dilemma：When New Technologies Cause Great Firms to Fail. Bosten：Harvard Business School Press，1997.

是——当创新主人公正在为自己突破了一个险峻的壁垒而兴高采烈时，意外地发现自己又在无意中一脚跌入了另外一个陷阱。

八、创新活动的"主战场"和"其他战场"

创新（innovation）理论最初是由著名经济学家熊彼特在《经济发展理论》中首先提出来的。在熊彼特的创新理论中，技术创新被赋予了推动经济发展的关键性作用。但他也注意到了技术与经济有可能出现不一致的情况，他说："经济上的最佳和技术上的完善二者不一定要背道而驰，然而却常常是背道而驰的"[①]。

自熊彼特提出创新理论后至今，创新概念不胫而走，"创新研究"也已经成为了一个影响巨大的"研究领域"。在创新理论研究领域，许多学者都把"创新研究"的重心和焦点放在了对"研究开发活动"的研究上，可以说，对"研发"的分析、调查和总结已经成为了"创新研究领域"的"第一重镇"，成果丰硕，影响巨大。必须肯定，"研发"往往是整个创新活动的源头，绝不能忽视对研发活动的分析和研究。可是，还有一个显而易见并且绝不能忽视的事实是：在"整个创新活动"中，研发环节仅仅是"侦察活动"和"前哨活动"；在"整个创新队伍"中，研发队伍仅仅是"侦察分队"和"前哨分队"；在"整个创新之战"中，"研发之战"仅仅是"侦察性战斗"，而工程创新才是创新之战的"主战场"。

我国已经提出要把建设创新型国家作为面向未来的重大战略，在这个重大战略活动中，工程创新是一个核心性和关键性的内容和环节。工程创新是我国创新活动的主战场，我们必须强化在主战场上见胜负的观念和意识。在思想、理论和政策研究方面，我们必须大力加强对工程创新的研究，使工程创新成为"创新研究"领域的一个新主题和新内容。

纵观历史，世界各国的工业化和现代化的发展历程就是一个不断进行工程创新的过程，工程创新能力直接决定着一个国家的发展状况和水平，甚至是兴起或衰落。在创新之战中，"研发"这个侦察和前哨战场的作用是绝不

---

① 熊彼特：《经济发展理论》，商务印书馆，1990年，第18页。

能忽视的，没有一支优秀的侦察队伍，主力部队往往就会迷失或错失战略方向和战斗方向。可是，单单依靠侦察兵的力量是不可能进行"主战场"的"决战"的——决战必须依靠"主力军"。在军事活动中，侦察兵和主力军的协调配合是取得军事胜利的关键；类似地，在创新活动中，研发性"侦察性创新"和"主战场"上的工程创新的协调配合也成了最关键的问题。我国在创新活动方面迄今一直存在的一个重大问题就是研发性前哨创新和"主战场"上的工程创新常常脱节。

总而言之，如果把一个国家的整体性创新活动比喻为一场国家范围和国家尺度的"创新之战"，那么，在这个"创新之战"的"总战场"上，既存在着"前哨战场"、"后勤战线"，也有其"主战场"，其"主战场"就是工程创新。与"战场结构"相"对应"，有一个"队伍结构"问题。在"创新队伍"的"总结构"上，不但有"后勤部队"和"作战部队"之分，而且在"作战部队"中还有"侦察部队"和"主力部队"之分。如果说研发人员是"创新之战"中的"侦察兵"，那么包括投资人、管理者、工程师和工人在内的"企业本体"就成为了"创新之战"中的"主力部队"。"侦察兵"和"前哨战"无疑是非常重要的，但真正决定"创新之战"胜负的决定性力量和决定性环节乃是"主力军"和"主战场"。

在国家创新系统中，存在着多种不同形式和类型的创新活动，这些不同的创新活动各有其地位和作用，人们不应片面夸大或贬低某一种创新活动的地位和作用，而应该努力使不同形式和类型的创新活动相互协调、相互支援，特别必须努力协调好"侦察部队"和"主力部队"的关系。总结历史经验，创新之战失败的原因常常就是未能协调好"侦察部队"和"主力部队"的关系。

构建国家创新系统和建设创新型国家是一项十分艰巨的任务，必然要经历一个长期的过程。工程创新是创新活动的"主战场"，在考察和评价一个国家的国家创新系统和建设创新型国家进程的成败得失时，首要关键是要看这个国家在工程创新这个"主战场"上的"战况"和成败得失如何。

九、工程活动"唯一性"的"哲学解读"
和"现实评价"的关系

应该强调指出，以上所说的关于"由于任何工程都具有唯一性从而创新应该成为工程活动的必然要求"的观点只是一个"哲学观点"或"纯理论性观点"，这个观点绝不意味着在评价任何一个现实的（实际的）工程项目时，都要在进行"现实评价"或"社会评价"时把它评价为"创新性"工程。

相反，当人们在对工程项目进行具体评价和现实评价时，某些现实工程不但不能被评价为具有创新性的工程，反而必须将其评价为"平庸工程"、"豆腐渣工程"，甚至是"惨重失败的工程"等等。

我们知道，西方存在主义哲学家曾经提出了关于每个"个人"都是独特的、不可重复的个体的哲学观点，这个观点从哲学上高扬了人生的意义和价值，但这个观点绝不意味着不承认现实世界的现实个人之中，既有高尚的人，也有平常的人、犯严重错误的人，甚至有十恶不赦的人等。

我们从哲学上和理论上主张任何工程都具有唯一性。这个哲学观点和纯理论性观点不但是一个可以从哲学上和理论上高扬工程活动创新性的观点，会有助于转变那种认为"工程集成"和"技术学习"不具有创新性的观点；同时这种观点也是体现批判精神的观点，因为它还意味着必须正视和揭露"唯一"的工程项目中可能出现的种种错误和弊端。

让我们再次指出，这个关于任何工程都具有唯一性和创新性的哲学观点和对具体工程活动进行现实的具体评价时把某些具体工程评价为不具有创新性——甚至可能具有危害性——的工程之间是没有矛盾的。

对于有关工程创新的一些其他重要问题，我们将在本系列论文的其他文章中陆续进行阐述。

工程创新：创新空间中的选择与建构 *

　　工程活动是人类社会存在和发展的物质基础。工程是直接生产力，工程创新是创新活动的主战场。从范畴分析的角度认识工程创新，可以看出：工程创新的实质和基本内容是创新空间中的选择与建构。这个观点主要有两个含义：①工程创新作为一种人类的有目的的活动，它的全要素和全过程都是创新者所进行的有目的的选择和建构活动，换言之，工程创新活动就是在创新空间中连续不断的选择和建构的过程。②工程创新作为一种"嵌入社会"的活动，它的成果还要接受社会（对于许多项目来说，其含义首先就是指市场）的"再选择"，并嵌入、整合、建构到整个社会之中。前者是从创新者角度和"创新活动本身"的水平上研究工程创新的选择和建构问题，而后者是从社会的角度（包括市场的角度）和社会演进的角度上在"社会"的水平上——从创新嵌入社会和创新演化的角度上——研究工程创新的选择和建构问题。上述两个含义的主要区别在于：在前一个含义和层面上，创新者是选择和建构活动的主体；而在后一个含义和层面上，创新者及创新成果（投放市场的创新产品）反而成为了社会进行选择和建构的对象（成为了被选择者和被建构者）。

---

　　* 本文原载《工程研究——跨学科视野中的工程》，2009 年 01 期，第 51～57 页。

1. 创新空间

"创新空间"这个概念首先是由樊纲等在《公有制宏观经济理论大纲》一书中提出来的，书中把创新空间定义为"一个行为主体能够从事创新活动的社会范围，指在一种特殊体制下，一个行为主体被社会规定能做什么和不能做什么[①]。"司春林在《企业创新空间与技术管理》一书中也讨论了创新空间问题，他认为创新空间概念描述了技术、市场与组织的关系。司春林说："借助'创新空间'不仅使我们可以有广阔的视野，而且可以使我们利用现代经济学、管理学的新进展来思考技术创新问题。"可是，他又认为："'创新空间'是一个静态概念[②]。"对于这个观点，我们是不能赞同的。司春林把创新空间解释为作为静态概念的包括技术、市场、组织三个维度的"三维空间"，这就严重限制了创新空间这个概念的运用范围和解释能力。

创新空间是一个有强大解释力的概念。我们可以参考控制论中关于状态空间的概念和莱布尼兹关于可能世界的概念来重新定义创新空间：它是一个工程活动于其中的多维可能性空间和从可能性走向现实性的动态空间，它包括了技术维度、经济维度、组织维度、政治维度、伦理维度、环境维度等多重维度。更具体地说，在理解创新空间的含义时需要注意把握以下三项内容：创新活动的可能性空间、从可能性向现实性转化的空间和创新实现的空间。由于在这三项内容中"可能性空间"这个含义特别重要，以下在对创新空间问题进行分析时，有时也可能仅仅着重于从"可能性空间"这个方面来阐释创新空间的含义。按照这种对创新空间的认识和理解，工程活动就成为了一个在创新空间中从可能性转化为现实性——从"可能世界的事件"转化为"现实世界的事件"——的过程。

当人们从可能性空间的观点看世界时，"可能世界"中"充满"了各种通向未来的可能性，有些可能性事件实现的概率很大，也有一些可能性事件实现的概率较小。可是，既常见又诡异的事情却是在许多时候概率很大的可

---

① 樊纲等：《公有制宏观经济理论大纲》，上海三联书店，1994年，第376页。
② 司春林：《企业创新空间与技术管理》，清华大学出版社，2005年，第Ⅳ页。

能性没有变成现实而概率很小的可能性却成为了现实。

著名的德国科学家、技术哲学家德韶尔（F. Dessauer）提出了一个关于"第四王国"的理论。他认为技术的核心问题是技术发明[①]，而所有的技术发明的解决方案都存在于那个"第四王国"中，于是，"第四王国"就成为了一个技术可能性王国或技术可能性空间。

德韶尔关于"第四王国"即技术可能性王国的思想是很深刻的，但出于他的天主教立场，他又认为这个王国具有"预成性特征"。对于德韶尔的这个观点，我们就不能赞同了。我们认为，世界上没有什么前定论的注定的命运，而只有敞开多种可能性的"命运"。人类在敞开着的可能性世界中不断把可能性变成现实性，实现自己的价值追求，推进社会的不断发展。在这个无限发展（对于个人来说实际上是无限的）的过程中，单个工程项目的生命是有限的，而终始相续的工程发展是无限的。

2. 创新者在创新空间中的选择与建构

工程活动不是单纯的个人活动而是集体性的活动，是以共同体为基本组织形式而进行的活动。组成工程活动共同体的基本成员是工程师、投资者、管理者、工人和其他利益相关者[②]。

从上述对创新空间和工程活动共同体的解释中可以看出：与创新空间是包括了多重分矢量空间的"多维空间"相呼应，"创新者"也是包括了工程师、投资者、管理者、工人、其他利益相关者等多类创新者的"多元主体"。

在研究创新空间时，不但必须认真研究各个不同的"分矢量空间"而且必须认真研究作为整体的"多维创新空间"；同样的，在研究创新主体时，不但必须认真研究发明家、企业家、工程师、工人、其他利益相关者（例如用户）等各类不同的"创新者"，而且应该注意研究作为一个整体的"创新主体"。

---

① Dessauer F. Technology in its proper sphere. In：Mitcham C，Mackey R. Philosophy and Technology，London：The Free Press，1983：318.
② 李伯聪：《工程共同体中的工人——"工程共同体"研究之一》，《自然辩证法通讯》，2005年第 2 期。

虽然许多研究者常常更关注企业家、资本家（或投资者）、发明家在创新中的地位和作用，但深刻认识"创新者"中应该包括范围更广的人员不仅具有重要的理论意义而且具有重要的现实意义。

希普尔（Ericvon Hippel）教授说："长时间以来，人们通常假定产品创新主要是由制造商完成的，由于这一假定与谁是创新者这一根本问题相关，所以它不可避免地影响到与创新相关的研究、企业的研究开发管理和政府的创新政策。但是，现在看来，这一假定常常是错误的。"希普尔通过自己调查研究发现，不但用户和供应商也可以成为创新者，而且不同类型的创新者在不同的领域的分布情况往往也有很大的不同。表1就是他的调查数据的汇总。

希普尔教授研究的重点是三种不同的创新者——用户创新者、制造商创新者和供应商创新者——在不同行业"不同分布"的情况，而本书此处关注的重点却是"创新者"和"普通人"（"非创新者"）有何不同的问题。

表 1　若干行业创新者分布情况　　　　　　　　单位：%

创新类型	用户作为创新者	制造商作为创新者	供应商作为创新者	其他
科学仪器	77	23	0	0
半导体和印刷电路板工艺	67	21	0	12
牵引式铲车相关的创新	6	94	0	0
塑料添加剂	8	92	0	0
工业气利用	42	17	33	8
热塑料利用	43	14	36	7
线路终端设备	11	33	56	0

"创新者"和"普通人"有什么不同呢？为何创新者成为了创新者呢？从哲学上看，最根本的原因就是"创新者"和"普通人"对"创新空间"的认知能力、认知路径和认知结果不同，说得更尖锐一些，"创新者"和"普通人"简直就是"生活"在不同的创新空间中。

上文谈到了创新空间是一个可能性空间。每个个体不但生活在一个"现实空间"中，而且生活在一个"可能性空间"中。对于作为"可能性空间"的创新空间这个概念，在不同的情况下可以有两种不同的解释，二者有密切联系但又有重要区别。

第一个含义的创新空间是作为体现客观可能性（它不依赖于某个个体）的创新空间，这个含义的创新空间对所有人都是相同的，我们权且把这个含义的创新空间称为"第一创新空间"或"客观创新空间"。正因为存在着这个"第一创新空间"，所有的"普通人"才无例外地都有了成为"创新者"的可能性。

必须强调指出的是，由于"现实事件"在"现实空间"中的存在方式不同于"可能事件"在"创新空间"中的存在方式，这就导致了对现实空间的认识和对创新空间的认识成为了两种迥然不同的认知能力、认知方式和认知过程。

生理学和认识论告诉我们，对于现实空间的现实状况、事实、事件，人是可以通过自身的生理感觉器官和生理感知能力来进行感知和认识的。也就是说，人可以通过自己的"肉眼"来认识现实空间的事实和状况。

可是，由于作为"可能性空间"的创新空间是一个与"现实空间"不同的"抽象空间"，在这个抽象空间中"存在"的"可能性事件"乃是现实世界中并不实际存在的状况（事件），于是，人也就不可能运用自身的感觉器官来感知和认识它们，这就是说，人不可能运用自己的生理感觉器官和生理感知能力来感知和认识创新空间的状态和各种可能性事件。

人类之所以能够超越动物界，一个关键差别就是人类发展了不同于"生理之眼"的"心灵之眼"，凭借这个"心灵之眼"和"心灵感知能力"，人就可以进一步认知"可能性空间"或创新空间中的事件和状况了。

虽然客观的现实物理空间对所有人都是相同的，可是，由于不同的人有不同的生理感觉认识能力（如有的人是近视眼或白内障，甚至还有盲人或聋子），于是，不同的人所"实际认知"到的现实空间的范围和具体的现实景象也必然是非常不同的。换言之，不同的人可以运用"不同的生理之眼"在相同的现实空间中看到不同的现实图景。

类似地，由于不同的人有不同的心灵认知能力，不同的个体通过自己的"心灵之眼"所能够看到的创新空间的景象也是迥然不同的。我们可以把这个由于不同个体有不同的"心灵之眼"而出现不同景象的"创新空间"称为"第二创新空间"（或曰"主观创新空间"）。于是，我们也就有理由说不同的人确实生活在不同的"第二创新空间"之中。

不同的人不但有不同的"生理认知能力"，而且有不同的"心灵认知能力"。正像在生理上既可能出现白内障或耳聋症又可能出现超常视觉或听觉一样；在心灵能力方面也存在类似的情况——既可能出现"心灵近视"甚至"心灵盲目"的现象也可能出现"心灵视力超常"的情况。

"创新者"就是可以用"心灵之眼"在"创新空间"中"敏锐地看见""普通人"看不见的东西或景象的人。

普通人的第二创新空间内容贫乏、范围狭小、景象模糊，而创新者的第二创新空间呈现出内容丰富、范围广阔、景象鲜明的特征。

要从普通人转化为创新者，首先就必须培育和发展自己的"心灵之眼的视力"，努力拓展和丰富自己的第二创新空间。

正像物理空间中存在着贫矿区和富矿区的区别，在富矿区中又存在着石油富矿区和煤炭富矿区的不同一样，对于不同的创新者来说，他们的第二创新空间的"富集矿藏"的种类也可能是有很大差别的。

可能性转化为现实性的首要关键环节是决策，而决策的实质就是必须在多种不同的可能性中进行"选择"或"抉择"。在创新活动中，由于知识背景、思维方式、社会环境等等不同因素的影响，不同的创新者在各自的创新空间中看到了不同的创新图景，他们各自进行不同的"创新选择"和"创新建构"，于是便提出了不同的创新设想和创新方案，经历了不同的"创新路径"。如果说提出创新设想和制定创新方案的过程仍然主要是在"可能性空间"中的活动，那么，实施创新方案的过程就是在"现实空间"中的活动了。

"选择"和"建构"是工程创新的实质和基本内容。合理的要素选择（包括对技术路径和技术要素的选择、获得资本的路径和方式的选择等）和多维建构（既包括在技术维度上对不同技术成分的集成和其他维度上的有关集成，又包括在"整体水平"上的对技术、经济、社会等不同要素的集成）是工程创新活动的基本内容和决定成败的关键。创新者必须尽可能扩大进行选择的可能性空间（包括技术可能性空间、经济可能性空间、社会可能性空间等）的范围，努力提高选择的能力和水平，同时又要努力提高集成能力和建构能力，在选择和建构的统一中掌控工程创新的发展路径和未来命运。

3. "社会环境"中的"再选择"和"再建构"

所谓创新空间不但包括技术维度而且还包括社会维度。如果说，技术开发阶段的活动主要是技术空间的事情，那么，市场开发阶段的活动主要就是社会环境（本节的分析主要集中于"市场环境"）中的事情了。

创新过程往往被划分为两个阶段：进入市场之"前"的研发阶段和研发之"后"的市场开拓阶段。应该怎样认识从第一阶段到第二阶段的转化关系呢？这是一个"平静推广"的过程还是一个"生死考验"的过程呢？在此，我们情不自禁地想起了马克思在《资本论》中的一个振聋发聩的比喻。马克思说，在商品交换中，商品变成货币是"商品的惊险的跳跃"，"这个跳跃如果不成功，摔坏的不是商品，但一定是商品所有者[①]。"虽然马克思的这个分析不是针对"创新问题"的，但这个分析和论断的基本精神完全适用于对创新过程的认识和分析。

"惊险的跳跃"不同于"平静的过渡"。当人们说从研发实验室到市场——从技术开发到市场开发——的过程是一次突破市场壁垒和躲避市场陷阱的"惊险跳跃"时，主要包含了以下两方面的含义。

1）对于创新者和创新项目来说，市场环境是一个惊险的海洋。从研发实验室到市场不但发生了地理空间中的转移，更发生了经济社会空间中的转移，从性质上看，这是创新者和创新项目"下海"的惊险跳跃和生死考验。如果能够通过这个惊险跳跃的生死考验，创新者就会得到成功的欢乐，否则就是失败的痛苦。

2）对于社会、市场、消费者来说，这个多维空间中的过程又是一个通过"设置壁垒和陷阱"而对形形色色的"市场进入者"（包括新出现的"技术创新产品"）进行"再考验"和"再选择"的过程，这是一个选优汰劣的机制和过程。如果没有这个过程和机制，市场就难免鱼龙混杂甚至劣品充斥，市场就会丧失生命活力。在对下海者进行再考验和再选择方面，"正常的市场经济机制"是残酷无情的——如在许多人所熟悉的铱星案例中，市场

---

① 马克思：《资本论》第 1 卷，人民出版社，1975 年，第 124 页。

毫不留情地让创新者数十亿美元的创新投入成为了东流水[①]。

虽然每个创新者都希望自己能够成功，然而，市场的再考验和再选择机制却决定了在这个惊险跳跃的过程中，不可能百分之百成功。如果惊险跳跃失败，那么，技术开发者和市场开发者就要在这个惊险的跳跃中一齐坠入失败的深渊了。

"惊险的跳跃"这个比喻不但可以理解为警示人们从技术开发到市场开发的过程中必然既有壁垒又有陷阱，而且它还暗示这个过程中难免要出现成功者少而失败者多的现象。

对于创新活动从第一阶段到第二阶段的转化，有人认为这是一次发生质的飞跃的惊险跳跃和创新必须经历的生死考验，另外一些人则认为这仅仅是一个平静过渡或数量放大、成果推广的过程。前者可以称之为惊险跳跃和生死考验观点，后者可以称之为平静过渡和成果推广观点。大概正是由于许多人有意无意地预先假定这是一个平静过渡和成果推广的过程——而没有想到这是一个生死考验的惊险的跳跃过程——于是他们就因这个惊险跳跃中的失败率太高而感到奇怪了。

对于工程创新过程，曾经有过一个线形模式。这个模式认为可以把工程创新划分为创意、发明、设计、投放市场、市场推广等几个前后相继的阶段。这个线形模式有其合理的内核，但也有过于简单化的缺点。许多人根据网络和反馈观点对这个线形模式进行了批评，其实，这个模式理论的更大缺陷在于其解释中没有强调这个线形进程常常出现中断这个特征。

本文强调创新过程中的壁垒、陷阱和惊险跳跃，这就意味着这个"线形模式进程"常常发生"中断"，创新常常在"途中"出现"休眠态"甚至"突然死亡"。

4. 关于"技术成果向市场的转化率"问题

技术成果向市场的跳跃（即转化），有的成功了，有的失败了，这就出现了"转化率"问题。

---

① 牟焕森：《铱星系统的创新过程及其经验分析》，见杜澄、李伯聪，《工程研究（第 3 卷）》，北京理工大学出版社，2008 年。

许多人抱怨我国技术开发成果的市场"转化率低"。某些文章的作者更给读者造成一个印象：似乎国外的转化率很高，而只有在我国才出现了这个转化率低的现象和问题。

事实的真相究竟如何呢？请看一些权威学者的分析和论断。

著名学者克里斯坦森（C. M. Christensen）写了一本影响很大的书《创新者的困境》，产生了振聋发聩的影响。在作为其后续著作的《困境与出路》中，克里斯坦森尖锐指出："尽管很多才华横溢的人才竭尽全力，大多数开发成功的新产品的努力都以失败告终。超过60%的新产品开发计划在产品上市之前就已夭折。剩余的40%虽有产品问世，但其中又有40%的产品未能赢利便退出了市场。至此，通过计算你会发现，投入产品开发的资金中有高达3/4最终形成的是无法取得商业成功的产品①。"另外一本具有一定权威性的著作也明确指出："所有对产品创新的研究都表明，在将初始的构思变成市场上成功的产品的过程中，失败的比率远大于成功的比率。实践表明，产品失败比率的范围为30%到95%，而目前公认的平均水平为38%。""英国贸易与工业部对1 4000家购买计算机软件的组织进行了调查。调查结果表明，80%到90%的项目没有达到预期的性能目标，80%的项目超过了预定开发时间或超出了开发预算，约40%的项目以失败告终，只有10%到20%的项目成功的达到了预期的标准"。②

由于这里涉及一个对于基本事实和基础数据的估计和判断问题，以下再引用一本权威著作的有关论述作为佐证。

在《工业创新经济学》一书中，作者指出："通常研究开发管理的经验表明，一般成功率在十项中只有一项，甚至百项中只有一项。但是这里的每件事情都是与进行评估时所处的阶段有关。成功率高的情况经常是已经通过了初步选择或筛选，那些没有吸引力的研究开发项目或提案早在投入大量资金，并且远未达到商业运作阶段之前已经被剔除。""在研究开发阶段的淘汰率要比商业运作阶段大得多。""然而当达到这一阶段之后，项目的失败率仍

---

① 克里斯坦森，雷纳：《困境与出路》，中信出版社，2004年，第74页。
② 笛德等：《创新管理》，清华大学出版社，2004年，第18页。

然不算低①。"

通过以上"再三再四"的引证，大概可以比较可靠地得出以下结论：技术开发成果在许多国家都普遍出现了市场转化率低的现象，而不是仅仅在中国才出现了技术开发成果转化率低的现象。

应该怎样分析和认识这个现象和事实呢？黑格尔说："凡是现实的都是合理的，凡是合理的都是现实的②。"如果确实如上所说技术开发成果市场转化率低是一个普遍现象，人们就要问，这个现象是否也是合理的？

从逻辑关系上看，转化率的高低主要取决于转化过程的性质和特征：如果这个过程的性质和特征是平稳过渡，那么，转化率就会很高；如果其性质和特征是惊险跳跃和生死考验，那么，转化率就必然要低。既然上文已经反复说明从技术开发到市场开发是一个惊险跳跃和市场进行严峻再选择的过程，市场转化率低自然也就要成为一种"常态现象"了。

在这个转化率问题上，如果转化率为零，那就意味着任何新技术都不能被市场接受，社会就不能进步，其后果自然是灾难性的。在另一个极端，如果在转化率问题上，如果出现百分之一百的转化率，那就意味着实验室中的一切"新技术"（包括不成熟的技术和压榨社会资源的"病态技术"等）都无阻碍地进入市场，其后果同样是灾难性的。

正像在物种进化过程中，由于有了自然选择机制，物种突变（可以类比为创新）就不可能"百分之百遗传"下去一样，在技术—经济进化过程中，技术创新成果也必须经过市场的选优汰劣，这才能够保证市场经济的健康演进。

在20世纪的创新研究领域，一个重要的理论进展就是在"技术推动论"之后又提出了"市场拉动论"，后来又提出了"用户导向论"。目前，市场拉动论和用户导向论都已经成为影响很大的理论了，而从以上的分析中，可以进一步得出一个结论：创新活动中的真正要害所在不是市场的"拉动"或用户的"导向"问题，而是市场"选择"和消费者的最终选择权问题。因为从社会心理和消费者的本意来看，消费者和用户实在无意要"拉动"什么，他

---

① 弗里曼，苏特：《工业创新经济学》，北京大学出版社，2004年，第308页。
② 《马克思恩格斯选集》（第4卷），人民出版社，1972年，第211页。

们也无意成为什么"引领者"或"导向者"，他们只是把对于创新产品的市场选择权（实质上是自己的钱袋子）紧紧地掌握在自己手中而已。

在创新活动的两个阶段中，如果说在技术开发阶段中，研发者是对技术进行选择的主体，那么，在市场开发阶段中，新技术和新产品就成为了被选择的对象，而消费者或用户反而成为了进行选择的主体。在这两个阶段中，不但选择的性质、内容和选择主体发生了变化，而且选择的原则和标准也常常发生重大变化。

已有学者尖锐指出：消费者和技术创新者在对许多问题的认识和感受方面常常会有很大差距[1]。例如，技术创新者常常坚定地认为产品功能越多越好，而用户则往往认为"功能越多迷惑也越多"，这就导致他们有了不同的选择原则和选择标准。这种认识上和选择原则上的差别必然会对创新过程和创新结果产生严峻、深刻的影响。

虽然技术创新者的技术知识和技术判断力远高于消费者，但市场却不是一个单纯进行"技术测试"的地方。这里的主要规则和现实逻辑是："用户掌握着自己的钱包。对他们来说，困惑越多，采纳新技术的预期痛苦越强烈，购买欲也就越低[1]。"正是由于技术创新者和消费者在认识、处境等方面存在巨大"鸿沟"并且创新产品的市场选择权掌握在消费者手中，许多高科技产品在实验室取得成功后遭遇了市场上的惨痛失败。

由于选择权掌握在市场（社会）手中，转化是否成功就不能单纯由研发方决定了。一般地说，转化失败时，研发方往往是没有权力抱怨自己的产品没有被选中的——正如考生不能抱怨自己没有在考试中被选中一样。

科技成果"转化率低"的问题是一个重要而复杂的问题，本文无意——实际上也不可能——全面分析这个问题。为避免读者对本文以上的内容产生误读和误解，这里有必要对"转化率"问题再补充说几句话。技术创新产品进入市场的过程就好比考生进考场。虽然客观上不可能每一位考生都被选中，可是，每一位考生都希望能够提高自己"被选中"的概率，每一所学校都希望提高本校考生的"被录取率"，于是，提高"高考录取率"就成为了"高中教学"的"主旋律"。同样的，提高"技术创新成果转化率"的问题也

---

① 科伯恩：《创新的迷失》，北京师范大学出版社，2007年，第18页。

就顺理成章地成为了技术创新者和政策制定者的头等重要的研究课题。如果说本文前面的分析是在为转化率低的"实际状况"进行理论和机制上的分析，那么，这里的话就是要为各类主体（包括企业、政策制定部门等）都在为提高转化率而"不懈努力"进行精心辩护了。总而言之，所谓"提高转化率"，其合理含义中首先应该内在地蕴涵着必须淘汰那些"不合适成果（不成熟成果等等）"，然后才是尽最大努力促成"合适成果（包括首创成果）"向市场的转化，提高其转化率。

略谈工程演化论 *

一、引　言

科学、技术和工程是三个既有密切联系同时又有本质区别的对象，不但需要对它们进行哲学研究，而且需要对它们进行演化论研究。

当分别对科学、技术和工程进行系统的哲学研究的时候，会形成三个不同的哲学分支学科——科学哲学、技术哲学和工程哲学；当分别对它们进行演化论研究的时候，也会形成科学演化论、技术演化论和工程演化论这三个不同的研究方向或研究领域。

在 20 世纪，国际学术界的实际状况是：科学哲学和技术哲学都成为了成熟的哲学分支学科，而工程哲学却一直是学科建设的空白，成为了一个"被遗忘的学术角落"；同时，科学演化论和技术演化论也都成为了学者关注的对象，并且出版了系统的研究著作①，而工程演化论问题却很少有人问津，使它成为了另外一个"被遗忘的学术角落"。

---

　　* 本文原载《工程研究——跨学科视野中的工程》，2010 年 03 期，第 233～242 页。
　　① Basalla G. The Evolution of Technology. New York：Cambridge University press，1988. 有些科学哲学著作实际上同时也是研究科学演化的著作，如波普尔的《客观知识——一个进化论的研究》就是一个典型例子。

上述情况和形势在进入 21 世纪时发生了急剧变化：工程哲学在 21 世纪之初以迅速崛起之势在中国和西方同时兴起①，从而，工程哲学不再是哲学领域中被忽视、被遗忘的角落了。在工程哲学兴起之后，由于"演化"是工程活动的基本特征和内在本性，可以说，工程演化论研究也必然要以水到渠成之势出现在学术研究的舞台上。

工程活动经历了一个漫长、曲折的演化过程。对于工程活动，从历史学和演化论角度进行分析和研究是绝对必要、必不可少的。在研究工程的时候，必须把对工程的哲学研究、演化论研究、历史研究密切结合起来，使之相互配合、相互影响、相互促进、相互渗透；否则，对工程的哲学研究就会出现不可避免的缺陷或空白。

从内容、性质和特点上看，工程演化论、工程哲学和工程史三者的研究工作既有密切联系同时又有一定的区别。一方面，工程哲学和工程史研究分别构成了工程演化论研究的理论基础和历史事实基础，没有这两个基础，工程演化论研究是无从谈起的；另一方面，工程演化论的"建设"又可以促进和深化对工程哲学和工程史问题的理论认识和学术研究。

就最突出的特征而言，工程演化论研究显现出了"工程哲学""维度"和"工程史""维度"的交叉和融合。一方面，工程演化论作为一种认识和分析工程活动的基本观点和进路，其理论部分无疑地可以被看做是工程哲学的一个组成部分；另一方面，工程演化论作为一个以认识和分析工程演化现象和历史进程为基本对象的研究领域，不但其理论框架和基本观点可以直接成为工程史学科中的"工程史论"的一个必不可少的组成部分，而且其案例研究往往也直接具有许多"工程史事实研究"的特征。

虽然一般地说，工程演化论、工程哲学、工程史研究都必须贯彻理论联系实际的原则；但由于三者各有不同的学科定位和学术理路，三者毕竟又表现出许多不同的特点。更具体地说和相比较而言，工程演化论研究要比工程史研究具有更强的理论性和更突出的理论关注；另一方面，工程演化论研究又要比工程哲学研究涉及更多的工程历史发展方面的事实和材料，更关注各种工程的具体演化进程和实践经验，从而比工程哲学研究具有更丰富、更具

---

① 殷瑞钰，汪应洛，李伯聪，等：《工程哲学》，高等教育出版社，2007 年，第 32～41 页。

体的工程事实——尤其是演化历史——方面的内容。总而言之，工程演化论研究与工程史研究相比要表现出更关注理论的特点；而与工程哲学研究相比，工程演化论研究又要表现出更关注工程历史事实和工程演化路径的特点。

二、工程演化论的提出背景和研究目的与意义

工程演化论研究不是凭空而来的。工程演化论的提出有其内在的学术基础和理论进路，它既是相关学科和学术领域发展内在逻辑的产物，有其深刻的理论背景，开展工程演化论研究有其理论方面的目的和意义；同时它也是适应社会现实迫切需要的结果，有其直接的现实性目的，从而使工程演化论研究具有重要的现实意义。以下就分别从这两个方面对工程演化论提出的背景和研究的目的与意义进行一些分析和阐述。

1. 工程演化论提出的理论背景和理论意义

(1) 工程哲学发展的需要

工程演化论研究课题的提出，首先来自工程哲学学科建设和理论发展的内在需要。

以中国学者出版《工程哲学引论》[①] 和《工程哲学》[②] 以及西方学者出版 Engineering Philosophy[③] 和 Philosophy in Engineering[④] 为基本标志，工程哲学在 21 世纪之初蓬勃兴起了。工程哲学的兴起不但引起了哲学界的关注，而且也引起了工程界的关注。

虽然工程和哲学都各有久远的历史传统，可是，在工程史上，工程师很少关注哲学；在哲学史上，哲学家很少关注工程；工程和哲学之间出现了一条很难跨越的鸿沟。

[①] 李伯聪：《工程哲学引论》，大象出版社，2002 年。
[②] 殷瑞钰，汪应洛，李伯聪，等：《工程哲学》，高等教育出版社，2007 年。
[③] Bucciarelli L L. Engineering Philosophy. Netherlands：Delft University Press，2003.
[④] Christensen S H，Meganck M，Delahouse B. Philosophy in Engineering. Danmark：Academica，2007.

麻省理工学院教授布希亚瑞利（L. L. Bucciarelli）——他同时也是一位工程师——在与许多工程师的交往中，产生了一个深深的感慨："哲学和工程似乎是两个相距甚远的世界。"[①] 可以说，不少工程师和哲学工作者都有类似的感受和感慨。如果不能改变哲学和工程相互隔离、相互疏远的状况，工程哲学这个新学科是不可能开拓出来的。实际上，工程哲学这个新学科就正是由于工程界和哲学界变"相互隔离、相互疏远"为"相互学习、相互渗透"而开创出来的。

工程哲学作为一个新兴的哲学分支学科在 21 世纪初兴起了。刚刚兴起的工程哲学目前尚处于"天天向上"的"少年成长期"。与已经进入"成熟期"的科学哲学和技术哲学相比，工程哲学在学科建设和学科发展方面还有许多空白和薄弱环节，还有许多重要的理论课题有待深入探索、思考和研究。

如果观察和分析目前中国和欧美工程哲学研究的现状，可以看出，虽然已经着手研究和阐述了工程哲学领域的许多重要问题，如工程哲学的学科性质、工程的特征、工程认识论、方法论、工程人才、工程理念和工程的系统观、社会观、生态观、伦理观、文化观等问题，但"工程演化论"问题却仍然是一个引人注目的研究空白。

作为一种基本的人类社会活动，工程不是静止不变的而是不断演化的。在对工程进行哲学分析和研究时，演化观是一个必不可少的基本观点；在工程哲学的学科理论体系中，工程演化论是一个必不可少的主要组成部分。在工程哲学的学科建设中，如果缺少了对工程演化论的研究，工程哲学的理论体系就会出现严重的遗漏、缺陷和缺失。很显然，工程哲学学科建设中目前缺少工程演化论研究这个缺陷是必须尽快加以弥补的。

在工程哲学的学科建设和理论体系中，工程演化论究竟有何重要位置和作用呢？以下仅以马克思主义哲学体系中的历史唯物主义和现代科学哲学的发展轨迹为"参考系"进行一些简要的分析和阐述。

1）从历史唯物主义的作用和意义看工程演化论在工程哲学中的位置和作用。

---

① 布希亚瑞利：《工程哲学》，辽宁人民出版社，2008 年，第 1 页。

马克思主义哲学是我国社会中占主导地位的哲学体系。完整的马克思主义哲学体系包括辩证唯物主义和历史唯物主义两个组成部分。如果说辩证唯物主义是关于自然、社会、思维的一般规律的哲学理论，那么，历史唯物主义就是马克思主义关于社会发展和演化规律①的理论。马克思说："达尔文注意到自然工艺史，即注意到在动植物的生活中作为生产工具的动植物器官是怎样形成的。社会人的生产器官的形成史，即每一个特殊社会组织的物质基础的形成史，难道不值得同样注意吗？而且，这样一部历史不是更容易写出来吗？因为，如维科所说的那样，人类史同自然史的区别在于，人类史是我们自己创造的，而自然史不是我们自己创造的。""那种排除历史过程的、抽象的自然科学的唯物主义的缺点，每当它的代表越出自己的专业范围时，就在他们的抽象的唯心主义的观念中立刻显露出来。"②

有人指出，"19世纪第一位提出进化理论重要性的社会科学家是卡尔·马克思。马克思受达尔文生物进化论的影响很大，他认为，进化论是19世纪三个最伟大的发现之一。马克思对社会进化理论的贡献被称为历史唯物主义。"③在马克思主义哲学体系中，历史唯物主义是必不可少的重要组成部分。

如果以此为"参考系"，那么，完全有理由把工程演化论看做是工程哲学中与历史唯物主义"相当"的一个组成部分。应该清醒、深刻地认识以下关系：在工程哲学的完整理论体系中绝不可缺少工程演化论这个组成部分，而整个工程哲学的理论体系和理论研究也一定会在工程演化论的研究过程中，在工程演化论和工程哲学中其他理论观点的相互渗透、相互影响中，得以不断深化和不断发展。

2）以"科学哲学"的发展轨迹为"参考系"看工程演化论在工程哲学中的位置和作用。

相对于工程哲学来说，科学哲学是一个"先行学科"。现代科学哲学不

---

① "evolution"翻译为中文时，可译为"进化"或"演化"。在生物学中已经约定俗成地被翻译为"进化"，而在其他学科领域中，特别是在社会学科领域，常译为演化，如演化经济学、企业演化论等。

② 马克思：《资本论》第1卷，人民出版社，1972年，第409、410页。

③ 杜格，谢尔曼：《回到进化：马克思主义和制度主义关于社会变迁的对话》，中国人民大学出版社，2007年，第4页。

但有了百年发展历史，涌现出了许多著名的科学哲学大师和科学哲学名著，而且就学科发展程度而言，也已经发展成为了一个成熟的学科，甚至于著名科学哲学家费耶阿本德还要把科学哲学评论为一个"有一个伟大过去的学科"①。

对于西方现代科学哲学的起始时间，学者们看法不一，许多人认为应该从 19 世纪的第一代实证主义者孔德等人算起，也有人认为应该从 20 世纪二三十年代的逻辑实证主义（又称逻辑经验主义）者算起。对于当代西方科学哲学的发展进程或发展阶段，有人认为可以波普尔为界，"把波普尔之前的诸科学哲学流派称作逻辑主义，将其后的诸流派称作历史主义。""在研究方法上，前者主要运用逻辑分析或句法分析的方法对科学进行理性重建，进行静态结构的分析；后者则主要运用历史考察和案例分析的方法，对科学进行动态的描画，旨在发现科学发展的规律性和建立某种合理的科学演化模式。"②

逻辑实证主义于 20 世纪二三十年代流行于德语国家，第二次世界大战之后传到美国。"它是 20 世纪影响最广泛、持续最长久的哲学流派之一，代表了自然科学对哲学的挑战。"③ 作为 20 世纪上半叶影响最大的科学哲学思潮或流派，逻辑实证主义流派的历史功绩和理论贡献都是有目共睹的。可是，逻辑实证主义思潮的缺陷和不足之处也是毋庸讳言的。逻辑实证主义思潮的主要缺陷之一就是仅关注对科学静态逻辑结构和科学理论证实问题的研究而忽视了对科学演化问题的研究。

作为现代科学哲学发展中的一个转折性的人物，波普尔高度关注了对科学发展动态模式问题的研究。在波普尔之后，科学哲学的中心主题从逻辑实证主义所关注的科学的静态逻辑结构问题转移到关注科学发展的动态模式问题。我国学者纪树立把他编辑翻译的"波普尔科学哲学选集"定名为《科学知识进化论》，可以看出，依据纪树立对波普尔科学哲学观点的认识和理解，波普尔科学哲学的核心观点和主题就是"科学知识进化论"问题。实际上，

---

① 费耶阿本德：《科学哲学：有一个伟大过去的学科》，《哲学译丛》，1989 年第 1 期。
② 刘放桐：《新编现代西方哲学》，人民出版社，2009 年，第 514 页。
③ 赵敦华：《当代英美哲学举要》，当代中国出版社，1997 年，第 60 页。

波普尔最重要的著作之一是《客观知识——一个进化论的研究》，其副标题也正是波普尔本人对自己的科学哲学研究的进化论特征的一个明白宣示。波普尔提出了关于科学发展的"四段模式"。他认为，科学发展进程是按照以下四个阶段的"循环"而不断前进的：P1（问题）——TT（相互竞争的理论）——EE（排除错误）——P2（新的问题）。波普尔之后，许多科学哲学家（包括库恩、拉卡托斯、夏皮尔等）都关注了科学发展的动态模式问题。库恩以"科学革命"为核心概念研究了科学发展的规律，提出科学的发展过程表现为"前科学——形成范式——常规科学时期——反常与危机——科学革命（范式变革）——新的常规科学时期……"而拉卡托斯则在对波普尔和库恩都既有继承又有批判的基础上提出了自己的关于科学研究纲领的理论，以科学研究纲领的进化和退化为核心，阐述、分析、解释了科学发展进程的规律性。

可以认为，20 世纪科学哲学学科理论发展轨迹的一个突出特点就是经历了一个从"仅注意逻辑方法而忽视演化方法"到"高度关注研究科学演化问题"的曲折路径。

工程哲学作为一个在 21 世纪兴起的学科，应该汲取科学哲学在 20 世纪发展历程中所经历的曲折和教训。工程哲学的学科发展路径不能再重复科学哲学的弯路，工程哲学应该在自己学科发展的初期就关注研究工程演化问题，而不能重犯科学哲学发展初期忽视研究演化问题的错误了。

（2）推动工程史学科深入发展的需要

提出工程演化论课题研究的另外一个重要理论背景是推动工程史学科发展的需要。

著名科学哲学家拉卡托斯说："没有科学哲学的科学史是空洞的；没有科学史的科学哲学是盲目的。"[①] 这既是一个描述性的论断，同时又是一个规范性的论断。20 世纪科学哲学繁荣和发展的最重要的成功经验之一就是把科学史研究和科学哲学的理论研究密切结合起来。

在 20 世纪的哲学舞台上，科学哲学是一个影响巨大、学科繁荣的分支学科。回顾和分析科学哲学这个学科之所以能够繁荣发展的经验，一个基本

---

① 拉卡托斯：《科学研究纲领方法论》，上海译文出版社，1986 年，第 141 页。

原因和基本经验就是实现了科学哲学研究和科学史研究的相互促进和密切结合。

从科学哲学和科学史的关系来看，一方面，科学哲学的发展可以推进科学史的发展，科学哲学的理论可以成为推动科学史研究的动力，有了哲学理论作为理论指导，科学史研究就不至于成为被遗忘的角落；另一方面，科学史的发展又可以为科学哲学的理论研究提供必需的事实资料和历史材料，使科学哲学的理论研究不致成为无源之水或空中楼阁，不致成为无原材料的"车间"。

工程哲学的发展需要有工程史学科的"支持"和"帮助"，需要有工程史材料和事实作为工程哲学研究的"历史基础"。可是，当工程哲学初创时，工程哲学的开拓者遗憾地发现工程史在学科发展状况上简直根本无法与科学史和技术史相提并论。更具体地说，当科学史和技术史都已经成为成就卓著的学科的时候，工程史却仍然处在与科学史和技术史相比只能说明显相形见绌的状态。

当科学史和技术史都已经有许多学术名著出版的时候，阿米塔基出版了《工程的社会史》。对于这本书的出版，该书在"前勒口"处特意转述了有人在《时代副刊》上发表的评论："对于普通人，这本书的价值在于它简要清楚地概述了一个被一般历史学家令人吃惊地忽视的领域（引者按：指工程史）……而对技术工作的读者来说，这本书的价值在于它主张技术不是自足的学科（引者按：指这本书偏重于研究"社会因素"的影响）……"[①]。

无论从学术著作出版数量还是论文发表数量来看，工程史确实都是一个被严重忽视的学科和领域。自 20 世纪 60 年代以来，与数量众多的科技史著作频繁出版不同，在工程史领域，如果不算"专门工程史"，那么，在工程通史著作方面只有寥寥无几的著作（如《工程与技术史》[②] 和《时间中的工程》[③]）问世。

工程史研究为何没有受到应有的重视呢？

---

① Armytage W H G. A Social History of Engineering. Cambridge：The MIT Press，1961.
② Garrison E G. A History of Engineering and Technology：Artful Methods. Boca Raton：CRC Press，1998.
③ Harms A A. Engineering in Time. London：Imperial College Press，2004.

上文已经指出：正像科学哲学和科学史研究是相互支持、互为前提的一样，工程哲学和工程史研究也是相互支持、互为前提的。可是，目前这里的存在的具体情况和现状却是：科学史研究由于得到科学哲学的支持和指导而形成了强大的研究推力和拉力，而工程史研究却由于缺少工程哲学的有力支持和指导而缺乏足够的研究推力和拉力——这也成为了导致工程史研究未能引起足够重视的重要原因之一。

为了形成推动工程史学科发展的理论基础，工程哲学中必须加强对工程演化论的研究，因为工程演化论研究可以成为工程哲学研究和工程史研究的桥梁。在当前工程史研究薄弱的情况下，开展对工程演化论的研究显然可以成为促进工程史学科发展和深化工程史研究的重要因素和重要力量。

2. 工程演化论提出的现实背景和现实意义

工程演化论的提出不但有其深刻的理论背景，而且有其迫切的现实需要和广阔的社会背景，从而研究工程演化论也具有重要的现实意义。

（1）总结工程发展的历史经验教训，认识和把握工程演化规律

人类历史上建设了数不胜数的工程，从古代埃及的金字塔、中国古代的万里长城、都江堰、罗马的斗兽场、欧洲中世纪的教堂到近现代那些规模各异、类型多种多样的工程，其中积累了许多成功的经验，值得后人借鉴，同时也有许多教训，交了不能仅仅以金钱计算的"学费"，这些"学费"不能白付。为什么有些工程成功了，为什么有些工程失败了，究其原因，可以说，成功的工程都顺应了工程发展演化的规律，而失败的工程则违背了工程发展演化的规律。为了总结工程发展的历史经验和教训，认识和把握工程发展演化的规律，必须大力开展工程演化论的研究。

（2）为工程创新、合理决策、制定发展战略提供理论基础和理论启示

当前的时代是激烈竞争和持续创新的时代。是否能够搞好工程创新、进行合理决策、制定成功的战略，不但对于各项工程、各个企业的发展和成败是生命攸关的，而且对于不同区域、各个产业、各个国家的发展也都是具有关键作用和意义的。

成功的创新、合理的决策、成功的战略不可能凭空而来，绝不能存在侥幸心理。

工程活动和演化过程中存在着不以人的意志为转移的因果性客观规律，工程创新必须顺应工程演化的客观规律，合理的决策和成功的战略都是建立在深刻认识和把握工程演化规律基础之上的，违背工程演化规律的决策和战略都是注定要失败的。

在大量调查研究的基础上，麦加恩出版了《产业演变与企业战略——实现并保持佳绩的原则》一书。该书指出："最主要的挑战是怎样在产业演变的过程中，甄别哪些是真正的机会而哪些则仅仅是转瞬即逝的幻象。"企业要获得成功并保持出色的业绩，必须遵守两个原则："第一，避免违背产业演变规则的战略所带来的无谓的风险和成本。""第二，发现并利用产业演变为企业发展带来的一系列机遇，借以打造企业的优势。"作者认为："一个公司的战略失败主要源于该公司背离了其产业的演变规则"[①]。

承认客观规律的存在就意味着承认人的主观愿望和客观结果可能不一致，那些仅仅建立在"良好愿望"基础上而违背工程演化规律的决策和战略必然走向失败。为了搞好工程创新、进行合理决策、制定正确的产业政策和发展战略，必须深入探寻和深刻领悟工程演化的特征、方向、路径和规律。

工程师、企业家、管理者、有关政策研究人员，都应该关注工程演化问题，因为工程演化研究的成果可以为搞好工程创新、进行合理决策、制定产业政策和发展战略提供必需的理论基础和宝贵的现实启示。由此看来，工程演化论研究不但具有重要的理论意义，而且具有重要的现实意义。

三、生物进化论和工程演化论的关系：
从隐喻到理论创新

从学术缘起、进路和方法论角度看问题，工程演化论概念的最初缘起来

---

① 麦加恩：《产业演变与企业战略：实现并保持佳绩的原则》，商务印书馆，2007年，第1、2、298页。

自使用隐喻方法——以"生物进化"隐喻"工程演化"①。然而，工程演化论在其自身发展成熟的过程中，又需要在理论建构和方法论方面从隐喻水平逐渐"升华"为理论创新，否则工程演化论就只能仍然停留在"模仿成年人"的"少年"阶段。这就不可避免地涉及关于应该如何认识生物进化论和工程演化论的关系以及应该如何从方法论角度认识隐喻方法和理论创新的意义等问题，本节以下就对这些问题进行一些简要分析和讨论。

1. 隐喻的含义、作用与意义

(1) 从修辞学、语言哲学和认知机制角度分析和认识隐喻

在日常语言使用和科学研究方法论中，隐喻（metaphor）是一种常用的修辞方法和研究方法。对于隐喻，古今修辞学家已经把它作为一种"辞格"（"排比"、"对偶"、"呼告"等都是不同的"辞格"）或修辞方式进行了许多研究。由于隐喻在语言现象中的常见性和重要性，现代学者——包括哲学家——又从语言哲学和认知科学的角度对隐喻现象进行了许多研究。

陈嘉映在《论隐喻》一文中说："(20世纪) 七八十年代以来，隐喻成了一个热门话题，不仅在语言学、语言哲学上如此，在很多其他领域亦然，如有些学者尝试通过隐喻来解释宗教文献。"② 在由哲学家马蒂尼奇编选的权威性的《语言哲学》文集中，"隐喻"被作为全书的八个语言哲学专题之一，收入了著名哲学家塞尔和戴维森的文章，由此就足以看出隐喻问题在语言哲学中的位置和重要性了③。

虽然传统上并且至今仍然必须从文学修辞角度认识和分析许多隐喻现象，可是，由于隐喻方法在现代社会中的运用中出现了许多新情况和新拓展，在许多情况下，隐喻不再仅仅表现为一种文学修辞方法或"辞格"，而是表现为一种特殊的认知方法和研究进路，需要进一步从语言哲学、认知科学和科学方法论角度对其进行分析和讨论。

---

① 与"进化"和"演化"对应的英文词都是"evolution"。在生物学中，中文里已经约定俗成地使用"进化"，可是，在其他学术领域，也常常使用"演化"。对于汉语中"进化"和"演化"的异同关系，学者们已经多有分析，这里不讨论。

② 陈嘉映：《论隐喻》，《华东师范大学学报》，2002年第6期，第3页。

③ 马蒂尼奇：《语言哲学》，商务印书馆，1998年，第804～843页。

在对隐喻的现代分析和现代解释中，莱柯夫和约翰森的分析和观点是值得特别重视的。莱柯夫和约翰森认为隐喻的本质是"通过一件事情来理解、经验某事，如通过战争、战斗来理解、经验辩论。""隐喻不仅属于语言，而且属于思想、活动、行为。""大多数概念都是包含隐喻的概念。隐喻对大多数概念具有建构作用，自然而然，我们的整个概念体系本身在很大程度上就是隐喻式的。"[①]

可以看出，哲学家在对隐喻的分析和研究中，所形成的一个重要进展就是不再仅仅局限于把隐喻看做一种修辞现象和修辞手法（辞格），而是把它看作了一种认知活动、认知过程和认知方式，着重从认知科学、语言哲学和认识论角度认识隐喻的性质、作用和意义。例如，陈嘉映就这样总结了自己对隐喻的认识和理解："隐喻就是借用在语言层面上成形的经验对未成形的经验作系统描述。我们的经验在语言层面上先由那些具有明确形式化指引的事物得到表达，这些占有先机的结构再引导那些形式化指引较强的经验逐步成形。"

从认知角度看问题，可以把隐喻看做是依据人类相似的经验而把"来源域"（source domain）的图式结构映射到"目标域"（target domain）的认知机制。莱柯夫和特纳认为，隐喻映射通常包括以下几个方面：①来源域图式结构中的各项占位（slots）映射到目标域；②来源域中各部分之间的关系映射到目标域；③来源域中各部分的特征映射到目标域；④来源域的知识映射到目标域[②]。

容易看出，从认知机制和方法论方面看，在研究工程演化论的时候，几乎不可避免地也要运用隐喻认知方法——把来自生物进化论这个来源域的多种结构、关系、特征、知识映射到作为目标域的工程演化论中。

（2）从科学方法论角度分析和认识隐喻

在语言实践中，使用隐喻方法的具体情况、作者意图和语言环境是形形色色、多种多样的。在许多情况下，隐喻仅仅是一种修辞手法，作者是出于

① 陈嘉映：《论隐喻》，《华东师范大学学报》，2002 年第 6 期，第 6、7 页。
② 董革非：《英汉新闻中的概念隐喻所体现的认知策略对比》，《东北大学学报：社会科学版》，2010 年第 5 期，第 268 页。

炼字、炼句的需要而使用隐喻的，在这种情况下，隐喻的作用和意义都只是作为一种"辞格"——与"排比"、"夸张"等并列的"辞格"——而发挥作用的。可是，在另外的许多情况下，如研究演化经济学的时候，隐喻的作用和意义就绝不仅是作为一种文学或修辞学的"辞格"被使用，而是作为一种重要的科学方法论而使用和发挥作用了。在前一类情况下，隐喻是在句子或段落范围发挥作用，而在后一类情况下，隐喻是在全局或思维结构范围发挥作用，于是隐喻就不仅是一种与"排比"、"夸张"等同类的"辞格"，而是一种科学研究方法或科学研究进路（approach）了。

在科学方法论领域，类比方法和模型方法都是重要的研究方法。

如果从科学方法论角度看问题，完全可以把隐喻看作是一种特殊的类比方法或模型方法。在科学研究中，科学家常常使用模型方法。所谓模型，可以是数学模型，也可以是物理模型、概念模型等等。当研究者系统性、全局性地在思维方法上使用隐喻方法的时候，他们实际上正是在以来源域的结构、关系或特征为模型而研究目标域的对象，从而他们确实也是在一个特定的意义和特定的方式上使用模型方法。例如，许多学者在研究演化经济学的时候，他们对隐喻方法的运用，实质上就正是以生物进化论为"模型"来研究经济演化领域的问题。

2. 生物进化论和工程演化论的关系

（1）如何认识生物进化论的作用和意义

达尔文创立进化论无疑是生物学中意义空前的科学革命事件。恩格斯还把进化论的创立评价为 19 世纪的三大"科学革命"之一。

然而，达尔文生物进化论的影响却绝没有仅仅局限在生物学领域之内，而是远远超出了生物学和自然科学的范围。正如迈尔在《进化是什么》的"前言"中所说的那样："进化是生物学中最重要的概念。如果不考虑进化的话，对生物学中任何为什么的问题都无法得出确切的答案。而且进化这个概念的重要性远远超出了生物学的范畴。无论我们是否认识到，进化的思想深深地影响，甚至可以说决定了现代人的思维。"[①]

---

① 迈尔：《进化是什么》，上海科技出版社，2009 年，第 1 页。

自从达尔文创立生物进化论以来，生物进化论（"演化论"）不仅作为一种"生物学理论"而在生物学领域发挥作用和影响，而且作为一种隐喻的"来源域"被人们运用到众多研究领域，发挥了极其广泛的影响，如经济演化论（纳尔逊）、文化演化论（怀特）、知识演化论（波普尔、坎贝尔）乃至技术演化论（巴萨拉、齐曼）等，都是突出的事例，还有学者试图建构对整个宇宙过程（从宇宙大爆炸一直到社会文化心理过程）的进化论描述（丹尼特）。尽管上述这些关于演化理论的研究各有成绩和特点，也各有本身的某些不足之处，并且对于应该如何认识和评价这些理论中进化论影响的作用，学者们也意见纷纭，见解不一；但进化论之产生了巨大的社会影响、学术影响和哲学影响已经成为了一个不争的事实。这就是说，生物进化论，作为一种隐喻、理论模型、启发源泉、研究方法、思维方式和分析工具，其作用和意义已经远远超出了生物学的范围，而在非常广泛的领域发挥深刻影响了。尤其是，进化论（演化论）和进化思想（演化思想）影响的范围和深度目前还不断呈现扩大和深化的趋势。如果说，演化经济学[①]的兴起是在 20 世纪末出现的反映生物进化论巨大影响的典型事例，那么，工程演化论的兴起就将成为在 21 世纪之初出现的另外一个反映生物进化论巨大影响的典型事例了。

（2）生物进化和工程演化的相似性

对于工程演化论研究来说，其直接的方法论缘起就是运用了以生物演化为"来源域"的隐喻方法，而隐喻方法的基本前提乃是承认来源域和目标域之间具有一定的相似性。

马克思说："经济生活呈现出的现象，和生物学的其他领域的发展史颇相类似"[②]。马歇尔在《经济学原理》中说："经济学的目标应当在于经济生物学，而不是经济力学。但是，生物学概念比力学的概念更复杂，所以研究基础的书对力学上的相似之处必须给予较大的重视，并常使用'平衡'这个名词，它含有静态的相似之意。这个事实以及本书中特别注意的近代生活的正常状态，都带有本书的中心概念是'静态的'，而不是'动态的'之意。但是，事实上本书始终是研究引起发展的种种力量，它的基调是动态的，而

---

① 霍奇逊：《演化与制度：演化经济学和经济学的演化》，中国人民大学出版社，2007 年。
② 马克思：《资本论》第 1 卷，人民出版社，1975 年，第 23 页。

不是静态的。"①

虽然生活在 19 世纪的经济学家马克思、马歇尔和凡勃伦都注意到了经济活动和生物现象的相似之处，演化经济学家也都把他们看作演化经济学的先驱，但直到 20 世纪 80 年代，在经济学界——特别是所谓"西方经济学"主流——中并没有形成明确而系统的关于经济演化的理论。直到 1982 年纳尔逊和温特出版《经济变迁的演化理论》，这才标志着正式开创了"演化经济学"。

正像经济演化论研究以承认经济现象和生物现象的相似性为起点一样，工程演化论研究也以承认工程活动与生物进化的相似性为开始"本身理论研究"的起点。

工程演化与生物演化的相似性是一个内容广泛的议题，这里不能详述，以下仅以举例方法指出两个重要的相似点。

一是生物变异或突变与工程创新的相似性。迈尔在论述达尔文的变异进化理论时指出："是达尔文将这种思路引入到科学中的。他的基本观点是，生命世界并不是由不可变的本质（柏拉图类别）所组成，而是由变化很大的群体组成。而且进化就是指生物群体中的变化。所以进化是每一个群体中的个体从一代到另一代的更新。"② 生物变异和突变经过自然选择过程而遗传下去，这就是生物进化的基本过程。另一方面，在工程、技术和经济研究领域，自熊彼特提出创新理论后，创新已经成为了一个被高度重视和广泛接受的概念，生物中的变异和突变与工程活动中创新在性质和作用上具有某些相似性已经无需在此赘言了。

二是物种灭绝和创造性毁灭的相似性。对于熊彼特的创新理论，有些人往往仅重视了他提出的创新这个概念，而往往忽视了他同时提出的"创造性毁灭"这个概念。而在熊彼特的理论中，创新和创造性毁灭是密不可分、同样重要的概念。在生物学领域，古生物学的研究早已揭示出了古代的绝大多数生物种类都已经灭绝的进化事实，并且古生物学的研究成果还成为了支持和"证实"达尔文进化论的重要证据之一。物种灭绝和创造性毁灭之间具有

---

① 马歇尔：《经济学原理（上卷）》，商务印书馆，1981 年，第 18、19 页。
② 迈尔：《进化是什么》，上海科技出版社，2009 年，第 84、85 页。

相似性也是显而易见的。

生物进化和工程演化的相似性是多方面的，内容丰富，问题复杂，这里就不再多谈了。

(3) 生物进化和工程演化的区别

如何隐喻和类比都不但存在相似性而且存在差别性。如果说认识到生物进化和工程演化的相似性可以起到启发作用，从而在研究工程演化论的初期发挥重要作用，那么，清醒地认识到并且深入阐明二者的区别就要成为工程演化论深入发展的关键环节和内容了。如果不能具体、深入地阐明生物进化和工程演化的区别，不能具体、深入地阐明工程演化独具的性质和特征，工程演化论就只能仅仅是一个"空壳"而不能作为一种学术理论而自立于"学术理论之林"。

杨虎涛在分析演化经济学中的生物学隐喻问题时，一方面指出演化经济学使用生物学隐喻的合理性，另一方面又指出了演化经济学中生物学隐喻与其源初含义的差异性。他说："当生物学隐喻进入经济学地带之后，就需要结合对象的特质赋予其心的学科意义，不能正确区分这一点，就会使演化经济学脱离其学科本色，陷入演化论的教条主义陷阱。"[1] 杨虎涛的这个观点和分析也完全可以适用于认识生物进化论和工程演化论的关系。

3. 工程演化论的发展路径——从隐喻到理论创新

在分析和研究应该如何认识生物进化论和工程演化论的关系以及如何认识工程演化论的性质和发展路径问题时，可以参考和借鉴演化经济学对类似问题的阐述和认识。

在演化经济学兴起和繁荣后，面对形形色色的观点和理论，霍奇逊提出了划分演化经济学的三个标准：第一，本体论标准——新事象（novelty，又可译为新奇性）；是否对以下假定给予充分的强调，即经济的演化过程包含着持续的周期性出现的新事象和创造性，并且由此产生和维持制度、规则、

---

① 杨虎涛：《演化经济学中的生物学隐喻》，见《演化与创新经济学评论（第1辑）》，科学出版社，2008年，第25页。

第四部　工程创新与工程演化 |307 ·

商品和技术的多样性。第二，方法论标准——还原论（reductionism）：演化学说是还原论的还是非还原论的。第三，隐喻标准——是否广泛使用生物学隐喻。使用生物学隐喻的动机在于取代支配着主流经济学的机械论范式①。尽管提出了以上三个标准，但霍奇逊也承认，有些演化经济学家拒绝和反对使用生物学隐喻。值得注意的是，霍奇逊在进一步分析和阐述他所提出的标准后，又把他提出的标准简称为"NEAR"（接纳新事象并反对还原论）演化经济学，这就是说，霍奇逊实际上又"抛弃"了隐喻标准，从而仅仅承认以前两个标准——即本体论标准和方法论标准——作为判定演化经济学的标准了。

对于隐喻在演化经济学中的作用，有人认为："演化经济学借用生物学隐喻的主要意义，首先在于它提供了一种不同于牛顿力学体系的思维方式，还原论、静态、同质性被复杂系统、动态和异质性所取代，关键在于'变是永恒的'，只要不放弃这一点，演化经济学就能在贯彻新的思维方式的基础上完成对经济学的重构。"在演化经济学中，生物学隐喻可以发挥两种作用，一是在启发意义层面上，可以把生物学隐喻作为"窗口"，但生物学隐喻的使用不能违背反还原论原则；二是在发展的层面上，生物学是工具，是基础理论的证据来源②。

虽然工程演化论目前还仅仅处于其理论研究和发展的初期，其未来方向和发展前景都还不十分清楚，但如果借鉴以上对演化经济学类似问题的分析和观察，未尝不可对工程演化论的未来发展路径大胆地作以下展望：如果工程演化论能够在对待生物学隐喻问题上，创造性地完成从"隐喻"到"理论创新"的飞跃，工程演化论就能够以卓然自立的姿态自立于学术理论之林，否则，它就只能仅仅是一个理论猜想和一个有启发性的理论隐喻，停留在"理论褴褛"的状态和水平。

---

① 霍奇逊：《演化与制度：演化经济学和经济学的演化》，中国人民大学出版社，2007 年，第 130～132 页。
② 杨虎涛：《演化经济学中的生物学隐喻》，见《演化与创新经济学评论（第 1 辑）》，科学出版社，2008 年，第 29、30 页。

略论工程"双重双螺旋"及其演化机制 *

在工程演化论研究中，机制问题是最复杂、最重要的问题之一。对于"机制"的含义，常有非常宽泛、多义、多样的理解和解释。例如，人们常常讲"动力机制"、"创新机制"、"扩散机制"、"遗传机制"等。为免歧义，并且同时也由于篇幅有限的原因，本文将不涉及其他含义的"机制"问题，而仅探讨与"选择与建构"机制有关的若干问题。

一、作为"双重双螺旋"的工程

《工程哲学》一书指出，工程是"技术要素和非技术要素"的统一①，依据这种分析和思路，我们可以把工程解释为由"技术链"和"非技术链"（或曰"经济—社会链"）共同构成的"双螺旋"。

饶有趣味的是，由于所谓"技术"既包括"硬件"成分又包括"软件"成分，于是，技术就成为了"软件"和"硬件"的统一。这就意味着："技术链"本身又不是一个"单链"，而是一条包括"技术软件－技术硬件""两条子链"的"双螺旋"。

---

* 本文作者为李伯聪、王晓松，原载《自然辩证法研究》，2011 年第 4 期，第 54～59 页。
① 殷瑞钰，汪应洛，李伯聪等：《工程哲学》，高等教育出版社，2007 年，第 69 页。

另一方面，对于作为工程"双螺旋""另外一条链"的"经济-社会链"（非技术链），我们也有理由将它看成是"实体要素"（如"企业"、"机构"等，相当于"硬件"）和"制度功能要素"（如"各种制度"，相当于"软件"）的统一。于是，"经济—社会链"本身也不是"单链"结构而是包括"两条子链"的"双螺旋"结构。

把以上两方面的分析和认识结合起来，我们看到：由于工程"双螺旋"结构中的"每条链"都不是"单链"而是"双螺旋"结构，这就使工程成为了"双重双螺旋"结构。

二、"技术发明—工程创新—产业扩散"三部曲

一般地说，工程演化过程是一个由"技术发明—工程创新—产业扩散"三个环节组成的过程。于是，工程演化过程也就成为了一个宏伟壮丽的"技术发明—工程创新—产业扩散"三部曲。一方面，人们必须承认这个三部曲的"每一个乐章"都具有本身的重要意义而不可缺少，绝不能片面地夸大某一个乐章的作用与意义而贬低甚至否认其他乐章的作用和意义；另一方面，又应该承认在具体的环境与条件下，可以和应该强调在某个时空范围内某一个乐章可能是最关键的环节。

这个"技术发明-工程创新-产业扩散"三部曲的第一乐章是"发明"。没有技术发明，创新和扩散都无从谈起，没有人能够否认发明的重要性。值得注意的是，从经济学、社会学、管理学和工程演化的角度看，发明不等于创新。

创新理论是熊彼特首创的。熊彼特在提出创新理论时，已经明确指出创新是一个经济学概念，发明不等于创新。可是，在熊彼特之后，许多人仍然把发明与创新混为一谈，他们往往过分夸大了发明的地位和作用，而轻视甚至忽视了"发明之后"的"商业化"环节的重要地位和作用。

有些学者针对这种把发明与创新混为一谈的流行观点，更加尖锐地指出发明不等于创新。事实上，许多发明都未能推向市场，所以，"发明之后"的商业化才是最重要的问题和最关键的环节。于是，弗里曼和苏特就明确地

把创新"重新定义"为"发明"的"第一次商业应用"①。根据这个定义，那些没有投入商业应用的发明都不属于创新的范畴，这就把"创新"和"发明"明确区分开来了。弗里曼和苏特把创新定义为发明的首次商业应用的观点很快被许多学者——如笛德②、史密斯③等——所接受，我国的许多学者也接受了这个观点。

依据上述分析和观点，作为"第一次商业应用"的"（工程）创新"就有了特殊的重要性。

从工程演化的角度来看，虽然发明属于"技术基因突变"的范畴，但由于工程是技术因素和非技术因素的集成，从而"工程基因"虽然包括"技术基因"但并不"全等"于"技术基因"，"工程基因"不是"单链结构"的基因而是"双重双螺旋结构"的"基因"。于是，"工程创新"就成为了"技术发明—工程创新—产业扩散"三部曲中宏伟的第二乐章。

应该特别注意的是，以上作为"第一次商业应用"的"创新"并没有而且也不可能是工程演化过程的终结，相反，它仅仅是一个"新开端"而已，在"新开端"之后还有一个跟随其后的"创新扩散"环节。由于一般地说，必须通过"扩散"这个环节才能够形成"产业"，没有扩散就没有真正意义上的"产业"可言，本文特意地把扩散称之为"产业扩散"。在"产业扩散"这个乐章中，参与演出的"乐队成员"更多，"乐器类型"更多，"和声"和"对比"也更多，所谓"创新"的经济社会影响也达到了"最高潮"。

"产业扩散"是工程演化过程的第三乐章。应该强调指出，这个宏伟的第三乐章绝不是一个仅仅对第二乐章进行机械抄袭、简单模仿和单纯放大的乐章，相反，这个第三乐章也有自己新的"乐曲总谱"，这个第三乐章也是充满了许多"新创造"的乐章。

如果说，在第二乐章演奏时，在技术发明和企业的工程创新方面，往往只有一个"孤独的领先者"，那么，在演奏第三乐章时，就有众多的"学习者"、"合唱者"、"伴奏者"、"追赶者"加入进来了。如果说第二乐章是"独

---

① 弗里曼、苏特：《工业创新经济学》，北京大学出版社，2004年，第7页。
② 笛德等：《创新管理》，清华大学出版社，2004年，第43页。
③ 史密斯：《创新》，上海财经大学出版社，2008年，第6页。

唱乐章",那么,第三乐章就是"大合唱乐章"了。

从产业、区域、国家甚至世界范围看问题,最关键的问题不但在于有了一个"孤独的领先创新者",而且更在于通过"快速扩散"和"大规模扩散"逐渐出现"众多的追赶者"。如果没有成功的创新扩散,创新的宏观经济效果和宏观社会目标就不可能达到和实现。

如果一个社会没有能力为创新扩散创造出一种合适的机制,那么,社会中即使有了创新,这些创新就只能是社会中的"创新孤岛"——哪怕是"高耸的孤岛"。

技术发明、工程创新和产业扩散的关系是"一马当先"和"万马奔腾"的关系。一马当先之后,可能会出现万马奔腾的局面,但也可能出现仅有一骑在沙漠绝尘而"后不见来者"的情况。"一花独放不是春,万紫千红才是春。"必须通过扩散、学习、传播、追赶的过程,万紫千红的春天才能到来。从社会整体的观点看问题,不但必须重视发明,重视作为发明的第一次商业应用的市场创新,而且必须同样重视创新的扩散。"'发明'和'首次商业化'在本质上都主要是微观问题,而'创新扩散'——特别是扩散速度和扩散规模——问题的本质却是宏观问题。"①

许多人常常习惯于主要从技术发明、专利审查和狭义创新的角度看问题,于是,在进行理论分析和活动评价时,是否"率先发明"和进行了"发明的第一次商业应用"便成为了"第一标准"。可是,如果我们从宏观社会经济的角度分析问题,焦点便会转移,创新扩散就势不可挡地要成为最核心、最重要的问题了。正如著名经济史学家内森·罗森伯格所指出的:"技术变迁的社会与经济后果是它们扩散速度的函数,而不是它们第一次应用时间的函数,"这里,"需要仔细观察的重要社会环节就是它扩散的过程。"②

有些学者忽视了产业扩散过程的重要性。然而,一旦人们从中观和宏观的角度认识和分析问题,那么,便会不由自主地强烈感受到:产业扩散的重要性是无论如何也不能忽视的。一次单独的创新成功不可能形成一个新产业,只有伴随着大量扩散、模仿、学习的创新才能够形成新的"产业",只

---

① 李伯聪等:《工程创新:突破壁垒和躲避陷阱》,浙江大学出版社,2010年。
② 诺布尔:《生产力:工业自动化的社会史》,中国人民大学出版社,2007年,第255页。

有形成了新的产业集聚效应，才能够在经济社会影响和"现实生产力"上显现出意义重大的进展和演化。

很显然，这个"技术发明－工程创新－产业扩散"的过程也就是工程发展演化的过程。

粗略地说：在"技术发明"阶段，"双重双螺旋"的"技术链"发生了剧烈变化；在"工程创新"阶段，"双重双螺旋"的"经济-社会链"在"企业水平"或"范围"发生了剧烈变化；在"产业扩散"阶段，"双重双螺旋"的"经济－社会链"在"产业水平"或"范围"发生了更加剧烈的变化。当然，在另一方面，我们又必须承认：在这个"三部曲"或"三阶段"的每个阶段中，都不是仅仅发生某种局部变化而其他成分一点也不变化的。实际上，在这个"三部曲"或"三阶段"的每个阶段都发生了"双重双螺旋""面貌"的某种变化，这就使上述"三阶段"演化成为了"双重双螺旋"的三阶段演化。

三、工程"技术链"中的"软件"和"硬件"

1. 作为"软件"的知识和制度

没有知识就不可能进行工程活动，任何工程都是建立在一定的知识基础之上的；从这个方面看问题，有理由认为知识是工程的前提和"软件基础"。

知识的具体类型有很多，应该强调指出：并不是任何类型的知识都能够成为工程活动的直接知识基础，能够成为工程"直接基础"的知识乃是一种特殊类型的知识——工程知识。"在人类的知识总量中，工程知识——包括工程规划知识、工程设计知识、工程管理知识、工程经济知识、工程施工知识、工程安全知识、工程运行知识等等——不但是数量最大的一个组成部分，而且从知识分类和知识本性上看，还是'本位性'的知识而不是'派生性'的知识。"[1] 虽然我们必须承认工程知识——特别是现代工程知识——中

---

① 李伯聪：《工程创新和工程人才》，见杜澄、李伯聪：《工程研究》第 2 卷，北京理工大学出版社，2006 年，第 30 页。

包含有科学知识的成分和内容，但这绝不意味着可以忽视和否认"工程知识和科学知识是两种不同类型的知识"。

工程知识和科学知识是两种不同类型的知识，二者没有"高""低"之分，没有"主""从"之分，绝不能把工程知识看做是科学知识的"派生知识"。

1990 年，文森蒂出版了《工程师知道什么以及他们是怎样知道的》[①] 一书，他是一名职业工程师，在航空和航天飞机的设计方面取得过重要成就。文森蒂在五个航空历史案例的基础上，以理论研究与案例分析密切结合的方式，有力地论证了科学知识和技术知识是两种类型的知识，不应和不能简单化地把技术知识看作科学知识的应用。后来，皮特又发表了《工程师知道什么》一文，对工程知识的性质和特点进行了认真的分析，明确指出：工程知识不同于科学知识，工程知识是"任务定向"的，它不同于那种"受制于理论"的科学知识。皮特旗帜鲜明地认为：那种把工程知识贬低为"食谱知识"和否认工程知识可靠性的观点都是错误的。[②]

工程知识的具体类型和具体表现形式是多种多样的，其中不但包括大量的"显性知识"，而且包括大量的"隐性知识（tacit knowledge，亦译为意会知识或隐含经验类知识等）"。

1995 年，野中郁次郎和竹内弘高出版了《创造知识的企业》一书，该书很快被誉为一本"经典著作"。野中郁次郎在这本书中尖锐指出："对大多数西方人来说，日本企业仍然是一个谜。日本企业的效率不是很高，创业精神也不是很强，自由度也差强人意，尽管如此，却稳步地提高了自己在国际竞争中的地位。为什么日本企业能够获得如此大的成功？在这本书里，我们将提供一种新的解释。"

野中郁次郎清醒地意识到他的观点，与大多数西方观察者对日本企业的通常看法大相径庭。他们一般认为，虽然日本企业在模仿和适应性方面非常成功，但是，尤其是"知识"在获得竞争优势发挥很大作用的场合下，日本

---

① Wencenti W. What Engineers Know and How They Know it. Baltimore：John Hopkins Press，1990.

② Pitt J C. What Engineers Know. Techne，2001，(5)：3.

企业的创造性却很有限。野中郁次郎提出了相反的看法和观点。他旗帜鲜明地说："恰恰相反，我们认为，日本企业的成功是由于它们在'组织知识创造'方面的技能和专长。关于'组织知识创造'，我们指的是企业作为一个整体在整个组织里创造新知识，传播新知识以及将新知识体现在产品、服务和系统中的能力。"①

从认识论——特别是工程知识——的观点看问题，野中郁次郎这本书的重大意义就在于再次论证和强调了工程知识是另外一类重要知识，创造工程知识的主体是企业而不是"研究机构"。绝不能认为只有科学家和研究机构在创造知识，而必须同时承认企业也在进行知识创造——他们创造的是工程知识。

从认识论角度看，文森蒂的《工程师知道什么以及他们是怎样知道的》和野中郁次郎与竹内弘高的《创造知识的企业》的重大意义在于明确提出和阐述了"工程知识与科学知识是两类知识"和"工程知识具有独特性质和独特重要性"的观点，这就开拓了工程知识研究的新阶段。

在人类的整个知识宝库中，工程知识是数量最庞大、内容最丰富的一类知识。可是，从哲学认识论方面看，如果说对科学知识已经有了堪称博大和深入的认识论研究，那么，对工程知识的认识论研究目前还只能说仍然处于"初级阶段"，这实在是令人遗憾的。

可以预期，随着工程知识研究的深入和扩展，人们对工程知识的性质、特征、作用和意义的认识将会真正进入一个新阶段。

所谓工程的"软件"不但包括知识，而且包括"制度"（institution）。对于"制度"问题，国内外学者已经有许多讨论，这里就不再赘言了。

2. 作为"硬件"的机器

"机器"一词，在现代汉语中，是特指其结构和功能都比"简单手工工具"更加复杂的装置。从汉语的构词法来看，"机器"一词是由"机"和"器"两个"词素"构成的。"器"的含义很容易理解，因为"器"就是"人造之物"，于是，如何解释"机"的含义就成为了解释"机器"一词的关键

---

① 野中郁次郎、竹内弘高：《创造知识的企业》，知识产权出版社，2006年，第1页。

所在。

《庄子·天地》云："有'机'械者必有'机'事，有'机'事者必有'机'心"，这段话突出地反映了《庄子》关于"机械"可以从事"机事"而"机事"中体现着"机心"的深刻思想。于是，在"机"的含义中就内在地包括了"机械"、"机事"和"机心"三种成分，三者内在地具有密切的联系。虽然庄子主要是从否定性价值判断的立场分析和解释"机心"的，但这并不排除也可以从肯定性立场或"中性"立场进行分析和解释。

根据这种对"机"的含义的"三重"解释，可以认为"机器"这个复合词的含义就是"蕴含着人的理性和愿望的物质器件或装置"。于是，这种"新解释"的"机器"一词，其所指就可以既包含古代的简单工具和简单机械，又可以包含"现代机器"（其结构包括工具机、传动机、动力机和控制机）和"机器系统"了。在研究"机器"时，应该同时关注"器械"、"事情（活动）"和"心意（意涵）"等多个方面，同时关注机器的"物质蕴含"、"活动蕴含"、"知识蕴含"、"思想蕴含"。

毫无疑问，工程演化史的一个重要内容和重要线索就是机器（包括初期的工具）的演化史。虽然许多西方学者都忽视了机器的重要性，但马克思主义却高度重视了机器的作用。特别是由于马克思主义理论把机器看做是"生产资料"，这就在更深刻的含义上阐述了机器的意义、作用和功能。马克思说："各种经济时代的区别，不在于生产什么，而在于怎样生产，用什么劳动资料生产。劳动资料不仅是人类劳动力发展的测量器，而且是劳动借以进行的社会关系的指示器。"[①]

机器是人的发明。上文谈到，机器中负载了人的知识、人的理性、人的愿望、人的目的。在工程活动中，机器发挥着生产手段、生产"中介"的作用。

机器出现之后，机器必然要反作用于生产者。以作为一种特定的"机器系统"的流水线生产为例，在流水线生产模式中，不但工人的分工是由机器所决定的，而且工人的生产"节奏"和"周期"操作也是由机器的特性和特征来决定而不是由人的生理特性和特征来决定的。

---

① 马克思：《资本论》第1卷，人民出版社，1975年，第204页。

正如刘刚指出的那样："福特制最大限度地利用了劳动分工原理"，"组装线上的每个工人都只从事某一简单而标准化的操作。这种生产作业所需要的劳动是简单的体力劳动，也不需要工人之间进行信息和知识的交流。据1915年进行的一次调查显示，海兰公园汽车组装厂7000名工人中所使用的语言竟然多达50多种，其中，很多工人只会说简单的英语。"① 如果说在古代的大规模生产活动中（如修筑长城和开挖运河），分工的主要原则和根据是人力特征而不是工具特征，那么，在流水线生产中，分工的主要原则和根据就是机器特征而不是人力特征了。

在工程演化过程中，不但机器在不断的演化，而且机器和工人的互动关系也在不断演化，并且这个"机器和工人的互动关系"还成为了工程演化过程的核心内容之一。

更一般地说，技术的"硬件"和"软件"是必然要相互作用、相互影响的，而所谓工程"双重双螺旋"中"技术链"的演化，其基本内容正是"技术硬件和技术软件双螺旋"的演化。

四、工程"双重双螺旋"的"选择和建构"机制

在工程的演化历程中，不但"技术链"不断演化，而且另外一条"经济社会链"也在不断演化。工程演化过程不但是多次、连续的"选择"过程，而且同时又是多次、连续的"建构"过程，而多次、连续的"选择与建构"就成为了工程"双重双螺旋"演化的基本机制。

由于工程活动涉及微观、中观和宏观三个层次②，这就使工程演化机制成为了在微观、中观和宏观三个层次的相互渗透、相互作用中进行多次、连续的选择与建构的机制。

1. "双重双螺旋"的"选择"机制

选择机制涉及了以下三个重要问题：一是选择的对象和内容问题，二是

---

① 刘刚：《后福特制研究》，人民出版社，2004年，第14页。
② 李伯聪：《微观、中观和宏观伦理问题——五谈工程伦理学》，《伦理学研究》，2010年第4期。

"怎样进行选择"即"选择的标准和方式"问题，三是选择的水平和层次问题。这三个问题是有区别的，同时又是有密切联系的。

这里不涉及第二和第三两个问题，而仅对第一个问题进行一些分析。

对于所谓选择对象和内容的问题，应该特别注意的是：由于它不但包括对"双重双螺旋"的"每条链"和"每条链"的"每条子链"的"选择"，而且包括对"双重双螺旋"的"整体"选择，这就使选择的对象和内容变得十分复杂了。

所谓选择机制实际上也就是"淘汰机制"。由于存在着"选择机制"，这就使得"被选择对象"中那些"有缺陷者"和"不适合生存者"遭到了"淘汰"，而那些"优秀者"和"适合生存者"则可以通过选择机制而进入演化进程的下一个阶段。

容易看出，技术发明或专利技术成果向市场的转化（即所谓"技术成果商业化"）就是"选择机制"发挥作用的一个典型事例和典型环节。

大概许多人都会毫不怀疑地承认：市场不可能无条件地接受全部技术发明成果和专利技术成果，换言之，市场必然要对技术成果进行选择。

市场进行选择的结果是有些技术被接受了（包括经过曲折过程而被接受），有些技术被拒绝了，这就出现了所谓"转化率"的问题。

我国有许多人"抱怨"我国技术开发成果的市场"转化率低"[1]。某些文章的作者更给读者造成一个印象似乎国外的"转化率"很高，而只有在我国才出现了这个"转化率低"的现象和问题。

那么，国外的情况究竟如何呢？著名学者克里斯坦森尖锐指出："尽管很多才华横溢的人才竭尽全力，大多数开发成功的新产品的努力都以失败告终。超过60%的新产品开发计划在产品上市之前就已夭折。剩余的40%虽有产品问世，但其中又有40%的产品未能赢利便退出了市场。至此，通过计算你会发现，投入产品开发的资金中有高达3/4最终形成的是无法取得商业成功的产品。"[2]

---

[1] 我国往往可以见到有报道说，"某企业"或"某高校"的科研成果转化率达到了80%甚至90%，对于这样的"数据"，其"准确性"和"可靠性"究竟如何，是很值得怀疑的。

[2] 克里斯坦森、雷纳：《困境与出路》，中信出版社，2004年，第74页。

另外一本具有一定权威性的著作也明确指出："所有对产品创新的研究都表明，在将初始的构思变成市场上成功的产品的过程中，失败的比率远大于成功的比率。实践表明，产品失败比率的范围为 30% 到 95%，而目前公认的平均水平为 38%。"[①]《工业创新经济学》说："通常研究开发管理的经验表明，一般成功率在十项中只有一项，甚至百项中只有一项。"[②]

通过以上"再三再四"的引证，大概已经可以比较可靠地得出以下结论了：技术开发成果在许多国家都普遍出现了市场转化率低的现象，而不是仅仅在中国才出现了技术开发成果转化率低的现象。

应该怎样分析和认识这个现象和事实呢？

马克思在《资本论》中曾经精辟地分析了商品生产和交换过程中从商品到货币的转化过程。马克思说，在商品交换中，商品变成货币是"商品的惊险的跳跃"，"这个跳跃如果不成功，摔坏的不是商品，但一定是商品所有者。"[③] 根据马克思的这个分析，当技术发明成果进入市场的时候，技术发明者没有权力强迫市场接受他的发明，任何新发明都必须接受市场的严酷选择。于是，技术发明走向市场就成为了一个"被选择"的过程和"惊险跳跃"的过程。如果这个"被选择"的过程和"惊险跳跃"失败，发明者就要坠入失败的深渊了。

从逻辑关系上看，转化率的高低主要取决于转化过程的性质和特征；如果这个过程的性质和特征是"必然过渡"和"不做选择"，那么，转化率就会很高；如果其性质和特征是"生死跳跃"和"严酷选择"，那么，转化率就必然比较低。

在这个转化率问题上，如果转化率为零，那就意味着任何新技术都不能被市场接受，经济就不能发展，社会就不能进步，其后果自然是灾难性的。

另一个极端，如果在转化率问题上，出现百分之一百的转化率，那就意味着"不进行选择"，意味着实验室中的一切"新技术"（包括不成熟的技术和"压榨社会资源"的"病态技术"等）都无阻碍地进入市场，其后果同样

① 笛德等：《创新管理》，清华大学出版社，2004 年，第 18 页。
② 弗里曼、苏特：《工业创新经济学》，北京大学出版社，2004 年，第 308 页。
③ 马克思：《资本论》第 1 卷，人民出版社，1975 年，第 124 页。

是灾难性的。

容易看出，所谓市场选择，其作用和含义不但意味着在"每一次交易"中进行了微观层次的选择，即用户的选择，而且在市场选择中不可避免地包括微观层次与中观层次相互作用的因素较长时段中市场的总体选择有时可能还意味着社会"中观层次"的选择。

正像在物种进化过程中，"物种突变"（可以类比为"创新"）必须经过自然选择，这才能够使生物进化成为一个健康进化的过程一样，在技术－经济进化过程中，技术创新成果也必须经过市场的选优汰劣，这才能够保证工程活动和市场经济的健康演进。

2."双重双螺旋"的"建构"机制

达尔文在其生物进化论中强调了选择机制的重要性，皮亚杰在其发生认识论中强调了建构的重要性。实际上，选择机制和建构机制都很重要，这两种机制中的任何一种都是不可忽视的，把二者结合起来才是一个更合理的研究路径。

许多人常常使用集成一词，容易看出，所谓集成实际上也就是某种形式或某种方式的"建构"。

从建构的角度看问题，工程不能只有技术链也不能只有经济社会链，而技术链和经济社会链本身又都是双螺旋结构，于是，所谓工程的建构就成为了连续建构"双重双螺旋"的过程，而建构机制的重要性和复杂性也就不言而喻了。

工程演化的历程实质上就是"双重双螺旋"的演化过程。如果说生物"DNA双螺旋"的建构是一个"双链均衡"建构的过程，那么，由于"工程双重双螺旋"仅仅是一种隐喻或模型，人们就必须高度关注这个"双重双螺旋"建构过程中的"不均衡性"——不但在"技术链"和"经济社会链"的建构中存在"不均衡性"，而且在技术链和经济社会链的"子链双螺旋"的建构中也存在"不均衡性"。

这个工程"双重双螺旋"的迅速演化在汽车行业中得到了典型而充分的表现。

1990 年，沃麦克等人在《改变世界的机器》①一书中，提出自 19 世纪末以来，汽车工业的发展经历了"单件生产方式"、"大量生产方式"和"精益生产方式"三个阶段。可以看出：这三种"生产方式"实质上也就是"建构"出了三种不同类型的"双重双螺旋"。

　　"大量生产方式"就是流水线的福特制生产方式，而"精益生产方式"这个"类型"又被另外一些学者称之为"后福特制"，于是，汽车生产模式的百年发展历程就成为了"单件生产—福特制—后福特制"的三阶段发展演化历程。

　　单件生产模式的主要特征是：①由技艺熟练的工匠进行生产，这些工匠的培养需要很长时间；②生产设备是通用性的；③零部件是非标准化的；④分散的或非纵向一体化的生产组织结构；⑤缺乏系统的研发，产品和工艺的改进主要表现为工匠的生产经验积累和诀窍的掌握；⑥多品种、小批量，甚至于每个产品都是独一无二的；⑦产量低而成本高，不存在规模和范围经济。②

　　与单件生产模式不同，福特制的主要特征是：①零部件的标准化和互换性；②非熟练劳动力的广泛使用和劳动管理的简单化；③组织结构的刚性化；④创新和生产分离；⑤单品种、大批量、低成本和大规模。③

　　对于精益生产方式，沃麦克等人在《改变世界的机器》一书中有许多精辟的分析，后来又出版了《精益思想》④一书。而刘刚认为："持续创新＋敏捷制造"是后福特制的本质特征，"专业化＋网络化"是后福特制的基本组织形态。⑤

　　可以看出，这个从"单件生产方式"到"福特制"再到"后福特制"的模式变革或模式演化过程，不但包括了技术软件方面的深刻变化，而且包括了技术硬件方面的深刻变化，不但发生了经济社会实体方面的深刻变化而且

---

　　①　沃麦克等：《改变世界的机器》，万国学术出版社，1991 年。
　　②　刘刚：《后福特制：当代资本主义经济新的发展阶段》，中国财政经济出版社，2010 年，第 5、6 页。
　　③　刘刚：《后福特制：当代资本主义经济新的发展阶段》，中国财政经济出版社，2010 年，第 6～8 页。
　　④　沃麦克等：《精益思想》，商务印书馆，1999 年。
　　⑤　刘刚：《后福特制研究》，人民出版社，2004 年，第 21、29 页。

发生了制度方面的深刻变化。总而言之，这三种模式的每一次模式变革都绝不仅仅是某种"子链"或"单链"的变革，而是复杂的"双重双螺旋"变革，是"建构"出了一种新类型的"双重双螺旋"。

所谓建构，不但包括微观层次的建构，而且包括中观和宏观层次的建构。最近许多学者都非常关注"产业集群现象"，容易看出，所有新产业集群的形成过程都是中观层次上"建构机制"发生作用的过程，而"国家生产力"发展的机制和历程则是在国家这个宏观层次上进行"双重双螺旋"的"宏观新选择"和"宏观新建构"的过程。

工程的"双重双螺旋"及其演化机制是极其复杂而重要的研究课题，我们希望今后能够有机会对它进行进一步的分析和研究。

编后记

　　2010 年底，我们几位李门弟子本来打算一起为恩师出版一本论文集，以纪念恩师 70 华诞。但这个计划最后却因为种种原因而未能如愿。此次人文学院组织筹备院庆文集，虽然最终没有能够在 2011 年出版，错过了恩师的 70 华诞纪念日，但也终于帮我实现了为恩师送上一份特别祝福的心愿。在李伯聪老师身边学习和工作了 7 年，我深深地被他多年来始终如一地对学术保持的专注和热情所感动，为他在中医史和中医方法论研究、工程哲学与跨学科工程研究等方面所做出的开拓性贡献所惊叹，也被他严谨认真却又豁达开朗、追求至上却又淡泊名利的处世态度所折服。春风化雨，润物无声，7 年来恩师的言传身教、悉心指导，使我在做人、做事、做学问方面都收获良多。值此编辑本文集之际，我向李老师表达最诚挚的敬意和感谢，祝恩师健康长寿、学术长青。

王　楠

2012 年 5 月 29 日